科学出版社“十三五”普通高等教育研究生规划教材

随机信号处理原理与实践

（第二版）

杨　鉴　普园媛　梁　虹　编著

科学出版社

北　京

内 容 简 介

本书系统地介绍随机信号处理的基本理论、算法及应用。全书共 8 章，内容包括：离散时间信号处理基础、随机信号分析基础、随机信号的线性模型、非参数谱估计、最优线性滤波器、最小二乘滤波和预测、参数谱估计以及自适应滤波器。本书采用大多数硕士研究生和工程技术人员熟悉的数学知识阐述随机信号处理原理，对于重要原理和算法既介绍数学推导也讲述背景知识，精心设计了丰富的 MATLAB、Python 仿真实验帮助读者理解所学内容。本书各章均给出了适当的习题和上机实验题，以方便读者实践和教师教学。

本书适合信息与通信工程、控制科学与工程、生物医学工程等相关学科硕士研究生、电子信息类专业高年级本科生用作教材及教学参考书，也可供相关领域工程技术人员阅读。

图书在版编目(CIP)数据

随机信号处理原理与实践 / 杨鉴，普园媛，梁虹编著. —2 版. —北京：科学出版社，2020.9

(科学出版社“十三五”普通高等教育研究生规划教材)

ISBN 978-7-03-065699-5

Ⅰ. ①随…　Ⅱ. ①杨… ②普… ③梁…　Ⅲ. ①随机信号-信号处理-研究生-教材　Ⅳ. ①TN911.7

中国版本图书馆 CIP 数据核字(2020)第 125232 号

责任编辑：潘斯斯　张丽花　董素芹 / 责任校对：张小霞

责任印制：张　伟 / 封面设计：迷底书装

科 学 出 版 社 出版

北京东黄城根北街 16 号

邮政编码：100717

http://www. sciencep. com

北京中石油彩色印刷有限责任公司 印刷

科学出版社发行　各地新华书店经销

*

2020 年 9 月第　一　版　开本：787×1092　1/16

2023 年 9 月第三次印刷　印张：13 3/4

字数：352 000

定价：79.00 元

(如有印装质量问题，我社负责调换)

前　言

信号处理是信息科学中非常重要的一门专业基础学科。近三十年来，信号处理学科获得了迅速发展，这段时期新发展的理论、方法和技术已成为现代信号处理的主要标志。现代信号处理已广泛应用于通信、雷达、航空航天、多媒体、医疗设备、智能设备、机器人等几乎所有技术领域。

随机信号处理是现代信号处理的重要组成部分。国内大部分高等院校都将“随机信号处理”列为“信息与通信工程”、“控制科学与工程”和“生物医学工程”等学科研究生的必修课程。部分高等院校的电子信息类本科专业，在高年级也开设了“随机信号处理”课程。

作者长期从事本科生、研究生信号处理系列课程教学和建设工作，以及信号与信息处理研发工作。本书第 1 版于 2010 年 6 月出版。近 10 年来，信号处理领域的理论及应用迅速发展，相关领域人才的社会需求持续旺盛，电子信息领域人才培养目标也越来越清晰。作者在第 1 版的基础上，结合广大读者以及多位任课教师反馈意见，进行了全面修订，主要工作包括：

(1) 补充了状态变量分析、随机矢量、卡尔曼滤波器、最小二乘原理、自适应系统辨识等内容，以及部分习题，使教材更具有系统性。

(2) 为了使读者学到有源头的知识，对于具有里程碑意义的原理和算法，除了介绍原理和算法本身外，还引入了在学科发展史上做出重大贡献的历史人物介绍等。

(3) 为了使读者加深理解重要原理和算法，采用读者容易理解的方式给出了必要的数学证明，并补充介绍了证明过程中用到的重要数学知识。

(4) 在 MATLAB 仿真实验的基础上，完整补充了 Python 仿真实验代码，为读者提供了一种新的算法实现选择。

全书共 8 章。第 1 章概述离散时间信号处理的基本内容，这些内容属于本科“数字信号处理”课程的教学内容。第 2 章介绍离散时间随机过程的基本概念，讨论随机信号通过线性系统和谱分解定理，还提供估计理论的入门性知识，这些内容一般属于“随机过程”课程的教学内容。第 3 章讨论随机信号的三种线性模型，以及这三种模型之间的关系。前三章内容是学习后续章节的必要基础。第 4 章讨论平稳随机信号的自相关估计，阐述非参数谱估计的相关图法和周期图法，介绍语音信号的非参数谱估计实例。第 5 章讨论最优线性滤波器，包括线性均方估计、维纳滤波器以及卡尔曼滤波器等内容。最优线性滤波器是“随机信号处理”课程最为经典的教学内容。该理论表述简洁，数学推导简单，可以解决一大类实际应用问题。第 6 章讨论最小二乘滤波和预测，包括最小二乘原理、线性最小二乘估计、最小二乘 FIR 滤波器以及最小二乘线性预测。最小二乘方法是一个古老的方法，近几十年来它又成为现代信号处理的一个非常有效的方法，在现代谱估计和自适应滤波中得到了广泛的应用和发展。第 7 章讨论信号建模以及基于信号建模的功率谱估计，这些内容是现代谱估计的经典内容，作为应用举例，介绍了“预白化-后着色”谱估计和语音信号的线性预测分析。第 8 章介绍自适应滤波器的原理，讨论最速下降法、LMS 算法和 RLS 算法等经典的自适应滤波算法，还介绍自适应干扰对消、自适应信道均衡和自适应系统辨识的原理以及仿真实验，以使读者对自适应滤波器的应用有亲身体验。自适应滤波器是当下随机信号处理研究及应用的热点，第 8 章可作为读者后续深入学习及研究自适应滤波器的基础。

本书特色如下：

(1) 把信号处理的基本理论、算法和应用融为一体，相辅相成，彰显信号处理学科的特点。

(2) 用读者容易理解的数学知识和语言表达方式介绍高深、抽象的随机信号处理原理，回归教材初心。

(3) 讲述具有里程碑意义的原理和算法背后的故事，呈现知识脉络，使读者学到有源头、有体系的知识，在学习专业知识的同时，了解学科发展史，感受学科文化，激发学习兴趣。

(4) 精心设计丰富的应用实例，详细阐述 MATLAB、Python 仿真实验，帮助读者深入理解所学内容；每章均提供适当的习题和上机实验题，以方便读者课后实践和教师组织教学。

本书的所有 MATLAB、Python 程序和实验用数据文件，请访问科学商城 www.ecsponline.com，检索图书名称，在图书详情页“资源下载”栏目中获取。作者开发调试仿真实验源代码的平台分别为 MATLAB R2017b 版和 Python 3.6.3 版。本书还配有每个章节主要内容的视频介绍，请扫描书中二维码进行观看。

本书由杨鉴主编，第 1、2 章由梁虹编写，第 3 章由普园媛编写，第 4～8 章由杨鉴编写，MATLAB 程序由杨鉴编写，Python 程序由普园媛编写。

由于作者水平有限，书中难免存在不足之处，恳请广大读者批评指正。

作 者

2020 年 4 月

于云南大学呈贡校区

目　录

第 1 章　离散时间信号处理基础

信号处理基础

1.1　离散时间信号

在数字信号处理中，离散时间信号通常用序列来表示。序列是时间取离散值的一串样本值的集合，记为$\{x(n)\}$，n 为整型变量，$x(n)$表示序列中的第 n 个样本值。符号 $x\{\cdot\}$ 表示全部样本值的集合。$\{x(n)\}$可以是实数序列，也可以是复数序列。$\{x(n)\}$的复共轭序列用$\{x^*(n)\}$表示。为方便起见，也可以直接用 $x(n)$ 表示序列。

1.1.1　常用离散时间信号

1. 单位脉冲序列

$$\delta(n)=\begin{cases}1, & n=0\\ 0, & n\neq 0\end{cases} \tag{1.1.1}$$

序列 $\delta(n)$ 又称为离散冲激或单位采样序列。在离散时间系统中，它的作用类似于模拟系统中的单位冲激函数 $\delta(t)$ 。

2. 单位阶跃序列

$$u(n)=\begin{cases}1, & n\geqslant 0\\ 0, & n<0\end{cases} \tag{1.1.2}$$

$u(n)$ 类似于连续时间信号和系统中的单位阶跃信号。单位阶跃序列和单位脉冲序列的关系为

$$u(n)=\sum_{k=0}^{\infty}\delta(n-k) \tag{1.1.3}$$

$$\delta(n)=u(n)-u(n-1) \tag{1.1.4}$$

3. 矩形序列

长度为 N 的矩形序列定义为

$$R_N(n)=\begin{cases}1, & 0\leqslant n\leqslant N-1\\ 0, & n<0\text{或}n\geqslant N\end{cases} \tag{1.1.5}$$

4. 实指数序列

$$x(n)=a^n u(n) \tag{1.1.6}$$

其中，a 为不等于 0 的任意实数。

5. 正弦序列

$$x(n)=A\sin(n\omega_0) \tag{1.1.7}$$

其中，A 为幅度；ω_0 为数字域角频率，单位是弧度。

6. 复指数序列

$$x(n) = A\mathrm{e}^{(a+\mathrm{j}\omega_0)n} = A\mathrm{e}^{an}[\cos(\omega_0 n) + \mathrm{j}\sin(\omega_0 n)] \tag{1.1.8}$$

当 $a=0$ 时，$x(n)$ 的实部和虚部分别是余弦和正弦序列。复指数序列 $\mathrm{e}^{\mathrm{j}\omega_0 n}$ 和连续时间信号复指数信号 $\mathrm{e}^{\mathrm{j}\Omega t}$ 一样，在信号分析中扮演着重要的角色。

1.1.2 序列的基本运算

在实际应用中，需对输入系统的离散时间信号按指定的算法进行运算，从而获得有用的信息。一般来说，这些运算可以分解为若干基本运算，下面介绍的序列基本运算是研究和分析离散信号与系统的基础。

1. 相加

离散时间信号相加是指将两个离散序列序号相同的样本值相加，可表示为

$$z(n) = x(n) + y(n) \tag{1.1.9}$$

2. 相乘

相乘是指离散时间信号的每一个样本值乘以同一个常数，可表示为

$$y(n) = ax(n) \tag{1.1.10}$$

3. 调制

离散时间信号的调制是指两个离散序列序号相同的样本值相乘，可表示为

$$y(n) = s(n)x(n) \tag{1.1.11}$$

4. 移位

移位是指序列 $x(n)$ 平移 k 个序数，可表示为

$$y(n) = x(n-k) \tag{1.1.12}$$

当 $k>0$ 时，称序列延迟(右移)了 k 个样本；当 $k<0$ 时，称序列超前(左移)了 $|k|$ 个样本。

5. 卷积和

两个序列的卷积和(也简称为卷积)定义为

$$y(n) = h(n) * x(n) = \sum_{k=-\infty}^{\infty} h(k)x(n-k) \tag{1.1.13}$$

6. 序列的能量

离散时间序列的能量定义为

$$E_x = \sum_{n=-\infty}^{\infty} |x(n)|^2 \tag{1.1.14}$$

如果序列的能量满足

$$E_x = \sum_{n=-\infty}^{\infty} |x(n)|^2 < \infty \tag{1.1.15}$$

则称 $x(n)$ 为平方可和序列。

此外，如果序列 $x(n)$ 满足

$$\sum_{n=-\infty}^{\infty}|x(n)|<\infty \tag{1.1.16}$$

则称 $x(n)$ 为绝对可和序列。

7. 实序列的奇部与偶部

对于所有的 n，如果下式成立：

$$x(n)=x(-n) \tag{1.1.17}$$

则实序列 $x(n)$ 为偶对称序列；同样，如果对于所有的 n，有

$$x(n)=-x(-n) \tag{1.1.18}$$

则实序列 $x(n)$ 为奇对称序列。任意实序列均可以分解为偶对称和奇对称序列的和，即

$$x(n)=x_{\mathrm{e}}(n)+x_{\mathrm{o}}(n) \tag{1.1.19}$$

其中，$x_{\mathrm{e}}(n)$ 和 $x_{\mathrm{o}}(n)$ 分别称为 $x(n)$ 的偶部和奇部，它们分别为

$$x_{\mathrm{e}}(n)=\frac{1}{2}[x(n)+x(-n)] \tag{1.1.20}$$

$$x_{\mathrm{o}}(n)=\frac{1}{2}[x(n)-x(-n)] \tag{1.1.21}$$

8. 复序列的共轭对称部分与共轭反对称部分

对于所有的 n，如果下式成立：

$$x(n)=x^{*}(-n) \tag{1.1.22}$$

则称复序列 $x(n)$ 为共轭对称序列；同样，如果对于所有的 n，有

$$x(n)=-x^{*}(-n) \tag{1.1.23}$$

则称复序列 $x(n)$ 为共轭反对称序列。任意复序列均可分解为共轭对称序列与共轭反对称序列的和，即

$$x(n)=x_{\mathrm{cs}}(n)+x_{\mathrm{ca}}(n) \tag{1.1.24}$$

其中，$x_{\mathrm{cs}}(n)$ 和 $x_{\mathrm{ca}}(n)$ 分别为共轭对称部分与共轭反对称部分，它们分别为

$$x_{\mathrm{cs}}(n)=\frac{1}{2}[x(n)+x^{*}(-n)] \tag{1.1.25}$$

$$x_{\mathrm{ca}}(n)=\frac{1}{2}[x(n)-x^{*}(-n)] \tag{1.1.26}$$

9. 任意序列的单位脉冲序列表示

任意一个序列 $x(n)$ 都可以表示成单位脉冲序列移位的加权和，即

$$x(n)=\sum_{k=-\infty}^{\infty}x(k)\delta(n-k) \tag{1.1.27}$$

1.2　离散时间系统

离散时间系统可对一个已知的输入序列进行处理或加工，从而产生一个满足特定要求的输出序列，其输入输出关系表示为

$$y(n)=T[x(n)] \tag{1.2.1}$$

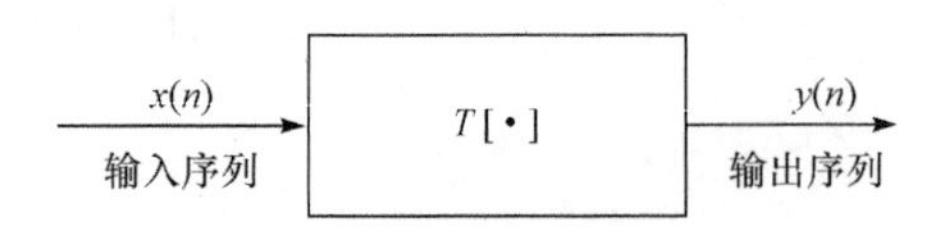

图 1.2.1　离散时间系统框图

系统框图如图 1.2.1 所示，其中，$T[\bullet]$表示系统对输入信号的某种变换或映射。

1.2.1　离散时间系统的分类

1. 线性系统

线性系统是指同时满足叠加性和齐次性的系统，即

$$T[ax_1(n)+bx_2(n)]=aT[x_1(n)]+bT[x_2(n)] \tag{1.2.2}$$

其中，$x_1(n)$、$x_2(n)$为任意输入信号；a、b 为任意常数。不满足上述关系的系统为非线性系统。

例 1.2.1　判断 $y(n)=T[x(n)]=2x^2(n-1)$ 是否为线性系统。

解： $T[ax(n)]=2a^2x^2(n-1)$，而 $aT[x(n)]=2ax^2(n-1)$，即 $T[ax(n)]\neq aT[x(n)]$。所以该系统是非线性系统。

2. 时不变系统

满足时不变特性的系统称为时不变系统。设 $x(n)$ 为系统的输入信号，对应的输出信号表示为

$$y(n)=T[x(n)] \tag{1.2.3}$$

经过移位运算得到另外一个输入信号 $x_1(n)=x(n-k)$，与之对应的系统输出信号为

$$y_1[n]=T[x_1(n)]=T[x(n-k)] \tag{1.2.4}$$

如果 $y_1(n)=y(n-k)$，则称该系统为时不变系统。同时满足线性和时不变性的系统称为线性时不变(linear time-invariant, LTI)系统。

例 1.2.2　判断 $y(n)=x(n-1)+2x(n-2)$ 是否为时不变系统。

解：

$$y(n)=T[x(n)]=x(n-1)+2x(n-2)$$
$$T[x(n-k)]=x(n-1-k)+2x(n-2-k)=y(n-k)$$

所以该系统是时不变的。

3. 因果系统

因果系统是指系统在 n_0 时刻的输出 $y(n_0)$ 只取决于该时刻以及此时刻以前的输入，即 $x(n_0), x(n_0-1), x(n_0-2),\cdots$。相反，如果系统的输出 $y(n)$ 不仅取决于现在(n 时刻)和过去的输入，而且取决于将来的输入，如 $x(n+1),x(n+2),\cdots$，这在时间上就违背了因果规律，因而它是非因果的。

例 1.2.3　分别判断系统(1) $y(n)=x(n)+x(n-1)$；(2) $y(n)=2x(n^2)$是否为因果系统。

解： 系统(1)是因果系统，因为系统在 n 时刻的输出只与 n 和 n–1 时刻的输入有关；系统(2)是非因果系统，因为 $n=2$ 时刻的输出需要知道 $n=4$ 时刻的输入，即 $y(2)=2x(4)$，该输出与将来的输入有关。

4. 稳定系统

若离散系统对任意的有界输入信号，其输出也是有界的，这样的系统称为稳定系统。设 $x(n)$ 是系统的任意有界输入，即对所有的 n，有

$$|x(n)| \leqslant M_x < \infty \tag{1.2.5}$$

若该系统的输出 $y(n)$ 也有界，即

$$|y(n)| \leqslant M_y < \infty \tag{1.2.6}$$

则称该系统为稳定系统。上述稳定性的定义称为 BIBO（bounded input bounded output）稳定性。

例 1.2.4　判断系统 $y(n) = y^2(n-1) + x(n), y(-1) = 0$ 是否稳定。

解：设输入序列 $x(n) = a\delta(n)$，其中，a 是一个常数，则系统的输出为

$$y(0) = a, y(1) = a^2, y(2) = a^4, y(3) = a^8, \cdots$$

可见，当 $1 < a < \infty$ 时，输入信号是有界序列，而输出信号则是无界序列，所以该系统不满足 BIBO 稳定性，为不稳定系统。

1.2.2　离散 LTI 系统的响应

LTI 系统在系统分析与信号处理中具有非常重要的地位。本节讨论离散 LTI 系统的响应。

1. 单位脉冲响应

LTI 系统的单位脉冲响应定义为系统在零状态条件下，由单位脉冲信号 $\delta(n)$ 激励产生的响应，记为 $h(n)$，即

$$h(n) = T[\delta(n)] \tag{1.2.7}$$

2. 零状态响应

根据 LTI 系统的性质，利用离散 LTI 系统的单位脉冲响应 $h(n)$ 即可求出系统对任意输入信号 $x(n)$ 的零状态响应。序列 $x(n)$ 可表示为 $x(n) = \sum_{k=-\infty}^{\infty} x(k)\delta(n-k)$，由系统的线性时不变特性可得

$$y(n) = T[x(n)] = T\left[\sum_{k=-\infty}^{\infty} x(k)\delta(n-k)\right] = \sum_{k=-\infty}^{\infty} x(k)T[\delta(n-k)] \tag{1.2.8}$$

由系统的时不变特性有

$$y(n) = \sum_{k=-\infty}^{\infty} x(k)T[\delta(n-k)] = \sum_{k=-\infty}^{\infty} x(k)h(n-k) = x(n) * h(n) \tag{1.2.9}$$

式(1.2.9)表明离散 LTI 系统对任意输入信号的响应可表示为系统的单位脉冲响应与该输入信号的卷积和。

3. 用单位脉冲响应判定离散 LTI 系统的稳定性

由于 $h(n)$ 完全描述了离散 LTI 系统的特性，所以可用 $h(n)$ 判断系统的稳定性。离散 LTI 系统稳定的充分必要条件是

$$\sum_{n=-\infty}^{\infty} |h(n)| < \infty \tag{1.2.10}$$

4. 用单位脉冲响应判定离散 LTI 系统的因果性

LTI 系统具有因果性的充分必要条件为

$$h(n) = 0, \quad n < 0 \tag{1.2.11}$$

为此，我们把满足式(1.2.11)条件的序列称为因果序列。

5. LTI 系统的级联和并联

两个离散 LTI 系统的级联如图 1.2.2 所示。若两个子系统的单位脉冲响应分别为 $h_1(n)$ 和 $h_2(n)$，则信号通过级联系统的响应为

$$y(n)=[x(n)*h_1(n)]*h_2(n) \tag{1.2.12}$$

由卷积的结合律得

$$y(n)=x(n)*[h_1(n)*h_2(n)] \tag{1.2.13}$$

所以级联系统的单位脉冲响应 $h(n)$ 为

$$h(n)=h_1(n)*h_2(n) \tag{1.2.14}$$

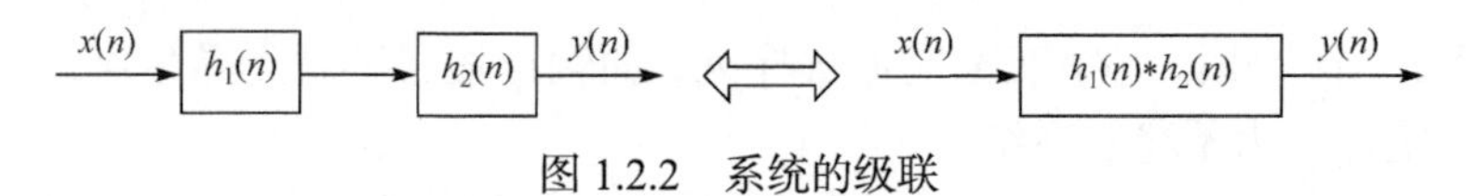

图 1.2.2　系统的级联

两个离散 LTI 系统的并联如图 1.2.3 所示。若两个子系统的单位脉冲响应分别为 $h_1(n)$ 和 $h_2(n)$，则该并联系统对输入 $x(n)$ 的响应为

$$y(n)=x(n)*h_1(n)+x(n)*h_2(n) \tag{1.2.15}$$

由卷积的分配律得

$$y(n)=x(n)*[h_1(n)+h_2(n)] \tag{1.2.16}$$

所以并联系统的单位脉冲响应 $h(n)$ 为

$$h(n)=h_1(n)+h_2(n) \tag{1.2.17}$$

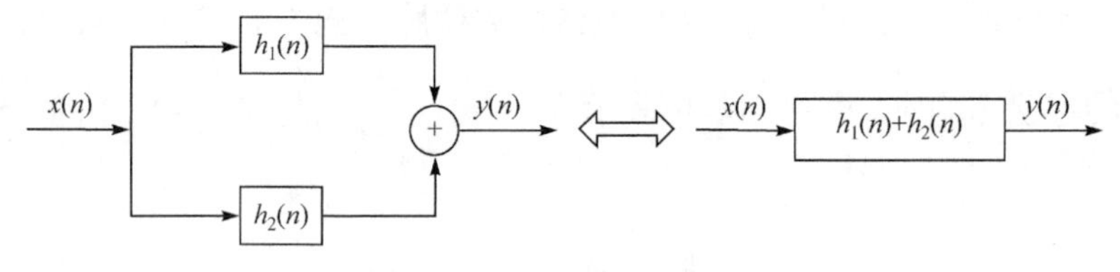

图 1.2.3　系统的并联

1.3　傅里叶变换

傅里叶变换是一个重要的数学发现，它也是信号处理学科不可或缺的理论基础和数学工具。傅里叶变换的创立者是法国著名数学家、物理学家 Baron Jean Baptiste Joseph Fourier(傅里叶，1768—1830)。

1807 年，傅里叶写成论文《热的传播》，并向巴黎科学院呈交，但经评审专家审阅后被科学院拒绝，未能发表。傅里叶在该论文中推导出了著名的热传导方程，并在求解该方程时发现其解可以用三角函数构成的级数形式表示，从而提出任一函数都可以表示成三角函数的无穷级数。傅里叶级数(三角级数)、傅里叶分析等理论均由此创始。

1822 年，傅里叶终于出版了专著《热的解析理论》。这部经典著作将 Leonhard Euler(欧拉，1707—1783)、Johann Bernoulli(伯努利，1667—1748)等在一些特殊情形下应用的三角级数方法发展成内容丰富的一般理论，三角级数后来就以傅里叶的名字命名。傅里叶认为，

任何一个周期信号都可以展开成傅里叶级数，虽然这个结论在当时引起了许多争议，但持异议者却不能给出有力的不同论据。一直到 1829 年，德国数学家 Peter Gustav Lejeune Dirichlet (狄利克雷，1805—1859) 才对这个问题做出了令人信服的回答。狄利克雷认为，只有在满足一定条件时，周期信号才能展开成傅里叶级数，这些条件称为狄利克雷条件。

在信号处理中，根据信号的定义，分别引入了连续时间傅里叶变换、傅里叶级数、离散时间傅里叶变换 (discrete time Fourier transform, DTFT) 以及离散傅里叶变换 (discrete Fourier transform, DFT)。

对本书主要涉及的离散时间傅里叶变换、离散傅里叶变换以及快速傅里叶变换 (fast Fourier transform, FFT) 逐一进行介绍。

1.3.1　离散时间傅里叶变换

离散时间序列 $x(n)$ 的离散时间傅里叶变换定义为

$$X(\mathrm{e}^{\mathrm{j}\omega}) = \sum_{n=-\infty}^{\infty} x(n)\mathrm{e}^{-\mathrm{j}\omega n} \tag{1.3.1}$$

显然，$X(\mathrm{e}^{\mathrm{j}\omega})$ 是 ω 的连续函数，并且以 2π 为周期。式 (1.3.1) 的级数不一定总是收敛的。例如，$x(n)$ 为单位阶跃序列时，级数就不收敛。若 $x(n)$ 绝对可和，则一般认为上述级数是收敛的。因此，有限长序列的 DTFT 总是收敛的。

通常 $X(\mathrm{e}^{\mathrm{j}\omega})$ 是一个复函数，可写为

$$X(\mathrm{e}^{\mathrm{j}\omega}) = X_{\mathrm{re}}(\mathrm{e}^{\mathrm{j}\omega}) + \mathrm{j}X_{\mathrm{im}}(\mathrm{e}^{\mathrm{j}\omega}) \tag{1.3.2}$$

其中，$X_{\mathrm{re}}(\mathrm{e}^{\mathrm{j}\omega})$ 和 $X_{\mathrm{im}}(\mathrm{e}^{\mathrm{j}\omega})$ 分别是 $X(\mathrm{e}^{\mathrm{j}\omega})$ 的实部和虚部，它们都是 ω 的实函数。$X(\mathrm{e}^{\mathrm{j}\omega})$ 也可表示为

$$X(\mathrm{e}^{\mathrm{j}\omega}) = \left|X(\mathrm{e}^{\mathrm{j}\omega})\right|\mathrm{e}^{\mathrm{j}\varphi(\omega)} \tag{1.3.3}$$

其中，$\left|X(\mathrm{e}^{\mathrm{j}\omega})\right|$ 称为幅度函数；$\varphi(\omega) = \arg\left\{X(\mathrm{e}^{\mathrm{j}\omega})\right\}$ 称为相位函数，它们都是 ω 的实函数。傅里叶变换也称为傅里叶频谱，而 $\left|X(\mathrm{e}^{\mathrm{j}\omega})\right|$ 和 $\varphi(\omega)$ 分别称为幅度谱和相位谱。

离散时间傅里叶逆变换 (IDTFT) 定义为

$$x(n) = \frac{1}{2\pi}\int_{-\pi}^{\pi} X(\mathrm{e}^{\mathrm{j}\omega})\mathrm{e}^{\mathrm{j}\omega n}\mathrm{d}\omega \tag{1.3.4}$$

例 1.3.1　试求非周期序列：

$$x(n) = a^n u(n)$$

的傅里叶频谱。

解：由 DTFT 的定义有

$$X(\mathrm{e}^{\mathrm{j}\omega}) = \sum_{n=0}^{\infty} a^n \mathrm{e}^{-\mathrm{j}\omega n} = \sum_{n=0}^{\infty} (a\mathrm{e}^{-\mathrm{j}\omega})^n$$

当 $|a| \geqslant 1$ 时，求和不收敛，该序列的 DTFT 不存在。$|a| < 1$ 时，由等比级数的求和公式得

$$X(\mathrm{e}^{\mathrm{j}\omega}) = \frac{1}{1 - a\mathrm{e}^{-\mathrm{j}\omega}}$$

当 a 是实数时，由上式可得序列 $x(n)$ 的幅度谱和相位谱分别为

$$\left|X(\mathrm{e}^{\mathrm{j}\omega})\right| = \frac{1}{\sqrt{1+a^2-2a\cos\omega}}$$

$$\varphi(\omega) = -\arctan\left(\frac{a\sin\omega}{1-a\cos\omega}\right)$$

程序 1_3_1 用 MATLAB 计算例 1.3.1 的幅度谱和相位谱。

```
% 程序 1_3_1.m  计算幅度谱和相位谱
clc; clear
% 输入系数
a=input('a=');
% 计算频谱
w=-2*pi:pi/512:2*pi;
X=freqz(1,[1  a],w);
% 显示频谱
subplot(2,1,1)
plot(w/pi,abs(X),'LineWidth',2); grid
title('Magnitude Spectrum')
xlabel('\omega/\pi'); ylabel('Magnitude')
subplot(2,1,2)
plot(w/pi,unwrap(angle(X)),'LineWidth',2); grid
title('Phase Spectrum')
xlabel('\omega/\pi'); ylabel('Phase(rad)')
```

在该程序中，函数 freqz 用于计算数字滤波器的频率响应。当某序列 $x(n)$ 的频谱 $X(\mathrm{e}^{\mathrm{j}\omega})$ 为 $\mathrm{e}^{\mathrm{j}\omega}$ 的有理分式时，也可用该函数计算幅度谱和相位谱。由于用于计算相位谱的函数 angle 的返回值总是位于 $\pm\pi$ 之间，即使对于连续的相位谱，也会引入大小为 2π 的相位跳变，函数 unwrap 用于消除这种跳变。运行程序 1_3_1，输入 $a=0.8$，即可得图 1.3.1 所示的结果。

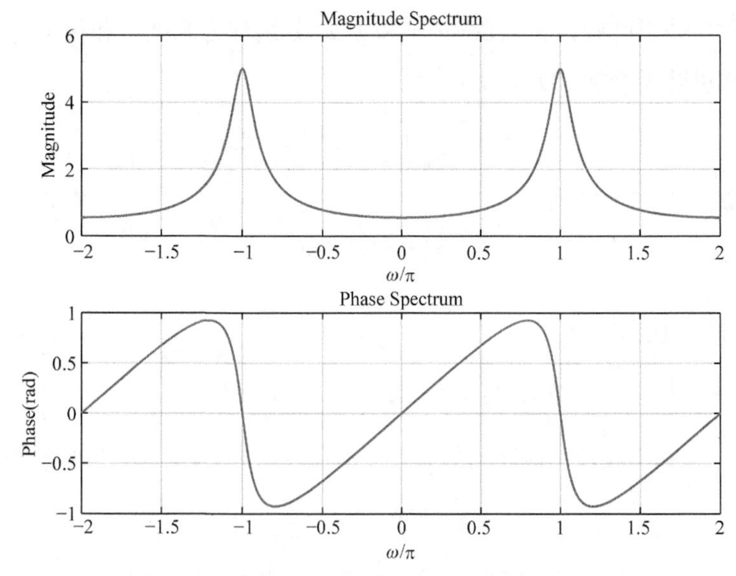

图 1.3.1 序列 $x(n)=0.8^n u(n)$ 的幅度谱和相位谱

1.3.2　离散傅里叶变换

设 $x(n)$ 是长度为 N 的有限长序列，则该序列的 DTFT 为

$$X(\mathrm{e}^{\mathrm{j}\omega})=\sum_{n=-\infty}^{\infty}x(n)\mathrm{e}^{-\mathrm{j}\omega n}=\sum_{n=0}^{N-1}x(n)\mathrm{e}^{-\mathrm{j}\omega n} \tag{1.3.5}$$

为了实现数值计算，同时也考虑到 DTFT 为周期函数，在频域的第一个周期均匀取样 M 个点，设 $\omega_k=\frac{2\pi}{M}k,\ k=0,1,\cdots,M-1$，则

$$X(k)=X(\mathrm{e}^{\mathrm{j}\omega_k})=\sum_{n=0}^{N-1}x(n)\mathrm{e}^{-\mathrm{j}\frac{2\pi}{M}kn},\quad k=0,1,\cdots,M-1 \tag{1.3.6}$$

根据频域采样定理，当 $M\geqslant N$ 时，可以用离散序列 $X(k)$ 不失真地恢复 $X(\mathrm{e}^{\mathrm{j}\omega})$。

有限长序列 $x(n)$ 的离散傅里叶变换(DFT)定义为

$$X(k)=\sum_{n=0}^{N-1}x(n)\mathrm{e}^{-\mathrm{j}\frac{2\pi}{N}nk},\quad k=0,1,\cdots,N-1 \tag{1.3.7}$$

离散傅里叶逆变换(IDFT)定义为

$$x(n)=\frac{1}{N}\sum_{k=0}^{N-1}X(k)\mathrm{e}^{\mathrm{j}\frac{2\pi}{N}nk},\quad n=0,1,\cdots,N-1 \tag{1.3.8}$$

$x(n)$ 和 $X(k)$ 都是长为 N 的有限长序列，适合数值计算。离散傅里叶变换的含义是，对于长度为 N 的时域序列 $x(n)$，都可以表示为 N 项复指数信号（正交基函数）$\{\mathrm{e}^{\mathrm{j}\frac{2\pi}{N}nk};k=0,1,\cdots,N-1\}$ 的线性加权叠加。对于不同的序列只是加权系数不同，而形式相同，该 N 个加权系数就是与序列 $x(n)$ 对应的频域序列 $X(k)$。序列 $x(n)$ 和序列 $X(k)$ 为一一对应关系。

需要注意的是：在许多涉及 DFT 应用的场合，有限长序列往往也视为周期序列中的一个周期。

例 1.3.2　试计算长度为 4 的离散时间信号序列 $x(n)=\{2,3,3,2;n=0,1,2,3\}$ 的离散傅里叶变换。

解：根据离散傅里叶变换的定义式(1.3.5)可得

$$X(0)=\sum_{n=0}^{3}x(n)=x(0)+x(1)+x(2)+x(3)=10$$

$$X(1)=\sum_{n=0}^{3}x(n)\mathrm{e}^{-\mathrm{j}\frac{2\pi}{4}n}=x(0)+x(1)\mathrm{e}^{-\mathrm{j}\frac{2\pi}{4}}+x(2)\mathrm{e}^{-\mathrm{j}\frac{2\pi}{4}\cdot 2}+x(3)\mathrm{e}^{-\mathrm{j}\frac{2\pi}{4}\cdot 3}=-1-\mathrm{j}$$

同理可得

$$X(2)=\sum_{n=0}^{3}x(n)\mathrm{e}^{-\mathrm{j}\frac{2\pi}{4}n\cdot 2}=x(0)+x(1)\mathrm{e}^{-\mathrm{j}\frac{2\pi}{4}\cdot 2}+x(2)\mathrm{e}^{-\mathrm{j}\frac{2\pi}{4}\cdot 4}+x(3)\mathrm{e}^{-\mathrm{j}\frac{2\pi}{4}\cdot 6}=0$$

$$X(3)=\sum_{n=0}^{3}x(n)\mathrm{e}^{-\mathrm{j}\frac{2\pi}{4}n\cdot 3}=x(0)+x(1)\mathrm{e}^{-\mathrm{j}\frac{2\pi}{4}\cdot 3}+x(2)\mathrm{e}^{-\mathrm{j}\frac{2\pi}{4}\cdot 6}+x(3)\mathrm{e}^{-\mathrm{j}\frac{2\pi}{4}\cdot 9}=-1+\mathrm{j}$$

该例题的计算，可直接在 MATLAB 中用函数 fft 完成，方法是运行下列语句：

```
X=fft([2 3 3 2])
```

其结果为：

```
X = 10.0000    -1.0000 - 1.0000i     0       -1.0000 + 1.0000i
```

1.3.3　快速傅里叶变换

快速傅里叶变换(FFT)是离散傅里叶变换(DFT)的一种快速算法,其运算过程没有直接采用 DFT 的定义式，而其运算结果与 DFT 相同(在不考虑数值计算误差的前提下)。

FFT 是数字信号处理的重要里程碑，被广泛应用于工程、科学和数学中。1994 年，美国著名数学家、数学教育家 William Gilbert Strang(斯特朗，1934—)将 FFT 描述为“我们一生中最重要的数值算法”，并被 IEEE 杂志《科学与工程计算》列入 20 世纪十大算法。

DFT 的快速算法可以追溯到“数学王子”Carl Friedrich Gauss(高斯, 1777—1855)1805 年未发表的研究工作，当时他试图用一种算法解决小行星帕拉斯(Pallas)和朱诺(Juno)运行轨道的插值问题。高斯的方法与现在通用的 FFT 算法非常相似。高斯的工作比 1822 年傅里叶发表傅里叶级数理论还早一些，然而，高斯没有分析该算法的计算复杂度，最后也使用了其他方法来实现他的目的。1805—1965 年，其他学者先后发表了 DFT 的几种快速算法。James Cooley (1926—2016)和 John Tukey (1915—2000)于 1965 年发表了更通用的 DFT 快速算法，适用于序列长度 N 为复合数且不一定为 2 的幂的情况。Cooley 和 Tukey 被认为是现代通用 FFT 算法的发明者。

利用式(1.3.7)和式(1.3.8)直接计算 N 点序列的 DFT 和 IDFT 需计算 N^2 次复数乘法及 $N(N-1)$ 次复数加法。显然，随着序列长度 N 的增大，运算次数将快速增加。因此，有必要在计算方法上寻求改进,使其运算次数大大减少。利用 Cooley 和 Tukey 提出的 FFT 算法,可以将计算 N 点序列的 DFT 或 IDFT 的复数乘和复数加的次数降低到约 $\frac{N}{2}\log_2 N$。当 N 较大时，DFT 或 IDFT 的运算效率得到了极大的提高。

尽管后来的 DFT 快速算法很多,但其基本数学原理相似。下面介绍基 2 时间抽取算法,以便于读者理解 FFT 快速算法的基本原理。

基 2 时间抽取(decimation in times, DIT)算法的基本原理是充分利用旋转因子 W_N^{nk} 的特性，通过在时域将序列逐次分解为两个子序列，然后利用子序列的 DFT 来实现长序列的 DFT，从而提高 DFT 的运算效率。

旋转因子 $W_N^{nk}=\mathrm{e}^{-\mathrm{j}\frac{2\pi}{N}nk}$ 具有周期性、对称性及可约性。

(1)以 N 为周期的周期性。

$$W_N^{nk}=W_N^{k(n+N)}=W_N^{n(k+N)}$$

(2)对称性。

$$W_N^{-kn}=(W_N^{kn})^*,\quad W_N^{kn+\frac{N}{2}}=-W_N^{kn}$$

(3)可约性。

$$W_N^{kn}=W_{mN}^{mkn},\quad W_N^{kn}=W_{N/m}^{kn/m}\quad（N/m\text{为整数}）$$

对于基 2 时间抽取算法，N 为 2 的 M 次幂，即 $N=2^M$。如上所述，序列 $x(n)$ 的 DFT 为

$$X(k)=\sum_{n=0}^{N-1}x(n)W_N^{nk}=N\text{-point-DFT}\{x(n)\}\tag{1.3.9}$$

将 $x(n)$ 按下标 n 的奇偶性分为两组，即按 $n=2r$ 及 $n=2r+1$ 分为两组：

$$X(k)=\sum_{r=0}^{\frac{N}{2}-1}x(2r)W_N^{2rk}+\sum_{r=0}^{\frac{N}{2}-1}x(2r+1)W_N^{(2r+1)k}=\sum_{r=0}^{\frac{N}{2}-1}x(2r)W_N^{2rk}+W_N^k\sum_{r=0}^{\frac{N}{2}-1}x(2r+1)W_N^{2rk}$$

利用旋转因子的性质，得

$$X(k)=\sum_{r=0}^{\frac{N}{2}-1}x(2r)W_{N/2}^{rk}+W_N^k\sum_{r=0}^{\frac{N}{2}-1}x(2r+1)W_{N/2}^{rk}=G(k)+W_N^kH(k)\tag{1.3.10}$$

其中

$$G(k)=\sum_{r=0}^{\frac{N}{2}-1}x(2r)W_{N/2}^{rk}=\frac{N}{2}\text{-point-DFT}\{g(n)\}$$

$$H(k)=\sum_{r=0}^{\frac{N}{2}-1}x(2r+1)W_{N/2}^{rk}=\frac{N}{2}\text{-point-DFT}\{h(n)\}$$

即用原序列的偶数点样本计算 $G(k)$，而用原序列的奇数点样本计算 $H(k)$。$G(k)$ 和 $H(k)$ 的周期为 $\frac{N}{2}$，故有

$$X(k)=G(k)+W_N^kH(k),\quad k=0,1,\cdots,\frac{N}{2}-1\tag{1.3.11}$$

$$X\left(k+\frac{N}{2}\right)=G(k)-W_N^kH(k),\quad k=0,1,\cdots,\frac{N}{2}-1\tag{1.3.12}$$

显然，一个 N-point-DFT 可以表示为两个 $\frac{N}{2}$-point-DFT 的分段线性组合。式(1.3.11)表示了 $X(k)$ 的前半部分（$k=0\sim\frac{N}{2}-1$）的组合方式，而式(1.3.12)表示了 $X(k)$ 的后半部分（$k=\frac{N}{2}\sim N-1$）的组合方式。一个 $\frac{N}{2}$-point-DFT 又可分解为两个 $\frac{N}{4}$-point-DFT 的分段线性组合。以此类推，继续分解，直到分解为 2-point-DFT。为便于理解，可画出按时间抽取的 8 点 FFT 框图，如图 1.3.2 所示。

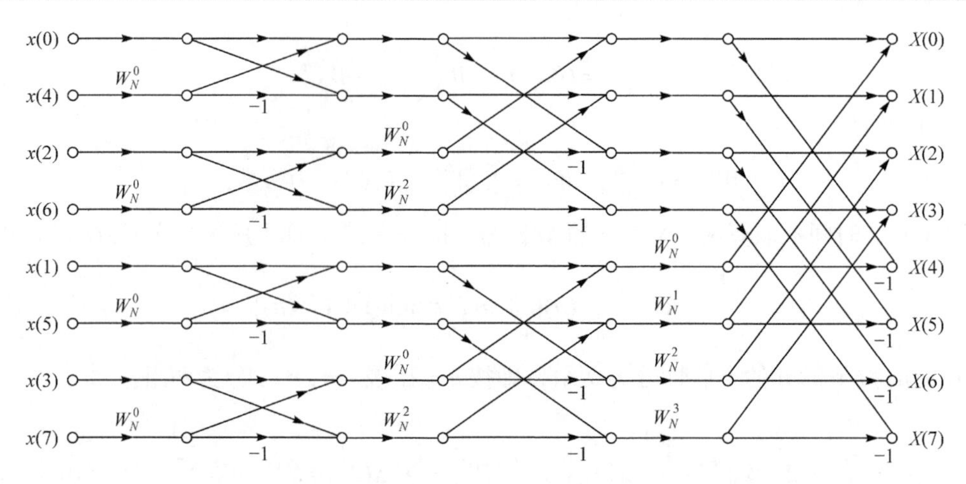

图 1.3.2　基 2 时间抽取 FFT 运算流图(N=8)

由图 1.3.2 可以看出，$N=2^3=8$ 时，基 2 时间抽取 FFT 的信号流图由三级构成。一般情况下，若 $N=2^M$ 点，则基 2 时间抽取 FFT 的信号流应有 M 级，每一级有 $\frac{N}{2}$ 个蝶形。所以总共有 $M\times\frac{N}{2}=\frac{N}{2}\log_2 N$ 个蝶形。每个蝶形需要一次复数乘法和两次复数加法，因此总共需要 $M\times\frac{N}{2}=\frac{N}{2}\log_2 N$ 次复数乘法以及 $M\times\frac{N}{2}\times 2=N\log_2 N$ 次复数加法。可见，FFT 同时减少了复数乘法和复数加法的次数。DFT 算法与 FFT 算法的复数乘法次数之比为

$$R=\frac{N^2}{(N/2)\log_2 N}=\frac{2N}{\log_2 N} \tag{1.3.13}$$

显然，N 越大，FFT 算法的运算复杂度与直接计算 DFT 的运算复杂度相比，两者的差距就越大，FFT 算法提高的计算效率也越明显。

在 MATLAB 中，我们可以直接调用函数 fft 实现 FFT 的计算。函数 fft 有几种调用方式，需要注意的是，为了实现完全分解，FFT 的点数必须为 2 的幂。如果 FFT 的点数为一个质数(又称为素数)，由于我们不可能按 FFT 算法的思想对这样的序列进行分解，因而也不可能有快速算法，只能用 DFT 的定义式直接计算。如果 FFT 的点数为一个合数，就可以对这样的序列进行分解，分解以后的计算效率取决于该合数的可分解性。

1.4　z 变　换

1.4.1　z 变换的定义及收敛域

z 变换是离散时间系统分析和设计的一个重要工具。z 变换有单边和双边之分。序列 $x(n)$ 的双边 z 变换定义为

$$X(z)=\sum_{n=-\infty}^{\infty}x(n)z^{-n} \tag{1.4.1}$$

其中，z 为复变量。对于所有的序列或所有的 z 值，z 变换并不总是收敛的。对任意给定的序列，使 z 变换收敛的 z 值的集合称为收敛域，即 ROC(region of convergence)。一般情况下，式(1.4.1)的幂级数将在一个环形区域中收敛，这个区域是

$$R_{x-}<|z|<R_{x+} \tag{1.4.2}$$

在式(1.4.2)中，R_{x-} 可以小到 0，R_{x+} 可以大到∞。ROC 是 z 变换中的一个重要概念，不同的序列可能有相同的 z 变换表达式，但其收敛域却不同。只有当 z 变换的表达式与收敛域都相同时，才能判定两个序列相等。

例 1.4.1　分别求 $x_1(n)=a^nu(n)$ 和 $x_2(n)=-a^nu(-n-1)$ 的(双边) z 变换。

解： 根据式(1.4.1)可得

$$X_1(z)=\sum_{n=0}^{\infty}a^nz^{-n}=\frac{1}{1-az^{-1}},\qquad \text{ROC: } |z|>|a|$$

$$X_2(z)=-\sum_{n=-1}^{-\infty}a^nz^{-n}=\frac{1}{1-az^{-1}},\qquad \text{ROC: } |z|<|a|$$

具有一定特殊性的序列，其 z 变换也将表现为具有特殊性。

1. 有限长序列

在有限长序列中，仅有有限个样点取非零值，从而

$$X(z)=\sum_{n=n_1}^{n_2}x(n)z^{-n} \tag{1.4.3}$$

其中，n_1 和 n_2 是有限的整数，分别是 $x(n)$ 的起点和终点。于是，除了当 $n_1<0$ 时 $z=\infty$ 以及 $n_2>0$ 时 $z=0$ 之外，z 取任何值时式(1.4.3)均收敛，因此有限长序列的收敛域至少是 $0<|z|<\infty$，而且这个收敛域可能包括 $z=0$ 或包括 $z=\infty$。

2. 右边序列

右边序列是指 $n<n_1$ 时 $x(n)=0$ 的序列，其 z 变换为

$$X(z)=\sum_{n=n_1}^{\infty}x(n)z^{-n} \tag{1.4.4}$$

右边序列的收敛域是一个半径为 R_{x-} 的圆的外部，即 $|z|>R_{x-}$。我们注意到，若 $n_1\geqslant 0$，则 z 变换将在 $z=\infty$ 处收敛。反之，若 $n_1<0$，则它在 $z=\infty$ 处将不收敛。

3. 左边序列

左边序列是指 $n>n_2$ 时 $x(n)=0$ 的序列，其 z 变换为

$$X(z)=\sum_{n=-\infty}^{n_2}x(n)z^{-n} \tag{1.4.5}$$

左边序列的收敛域是一个圆的内部，即 $|z|<R_{x+}$。若 $n_2\leqslant 0$，则左边序列的 z 变换在 $z=0$ 处收敛，否则在 $z=0$ 处不收敛。

4. 双边序列

一个双边序列可以看作一个左边序列与一个右边序列之和，因此双边序列 z 变换的收敛域是这两个序列的收敛域的交集，即

$$X(z)=\sum_{n=-\infty}^{\infty}x(n)z^{-n}=\sum_{n=0}^{\infty}x(n)z^{-n}+\sum_{n=-\infty}^{-1}x(n)z^{-n} \tag{1.4.6}$$

第一个级数是右边序列，对 $|z|>R_{x-}$ 收敛；第二个级数是左边序列，对 $|z|<R_{x+}$ 收敛。若 $R_{x-}<R_{x+}$，则有一个公共的环形收敛域：$R_{x-}<|z|<R_{x+}$。若 $R_{x-}>R_{x+}$，则没有公共收敛域，说明该双边序列的 z 变换不存在。

1.4.2　逆 z 变换

已知函数 $X(z)$ 及其收敛域，反过来求序列的变换称为逆 z 变换。用围线积分给出的逆 z 变换定义式为

$$x(n)=\frac{1}{2\pi \mathrm{j}}\oint_C X(z)z^{n-1}\mathrm{d}z \tag{1.4.7}$$

其中，C 为在 $X(z)$ 的 ROC 中环绕 z 平面原点的一条逆时针方向的闭合围线。无论 n 为正，还是为负，式(1.4.7)都成立。直接计算围线积分是比较麻烦的。实际求逆 z 变换时，一般采用三种常用的方法，即长除法、部分分式分解法和留数法。详细内容可参考有关书籍。

例 1.4.2　已知序列 $x(n)$ 的 z 变换为

$$X(z)=\frac{1}{(1-2z^{-1})(1-3z^{-1})},\quad \text{ROC: } 2<|z|<3$$

求逆 z 变换。

解： 设

$$X(z)=\frac{A}{1-2z^{-1}}+\frac{B}{1-3z^{-1}}=X_1(z)+X_2(z)$$

则由部分分式分解法，可得

$$A=(1-2z^{-1})X(z)\big|_{z=2}=-2,\quad B=(1-3z^{-1})X(z)\big|_{z=3}=3$$

由 ROC 的形式，可以判定 $x(n)$ 为一个右边序列和一个左边序列之和。参考例 1.4.1 得

$$x_1(n)=Z^{-1}[X_1(z)]=A\{2^n u(n)\},\quad \text{ROC}_1: |z|>2$$

$$x_2(n)=Z^{-1}[X_2(z)]=B\{-3^n u(-n-1)\},\quad \text{ROC}_2: |z|<3$$

因此，$X(z)$ 的逆 z 变换为

$$x(n)=x_1(n)+x_2(n)=-2^{n+1}u(n)-3^{n+1}u(-n-1)$$

1.5　数字滤波器

数字滤波器在数字信号处理中具有十分重要的地位，信号处理的过程就是让希望处理

的输入信号通过数字滤波器的过程，滤波器的输出即为处理结果。数字滤波器是一个可以用常系数差分方程描述的离散时间系统。离散时间系统的分析方法也适用于数字滤波器。

1.5.1 系统函数

离散时间 LTI 系统的输入与输出之间的关系为

$$y(n) = x(n) * h(n) \tag{1.5.1}$$

其中，$x(n)$、$y(n)$ 和 $h(n)$ 分别是系统的输入信号、输出信号和单位脉冲响应。利用 z 变换的卷积特性，离散时间 LTI 系统在 z 域的输入与输出之间的关系为

$$Y(z) = X(z)H(z) \tag{1.5.2}$$

其中，$H(z)$ 是系统的单位脉冲响应 $h(n)$ 的 z 变换，称为系统函数，由式(1.5.2)得

$$H(z) = \frac{Y(z)}{X(z)} \tag{1.5.3}$$

离散时间 LTI 系统的输入和输出之间的关系，可以用下列常系数差分方程描述：

$$y(n) + \sum_{k=1}^{p} a_k y(n-k) = \sum_{k=0}^{q} b_k x(n-k) \tag{1.5.4}$$

对式(1.5.4)两边做 z 变换，得

$$Y(z)\left(1 + \sum_{k=1}^{p} a_k z^{-k}\right) = X(z)\sum_{k=0}^{q} b_k z^{-k} \tag{1.5.5}$$

整理式(1.5.5)，可得

$$H(z) = \frac{Y(z)}{X(z)} = \frac{\sum_{k=0}^{q} b_k z^{-k}}{1 + \sum_{k=1}^{p} a_k z^{-k}} = \frac{B(z)}{A(z)} \tag{1.5.6}$$

式(1.5.6)说明数字滤波器的系统函数为 z 的有理分式。当 $p = 0$ 时，$H(z)$ 为 z 的多项式，与之对应的单位脉冲响应为有限长序列，称这样的系统为有限冲激响应(finite impulse response, FIR)系统。当 $p \geqslant 1$ 时，式(1.5.6)的分母为多项式，$H(z)$ 为有理分式，称这样的系统为无限冲激响应(infinite impulse response, IIR)系统。

将式(1.5.6)分子分母多项式写成因子的形式，得

$$H(z) = b_0 \frac{\prod_{k=1}^{q}(1 - z_k z^{-1})}{\prod_{k=1}^{p}(1 - p_k z^{-1})} = b_0 z^{(p-q)} \frac{\prod_{k=1}^{q}(z - z_k)}{\prod_{k=1}^{p}(z - p_k)} \tag{1.5.7}$$

其中，$z_k (k = 1,2,\cdots,q)$和$p_k (k = 1,2,\cdots,p)$ 分别为系统的零点和极点。式(1.5.7)说明数字滤波器的特性取决于极、零点的位置。例如，因果离散时间系统 $H(z)$ 具有 BIBO 稳定性的充要条件是所有极点位于单位圆内，而系统 $H(z)$ 的逆系统也稳定的充要条件是所有零点位于单位圆内，称因果并且零、极点都位于单位圆的系统为最小相位系统(minimum-phase system)。最小相位系统在随机信号处理中具有重要应用。

1.5.2 频率响应

如上所述，式(1.5.1)是离散时间 LTI 系统的输入与输出之间的关系式，对式(1.5.1)两边同时进行离散时间傅里叶变换，得

$$\begin{aligned} Y(\mathrm{e}^{\mathrm{j}\omega}) &= \sum_{n=-\infty}^{\infty}\left[\sum_{k=-\infty}^{\infty} x(k)h(n-k)\right]\mathrm{e}^{-\mathrm{j}n\omega} \\ &= \sum_{k=-\infty}^{\infty} x(k)\mathrm{e}^{-\mathrm{j}\omega k}\sum_{n=-\infty}^{\infty} h(n-k)\mathrm{e}^{-\mathrm{j}(n-k)\omega} = X(\mathrm{e}^{\mathrm{j}\omega})H(\mathrm{e}^{\mathrm{j}\omega}) \end{aligned} \tag{1.5.8}$$

从而有关系式：

$$H(\mathrm{e}^{\mathrm{j}\omega}) = \frac{Y(\mathrm{e}^{\mathrm{j}\omega})}{X(\mathrm{e}^{\mathrm{j}\omega})} \tag{1.5.9}$$

称 $H(\mathrm{e}^{\mathrm{j}\omega})$ 为系统的频率响应。显然，它是单位脉冲响应 $h(n)$ 的 DTFT。

如上所述，可以用常系数差分方程描述数字滤波器的输入与输出的关系，对式(1.5.4)两边做离散时间傅里叶变换，经整理可得

$$H(\mathrm{e}^{\mathrm{j}\omega}) = \frac{\sum_{k=0}^{q} b_k \mathrm{e}^{-\mathrm{j}\omega k}}{1+\sum_{k=1}^{p} a_k \mathrm{e}^{-\mathrm{j}\omega k}} = b_0 \frac{\prod_{k=1}^{q}(1-z_k\mathrm{e}^{-\mathrm{j}\omega})}{\prod_{k=1}^{p}(1-p_k\mathrm{e}^{-\mathrm{j}\omega})} \tag{1.5.10}$$

式(1.5.10)说明数字滤波器的频率响应取决于极、零点的位置。

例 1.5.1 已知数字滤波器的输入、输出关系用下列差分方程描述：

$$y(n)-2r_1\cos\omega_1\cdot y(n-1)+r_1^2 y(n-2)=K[x(n)-2r_2\cos\omega_2\cdot x(n-1)+r_2^2 x(n-2)]$$

其中，$r_1=0.95$，$\omega_1=0.25\pi$，$r_2=0.9$，$\omega_2=0.5\pi$，$K=2$。用 MATLAB 画出该数字滤波器的极、零点图和幅度响应。

解： 由给定的差分方程得

$$H(z)=\frac{K(1-2r_2\cos\omega_2\cdot z^{-1}+r_2^2 z^{-2})}{1-2r_1\cos\omega_1\cdot z^{-1}+r_1^2 z^{-2}} = K\frac{(1-r_2\mathrm{e}^{\mathrm{j}\omega_2}z^{-1})(1-r_2\mathrm{e}^{-\mathrm{j}\omega_2}z^{-1})}{(1-r_1\mathrm{e}^{\mathrm{j}\omega_1}z^{-1})(1-r_1\mathrm{e}^{-\mathrm{j}\omega_1}z^{-1})}$$

程序 1_5_1 用 MATLAB 计算、显示数字滤波器的极、零点和幅度响应。

```
% 程序 1_5_1：计算、显示数字滤波器的极、零点和幅度响应
r1=0.95, w1=0.25*pi;
r2=0.9, w2=0.5*pi;
K=2;
b=K*[1  -2*r2*cos(w2)  r2*r2];
a=[1  -2*r1*cos(w1)  r1*r1];
zplane(b,a);
pause;
w=linspace(0,pi,512);
H=freqz(b,a,w);
```

```
plot(w/pi, 20*log10(abs(H)));
xlabel('\omega/\pi');
ylabel('Magnitude (dB)');
```

图 1.5.1、图 1.5.2 为程序 1_5_1 的运行结果。请读者自行修改 r_1、ω_1、r_2、ω_2、K 的值，然后观察零、极点位置的变化，以及幅度响应曲线的变化情况。

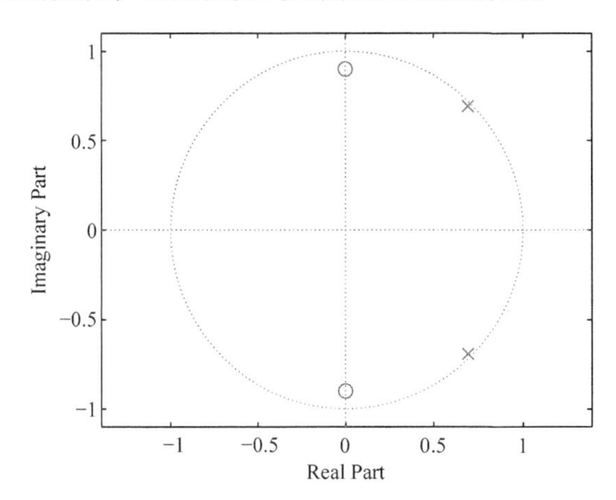

图 1.5.1　例 1.5.1 系统的极、零点图

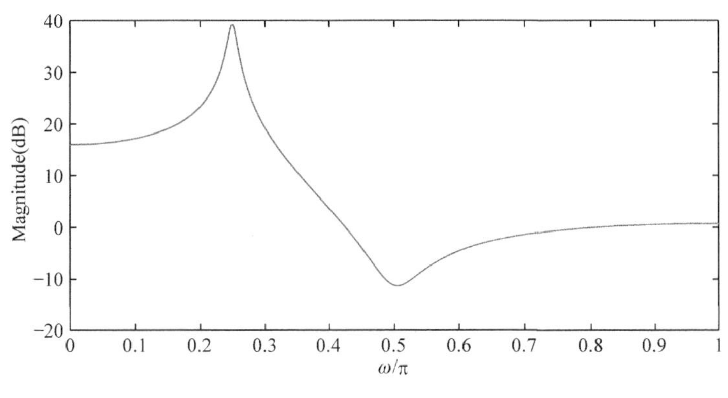

图 1.5.2　例 1.5.1 系统的幅度响应

1.5.3　格型滤波器

给定一个离散时间系统，可以用多种不同的运算结构来实现。在不考虑量化误差时，这些不同的实现方法是等效的，但在考虑量化误差时，这些不同的实现方法在性能上有差异。

IIR 数字滤波器的基本结构有直接型、级联型和并联型；FIR 数字滤波器的基本结构有直接型、级联型和线性相位结构。在实际应用中，除了这些基本结构以外，还有很多种。本节讨论全零点滤波器的格型结构(lattice structure)。格型结构是受自回归信号建模理论的启发而建立的，它被广泛应用在信号建模、谱估计和自适应滤波中。

1. 全零点滤波器的格型结构

一个 p 阶的全零点数字滤波器具有下列形式的系统函数：

$$H(z)=A(z)=1+\sum_{l=1}^{p}a_l z^{-l} \tag{1.5.11}$$

全零点系统属于非递归数字滤波器，即 FIR 滤波器，其差分方程为

$$y(n)=x(n)+\sum_{l=1}^{p}a_l x(n-l) \tag{1.5.12}$$

该滤波器的格型结构如图 1.5.3 所示。显然，一个 p 阶的格型滤波器是由 p 个结构相同的基本单元级联而成的，如图 1.5.4 所示，其中，第 m 节的输入、输出满足下列方程：

$$f_m(n)=f_{m-1}(n)+k_m b_{m-1}(n-1) \tag{1.5.13}$$

$$b_m(n)=k_m f_{m-1}(n)+b_{m-1}(n-1) \tag{1.5.14}$$

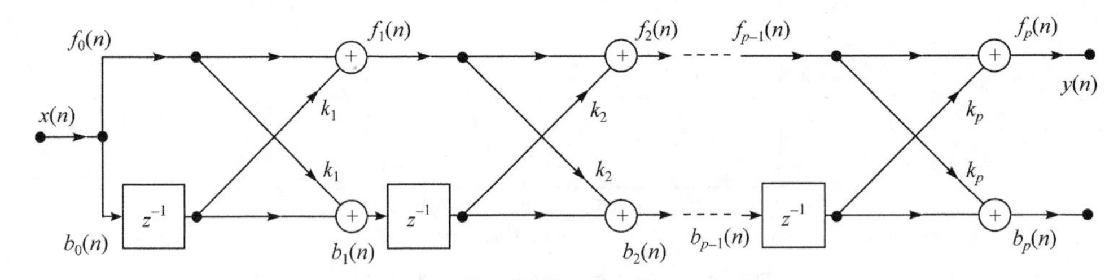

图 1.5.3　p 阶全零点滤波器的格型结构

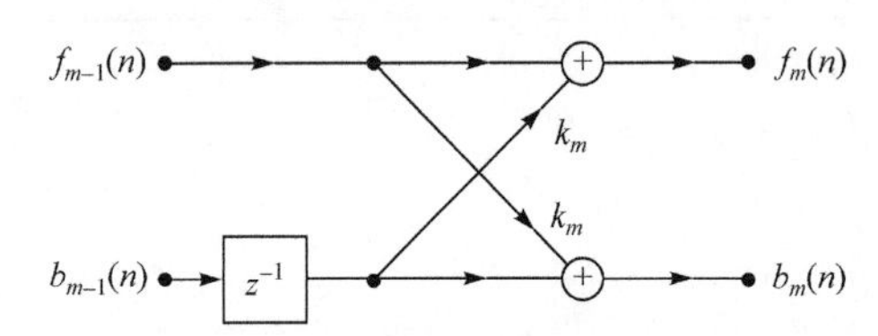

图 1.5.4　全零点格型滤波器的基本单元(第 m 节)

通常称 k_m 为反射系数。整个滤波器的输入、输出分别满足下列关系式：

$$x(n)=f_0(n)=b_0(n) \tag{1.5.15}$$

$$y(n)=f_p(n) \tag{1.5.16}$$

格型滤波器有两个输出，通常称 $y(n)=f_p(n)$ 为格型结构滤波器的前向输出，与之对应的系统函数为

$$\begin{aligned}H^{\mathrm{F}}(z)=\frac{Y(z)}{X(z)}&=A_p(z)=1+\sum_{l=1}^{p}a_{p,l}z^{-l}\\&=1+a_{p,1}z^{-1}+\cdots+a_{p,p-1}z^{-p+1}+a_{p,p}z^{-p}\end{aligned} \tag{1.5.17}$$

格型滤波器的另一个输出 $y^{\mathrm{B}}(n)=b_p(n)$ 称为后向输出，与之对应的系统函数为

$$\begin{aligned}H^{\mathrm{B}}(z)=\frac{Y^{\mathrm{B}}(z)}{X(z)}&=A_p^{\mathrm{B}}(z)=z^{-p}\left(1+\sum_{l=1}^{p}a_{p,l}z^{l}\right)\\&=a_{p,p}+a_{p,p-1}z^{-1}+\cdots+a_{p,1}z^{-p+1}+z^{-p}\end{aligned} \tag{1.5.18}$$

这里直接给出结论，对相关的推导证明过程感兴趣的读者请阅读参考文献(Manolakis et al., 2003)。

给定反射系数k_l，$l=1,2,\cdots,p$，利用图 1.5.3 可推出下列递归公式：

$$a_{m,l}=\begin{cases}1, & l=0\\ a_{m-1,l}+k_m a_{m-1,m-l}, & l=1,2,\cdots,m-1\\ k_m, & l=m\end{cases} \tag{1.5.19}$$

式(1.5.19)称为 Levinson 系数递推公式。这里，Norman Levinson(莱文森，1912—1975)为美国数学家。其中，系数$a_{m,l}$，$l=1,2,\cdots,m$表示由前m个基本单元级联而成的格型滤波器的直接型系数。式(1.5.19)给出了由$a_{m-1,l}$，$l=1,2,\cdots,m-1$和k_m计算$a_{m,l}$，$l=1,2,\cdots,m$的公式。从 m=1 到 p 循环计算式(1.5.19)，即可得到 p 阶格型滤波器的直接型系数$a_l=a_{p,l}$，$l=1,2,\cdots,p$。

另外，对于已知系统函数的全零点滤波器，如果能确定出反射系数k_l，$l=1,2,\cdots,p$，则可以画出其相应的格型结构。利用图 1.5.3 和式(1.5.19)可以推导出由系数$a_{m,l}$，$l=1,2,\cdots,m$和k_m计算$a_{m-1,l}$，$l=1,2,\cdots,m-1$的公式：

$$\left.\begin{aligned}&k_m=a_{m,m}\\ &a_{m-1,l}=\begin{cases}1, & l=0\\ \dfrac{a_{m,l}-k_m a_{m,m-l}}{1-k_m^2}, & l=1,2,\cdots,m-1\end{cases}\end{aligned}\right\} \tag{1.5.20}$$

从 m=p 到 1 逆序循环计算式(1.5.20)，即可由直接型系数$a_l=a_{p,l}$，$l=1,2,\cdots,p$，得到p阶格型滤波器的反射系数。我们注意到，对于任意的m，如果$|k_m|=1$，则式(1.5.20)将失效。线性相位 FIR 滤波器是一种常用的数字滤波器，线性相位 FIR 滤波器的系数满足对称性，因而如果式(1.5.11)描述的滤波器为线性相位的，那么$a_{m,m}=\pm 1$，即$k_p=\pm 1$，因此，线性相位 FIR 滤波器不能用格型结构实现。

格型滤波器的反射系数可用来判断式(1.5.11)描述的全零点滤波器是否为最小相位系统。如果$|k_m|<1,\ 1\leqslant m\leqslant p$，则该滤波器的所有零点均在单位圆内，为最小相位系统。

例 1.5.2　给定全零点滤波器的系统函数为

$$A(z)=1+0.5z^{-1}+0.75z^{-2}+0.9z^{-3}$$

画出该滤波器的格型结构实现图。

解：由系统函数，得

$$a_{3,1}=0.5,\quad a_{3,2}=0.75,\quad a_{3,3}=0.9$$

令 m =3，由式(1.5.19)，得

$$k_3=a_{3,3}=0.9$$

$$a_{2,1}=\frac{a_{3,1}-k_3a_{3,2}}{1-k_3^2}=-0.9211,\quad a_{2,2}=\frac{a_{3,2}-k_3a_{3,1}}{1-k_3^2}=1.5789$$

令 m =2，得

$$k_2 = a_{2,2} = 1.5789$$

$$a_{1,1} = \frac{a_{2,1} - k_2 a_{2,1}}{1 - k_2^2} = -0.3572$$

令 $m=1$，得

$$k_1 = a_{1,1} = -0.3572$$

图 1.5.5 为该滤波器的格型结构。

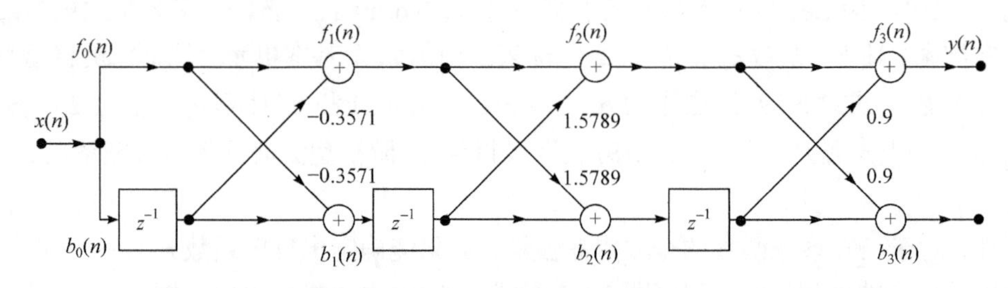

图 1.5.5　例 1.5.2 系统的格型结构

在 MATLAB 中，函数 tf2latc 用于把直接型系数转换为格型滤波器的反射系数，而函数 latc2tf 则用于把反射系数转换为直接型系数。在 MATLAB 平台对例 1.5.2 的解进行验算：

```
>> k=tf2latc([1, 0.5, 0.75, 0.9])
k =
  -0.3571
   1.5789
   0.9000
```

我们注意到，用 MATLAB 函数计算 k_1 值，其结果与以上手工计算结果不完全相同，这是由于计算过程中保留小数点后有效位数不同之故。

2. 全极点滤波器的格型结构

全极点数字滤波器的系统函数具有下列形式：

$$H(z) = \frac{1}{A(z)} = \frac{1}{1 + \sum_{l=1}^{p} a_l z^{-l}} \tag{1.5.21}$$

其中，p 为滤波器的阶数。显然，该全极点系统为式(1.5.11)描述的全零点滤波器的逆系统，其差分方程为

$$y(n) = x(n) - \sum_{l=1}^{p} a_l y(n-l) \tag{1.5.22}$$

该系统属于递归数字滤波器，因而也是 IIR 滤波器。在式(1.5.12)中，交换 $x(n)$ 和 $y(n)$，即可得到式(1.5.22)。为了从图 1.5.5 得出全极点滤波器的格型结构，令

$$f_p(n) = x(n) \tag{1.5.23}$$

$$f_0(n) = b_0(n) = y(n) \tag{1.5.24}$$

此外，改写式(1.5.13)为

$$f_{m-1}(n)=f_m(n)-k_m b_{m-1}(n-1) \tag{1.5.25}$$

再利用式(1.5.14)计算出另外一个节点的输出，即

$$b_m(n)=k_m f_{m-1}(n)+b_{m-1}(n-1) \tag{1.5.26}$$

则可得到全极点系统的基本格型单元，如图 1.5.6 所示。将基本格型单元级联起来，再按式(1.5.23)和式(1.5.24)设定输入、输出信号，即可得到如图 1.5.7 所示的全极点格型滤波器结构图。

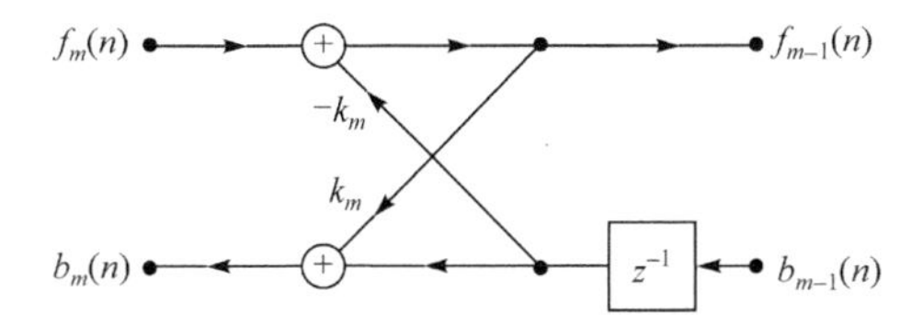

图 1.5.6　全极点格型滤波器的基本单元(第 m 节)

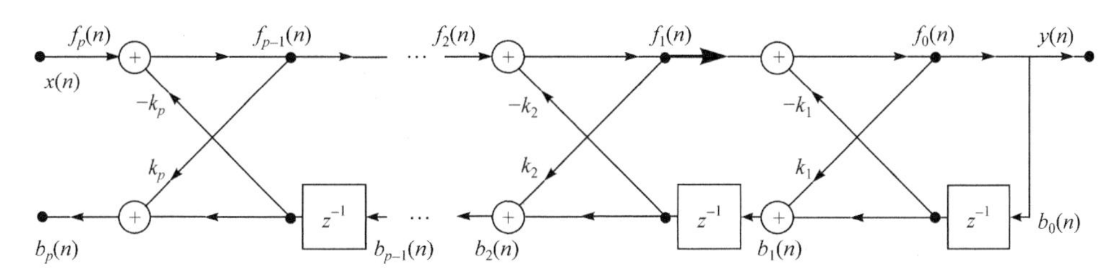

图 1.5.7　p 阶全极点滤波器的格型结构

从图 1.5.7 可以看出，全极点格型滤波器也有两个输出：前向通路的输出 $y(n)$ 和后向通路的输出 $b_p(n)$。由图 1.5.7 并利用式(1.5.25)和式(1.5.26)的递推关系，可以推出输入为 $f_p(n)=x(n)$ 时，输入 $x(n)$ 到输出 $y(n)$ 的传递函数为

$$H^{\mathrm{F}}(z)=\frac{Y(z)}{X(z)}=\frac{F_0(z)}{F_p(z)}=\frac{1}{A_p(z)}=\frac{1}{1+\sum_{l=1}^{p}a_{p,l}z^{-l}} \tag{1.5.27}$$

而从 $b_0(n)=y(n)$ 到 $b_p(n)$ 的传递函数为

$$H^{\mathrm{B}}(z)=\frac{B_p(z)}{Y(z)}=\frac{B_p(z)}{B_0(z)}=z^{-p}\left(1+\sum_{l=1}^{p}a_{p,l}z^{l}\right)=z^{-p}A_p(z^{-1}) \tag{1.5.28}$$

当以 $f_p(n)=x(n)$ 作为输入、$b_p(n)$ 作为输出时，整个格型滤波器的传递函数为

$$H(z)=\frac{B_p(z)}{X(z)}=\frac{B_p(z)}{Y(z)}\frac{Y(z)}{X(z)}=\frac{z^{-p}A(z^{-1})}{A(z)} \tag{1.5.29}$$

显然，当 $\{a_l,l=1,2,\cdots,p\}$ 为实系数时，$\left|H(\mathrm{e}^{\mathrm{j}\omega})\right|=1$。可见，全极点格型结构可以实现全通数字滤波器。

1.6　离散时间系统的状态变量分析

系统分析就是建立描述系统的数学模型并对其进行求解。因此，采用一定的数学模型

对系统进行描述是系统分析的基础。描述离散时间系统的方法有输入-输出法和状态变量法。

输入-输出法(也称外部法)，是以差分方程或系统函数为基本模型来描述系统输入与输出之间的关系，从而研究系统的特性。该方法仅局限于研究系统的外部特征，未能全面反映系统的内部特性，不便于分析和处理多输入-多输出的系统。

状态变量法(也称内部法)，是用状态变量来描述系统的内部特性，通过状态方程和输出方程来表达系统输入与输出之间的关系。该方法不仅能给出系统的输出，同时能完整地揭示出系统的内部特性，特别适合于多输入-多输出系统的分析和研究，便于计算机求解，并可推广应用于非线性系统和时变系统。

1.6.1 状态变量与状态方程

1. 状态与状态变量

首先，以一个三阶离散时间系统为例引出状态变量的概念。

图 1.6.1 所示是一个三阶 LTI 离散时间系统，其中，$x_1(n)$ 和 $x_2(n)$ 是系统的输入信号，$y_1(n)$ 和 $y_2(n)$ 是系统的输出信号。除上述两个输出之外，如果还想了解系统内部三个变量 $s_1(n)$、$s_2(n)$ 和 $s_3(n)$ 在输入信号作用下的变化情况，则需找出这三个内部变量与两个输入序列 $x_1(n)$ 和 $x_2(n)$ 之间的关系。

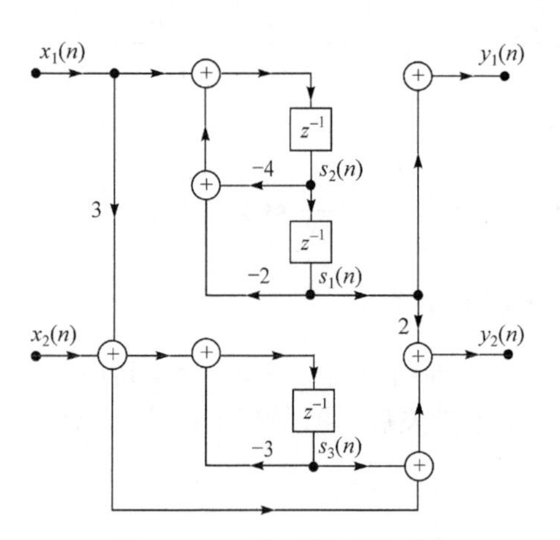

图 1.6.1　三阶离散时间系统

由图 1.6.1 所示的系统框图，观察三个移位单元的输入 $s_1(n+1)$、$s_2(n+1)$ 和 $s_3(n+1)$ 可得

$$\begin{cases} s_1(n+1) = s_2(n) \\ s_2(n+1) = -2s_1(n) - 4s_2(n) + x_1(n) \\ s_3(n+1) = -3s_3(n) + 3x_1(n) + x_2(n) \end{cases} \tag{1.6.1}$$

式(1.6.1)是由三个内部变量 $s_1(n)$、$s_2(n)$ 和 $s_3(n)$ 构成的一阶差分联立方程组。由差分方程的理论可知，如果这三个内部变量在初始时刻 $n = n_0$ 的值 $s_1(n_0)$、$s_2(n_0)$ 和 $s_3(n_0)$ 已知，则根据 $n \geqslant n_0$ 时给定的系统输入 $x_1(n)$ 和 $x_2(n)$，就可以唯一确定该差分方程组在 $n \geqslant n_0$ 时的解 $s_1(n)$、$s_2(n)$ 和 $s_3(n)$。

只要求出了系统的三个内部变量，就很容易由系统框图得出系统输出 $y_1(n)$、$y_2(n)$ 与系统内部变量 $s_1(n)$、$s_2(n)$ 和 $s_3(n)$ 的关系如下：

$$\begin{cases} y_1(n) = s_1(n) \\ y_2(n) = 2s_1(n) + s_3(n) + x_2(n) \end{cases} \tag{1.6.2}$$

这是一组代数方程。

可见，只要知道 $n = n_0$ 时系统三个内部变量的值，以及 $n \geqslant n_0$ 时系统的输入，就能完全确定系统在 $n \geqslant n_0$ 任何时刻的输出。将 $s_1(n_0)$、$s_2(n_0)$ 和 $s_3(n_0)$ 称为系统在 $n = n_0$ 时刻的状态，将描述系统状态随离散时间 n 变化的变量 $s_1(n)$、$s_2(n)$ 和 $s_3(n)$ 称为系统的状态变量。

这里给出系统状态的一般定义：一个离散时间系统在某一时刻 n_0 的状态是表示该系统

所必需的最少的一组数值，已知这组数值和 $n \geqslant n_0$ 时系统的输入序列，就能完全确定系统在 $n \geqslant n_0$ 时的全部工作情况。

状态变量则是描述系统状态随时间 n 变化的一组变量，它们在某时刻的值就组成了系统在该时刻的状态。对 p 阶离散时间系统，需要有 p 个独立的状态变量，通常用 $s_1(n), s_2(n), \cdots, s_p(n)$ 来表示。

2. 状态方程

对图 1.6.1 所示的系统，式(1.6.1)描述了系统状态变量的一阶前向差分与状态变量和输入之间的关系，我们称其为系统的状态方程。而式(1.6.2)则描述了系统的输出与状态变量和输入之间的关系，称其为系统的输出方程。

一般地，对于 p 阶多输入-多输出（m 个输入、k 个输出）的 LTI 离散时间系统，如图 1.6.2 所示，其状态方程和输出方程分别为

$$\boldsymbol{s}(n+1)=\boldsymbol{A}\boldsymbol{s}(n)+\boldsymbol{B}\boldsymbol{x}(n) \tag{1.6.3}$$

$$\boldsymbol{y}(n)=\boldsymbol{D}\boldsymbol{s}(n)+\boldsymbol{C}\boldsymbol{x}(n) \tag{1.6.4}$$

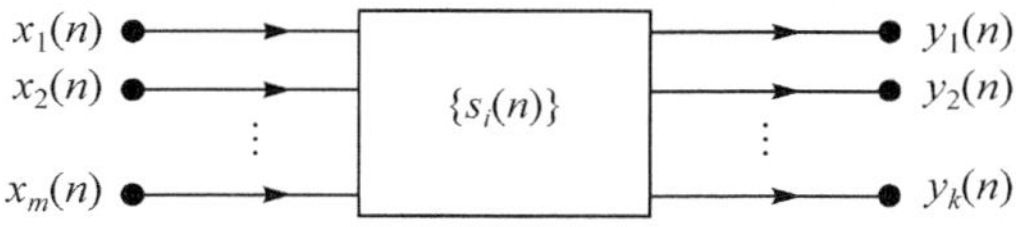

图 1.6.2　多输入-多输出 LTI 离散时间系统

其中，$\boldsymbol{s}(n)=\begin{bmatrix} s_1(n) & s_2(n) & \cdots & s_p(n) \end{bmatrix}^{\mathrm{T}}$ 为状态矢量；$\boldsymbol{x}(n)=\begin{bmatrix} x_1(n) & x_2(n) & \cdots & x_m(n) \end{bmatrix}^{\mathrm{T}}$ 为输入矢量；$\boldsymbol{y}(n)=\begin{bmatrix} y_1(n) & y_2(n) & \cdots & y_k(n) \end{bmatrix}^{\mathrm{T}}$ 为输出矢量。

$$\boldsymbol{A}=\begin{bmatrix} a_{11} & a_{12} & \cdots & a_{1p} \\ a_{21} & a_{22} & \cdots & a_{2p} \\ \vdots & \vdots & \ddots & \vdots \\ a_{p1} & a_{p2} & \cdots & a_{pp} \end{bmatrix}$$

为系统矩阵；

$$\boldsymbol{B}=\begin{bmatrix} b_{11} & b_{12} & \cdots & b_{1m} \\ b_{21} & b_{22} & \cdots & b_{2m} \\ \vdots & \vdots & \ddots & \vdots \\ b_{p1} & b_{p2} & \cdots & b_{pm} \end{bmatrix}$$

为控制矩阵；

$$\boldsymbol{C}=\begin{bmatrix} c_{11} & c_{12} & \cdots & c_{1p} \\ c_{21} & c_{22} & \cdots & c_{2p} \\ \vdots & \vdots & \ddots & \vdots \\ c_{k1} & c_{k2} & \cdots & c_{kp} \end{bmatrix}$$

为输出矩阵；

$$\boldsymbol{D}=\begin{bmatrix} d_{11} & d_{12} & \cdots & d_{1m} \\ d_{21} & d_{22} & \cdots & d_{2m} \\ \vdots & \vdots & \ddots & \vdots \\ d_{k1} & d_{k2} & \cdots & d_{km} \end{bmatrix}$$

为状态矢量到输出矢量的转换矩阵。

由式(1.6.3)和式(1.6.4)可见，状态方程是关于状态变量的一阶差分方程组，输出方程是关于输入、输出和状态变量的代数方程组。

1.6.2　状态方程的建立

系统的状态变量分析就是根据系统建立状态方程，并通过状态方程对系统输出进行求解的方法。

我们可以通过描述系统的系统函数或差分方程来建立系统的状态方程。建立状态方程的一般过程和步骤如下：

(1)由描述系统的系统函数或差分方程，画出系统框图。

(2)选定系统框图中各移位单元的输出信号作为系统的状态变量。

(3)在系统框图中各移位单元的输入端写出状态方程。

(4)在系统框图中各输出端写出输出方程。

下面举例来说明状态方程建立的方法和过程。

例 1.6.1　给定描述离散时间系统的差分方程为

$$y(n)+3y(n-1)+2y(n-2)-5y(n-3)=4x(n-2)-2x(n-3)$$

试建立该系统的状态方程和输出方程。

解：这是一个三阶 LTI 离散时间系统。由信号与系统分析理论，根据描述系统的差分方程，可画出系统框图如图 1.6.3 所示。

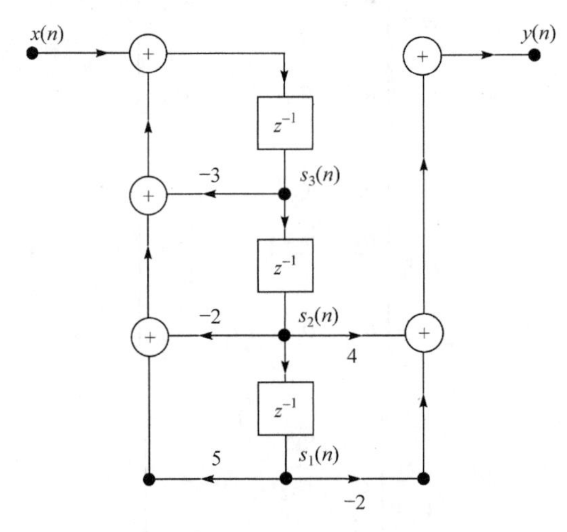

图 1.6.3　例 1.6.1 系统的框图

选择图 1.6.3 中三个移位单元的输出信号 $s_1(n)$ 、$s_2(n)$ 和 $s_3(n)$ 为状态变量，则在移位单元的输入端可列出系统的状态方程如下：

$$s_1(n+1)=s_2(n)$$
$$s_2(n+1)=s_3(n)$$
$$s_3(n+1)=5s_1(n)-2s_2(n)-3s_3(n)+x(n)$$

在移位单元的输出端列出输出方程：

$$y(n) = -2s_1(n) + 4s_2(n)$$

将状态方程和输出方程简化整理成矩阵形式有

$$\begin{bmatrix} s_1(n+1) \\ s_2(n+1) \\ s_3(n+1) \end{bmatrix} = \begin{bmatrix} 0 & 1 & 0 \\ 0 & 0 & 1 \\ 5 & -2 & -3 \end{bmatrix} \begin{bmatrix} s_1(n) \\ s_2(n) \\ s_3(n) \end{bmatrix} + \begin{bmatrix} 0 \\ 0 \\ 1 \end{bmatrix} [x(n)]$$

$$y(n) = \begin{bmatrix} -2 & 4 & 0 \end{bmatrix} \begin{bmatrix} s_1(n) \\ s_2(n) \\ s_3(n) \end{bmatrix}$$

例 1.6.2　已知某离散时间系统的系统函数为

$$H(z) = \frac{z^3 + 3z^2 + 5z}{z^3 + 2z^2 + 3z + 4}$$

写出该系统的状态方程和输出方程。

解：首先将系统函数写为如下标准形式，即

$$H(z) = \frac{1 + 3z^{-1} + 5z^{-2}}{1 + 2z^{-1} + 3z^{-2} + 4z^{-3}}$$

根据信号与系统分析理论，由系统函数 $H(z)$，画出系统框图，如图 1.6.4 所示。

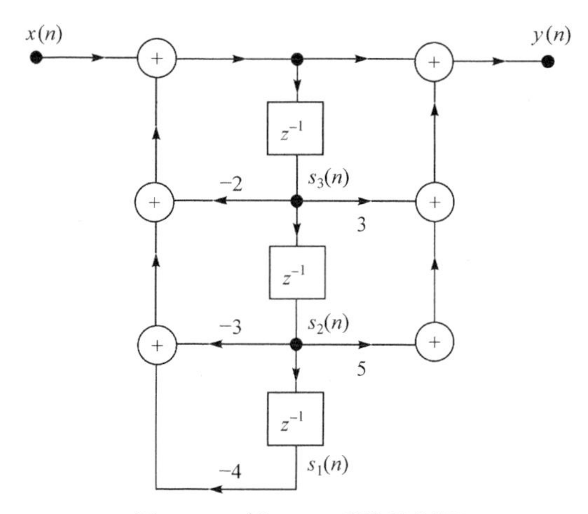

图 1.6.4　例 1.6.2 系统的框图

然后，确定系统框图中三个移位单元的输出端序列为状态变量，分别为 $s_1(n)$、$s_2(n)$ 和 $s_3(n)$。根据状态变量分析法，可列出系统的状态方程和系统方程分别为

$$\begin{cases} s_1(n+1) = s_2(n) \\ s_2(n+1) = s_3(n) \\ s_3(n+1) = -4s_1(n) - 3s_2(n) - 2s_3(n) + x(n) \end{cases}$$

$$\begin{aligned} y(n) &= s_3(n+1) + 3s_3(n) + 5s_2(n) \\ &= -4s_1(n) + 2s_2(n) + s_3(n) + x(n) \end{aligned}$$

将它们写为矩阵形式有

$$\begin{bmatrix} s_1(n+1) \\ s_2(n+1) \\ s_3(n+1) \end{bmatrix} = \begin{bmatrix} 0 & 1 & 0 \\ 0 & 0 & 1 \\ -4 & -3 & -2 \end{bmatrix} \begin{bmatrix} s_1(n) \\ s_2(n) \\ s_3(n) \end{bmatrix} + \begin{bmatrix} 0 \\ 0 \\ 1 \end{bmatrix} [x(n)]$$

$$y(n) = \begin{bmatrix} -4 & 2 & 1 \end{bmatrix} \begin{bmatrix} s_1(n) \\ s_2(n) \\ s_3(n) \end{bmatrix} + [1][x(n)]$$

本 章 小 结

本章首先介绍了离散时间信号和离散时间系统的基本概念；然后讨论傅里叶变换和 z 变换，这两种变换是分析离散时间信号和系统最为有效的工具，基于这两种变换可以对信号及系统分析赋予物理概念；其次讨论数字滤波器，包括系统函数、频率响应以及格型结构；最后讨论离散时间系统的状态变量分析。理解本章中讨论的所有内容是重要的，因为这是学习后续章节的必要基础。

习　　题

1.1　设 $x(n)$ 是频率为 ω_0、长度为 N 的有限长余弦序列，即

$$x(n) = \begin{cases} A\cos\omega_0 n, & 0 \leqslant n \leqslant N-1 \\ 0, & \text{其他} \end{cases}$$

这里，$x(n)$ 也可以认为是无限长余弦序列乘以长度为 N 的矩形窗得到的。

(1) 如果把 $x(n)$ 的 DTFT 分解为实部和虚部，即 $X(\mathrm{e}^{\mathrm{j}\omega}) = X_{\mathrm{re}}(\omega) + \mathrm{j}X_{\mathrm{im}}(\omega)$，求出实部和虚部的解析表达式。

提示： 把余弦表示为复指数，然后利用 DTFT 的调制性质。

(2) 设 $N=32$, $\omega_0 = \pi/4$，在区间 $\omega \in [-\pi, \pi]$ 中画出 $X_{\mathrm{re}}(\mathrm{e}^{\mathrm{j}\omega})$ 和 $X_{\mathrm{im}}(\mathrm{e}^{\mathrm{j}\omega})$。

(3) 计算 $x(n)$ 的 32 点 DFT，画出实部序列和虚部序列，并把 DFT 样本点标记在 DTFT 曲线上。

(4) 设 $N=32$, $\omega_0 = 1.1\pi/4$，重复问题(2)、(3)。

1.2　设 $x(n) = 5\cos(0.25\pi n)$, $n = 0,1,\cdots,15$, 为有限长序列。

(1) 计算 16 点 DFT，并画出幅度谱序列。

(2) 在该序列后面补 16 个零后，计算 32 点 DFT，并画出 DFT 幅度谱序列。

(3) 把 DFT 的点数扩大为 64，然后重复问题(2)。

(4) 依据 DTFT 与 DFT 之间的关系，解释补零操作对 DFT 的影响。

1.3　在 MATLAB 中分别产生长度为 2047、2048 和 2049 的随机序列，分别调用函数 fft 按所指定的长度计算三个序列的 FFT，用计时函数统计所用时间，有何结论？

提示： 在 MATLAB 中，可以用 tic 和 toc 计算函数的运行时间。

1.4　在下列系统方程中，$x(n)$ 和 $y(n)$ 分别为系统的输入和输出，试分别判断下列系统

是否线性、因果、稳定以及时不变。

(1) $y(n)=1+\cos(n\omega_0)x(n)$；

(2) $y(n)=x(n)x(-n)$；

(3) $y(n)=0.3x(n-1)+0.4x(n)+0.3x(n+1)$；

(4) $y(n)=\ln(2+|x(n)|)$。

1.5 (1)设 $H_1(z)=1-r_0\mathrm{e}^{-\mathrm{j}\omega_0}z^{-1}$ 为单零点系统的传递函数，求其幅度响应 $|H_1(\mathrm{e}^{\mathrm{j}\omega})|$ 的解析式。令 $r_0=0.95,\ \omega_0=0.25\pi$，画出幅度响应的草图。

(2)设 $H_2(z)=\dfrac{1}{1-r_0\mathrm{e}^{-\mathrm{j}\omega_0}z^{-1}}$ 为单极点系统的传递函数，求其幅度响应 $|H_2(\mathrm{e}^{\mathrm{j}\omega})|$ 的解析式。令 $r_0=0.95,\ \omega_0=0.25\pi$，画出幅度响应的草图。

(3)在程序 1_5_1 中修改 r_1、ω_1、r_2、ω_2、K 的值，然后观察零、极点位置的变化，以及幅度响应曲线的变化情况，观察有何规律。

1.6 已知某线性相位 FIR 型实系数滤波器的单位脉冲响应 $h(n)$ 偶对称，阶数 N 为偶数，且其中一个零点 $z_1=0.9\mathrm{e}^{\mathrm{j}0.25\pi}$。

(1)试求满足此条件的最短序列 $h(n)$。

(2)用 MATLAB 计算并画出相位响应，以验证是否满足线性相位条件。

1.7 考虑具有下列形式的稳定系统：

$$H(z)=\frac{a+bz^{-1}+cz^{-2}}{c+bz^{-1}+az^{-2}}$$

(1)证明：该系统为全通系统，即 $|H(\mathrm{e}^{\mathrm{j}\omega})|=1$，对所有的 ω 成立。

(2)设

$$H(z)=\frac{3-2z^{-1}+z^{-2}}{1-2z^{-1}+3z^{-2}}$$

确定幅度响应和相位响应，并在区间 $[0,\pi]$ 中画出幅度和相位响应曲线。

1.8 设全极点滤波器具有下列格型反射系数：

$$k_1=0.2,\quad k_2=0.3,\quad k_3=0.5,\quad k_4=0.7$$

(1)画出该滤波器的直接型结构图和格型结构图。

(2)用直接型结构计算单位脉冲响应的前 50 个样本点。

(3)用格型结构计算单位脉冲响应的前 50 个样本点，并用问题(2)的结果进行比较。

提示：在 MATLAB 中，filter 和 latcfilt 分别用于实现直接型滤波器和格型滤波器。

1.9 已知描述系统的差分方程为

$$y(n)+4y(n-1)+2y(n-2)=x(n-1)-3x(n-2)$$

写出该系统的状态方程和输出方程。

第 2 章　随机信号分析基础

概率论通过对不确定性问题提供比"我不知道"更有用的结果，来描述一些客观存在的现象。为什么数学家花了如此长的时间才正式解决这个具有重要意义的问题，这在科学史上是一个谜。在期望和风险成为非常有趣的数学概念以前，罗马人就开始销售保险和养老金了。意大利人在文艺复兴早期也针对商业风险出台了保险政策，在那个时期出现了概率理论尝试：一种靠碰运气取胜的游戏。意大利数学家 Girolamo Cardano（卡尔达诺，1501—1576）对采用骰子的游戏进行了精确的概率分析，他假设连续扔出的骰子是统计独立事件。正如印度数学家 Brahmagupta（婆罗摩笈多，598—665）一样，卡尔达诺也在没有给出证明的情况下指出，经验统计量的精度随着试验次数的增加而不断提高。后来，这个结果被正式称为大数定律。

对概率论更一般性的研究工作是由 Blaise Pascal（帕斯卡，1623—1662）、Pierre de Fermat（费马，1601—1665）和 Christiaan Huygens（惠更斯，1629—1695）完成的。Jakob（James）Bernoulli（伯努利，1654—1705）被一些历史学家认为是概率论的奠基人。他第一个对重复独立试验（现在称为 Bernoulli 试验）情况下的大数定律给出了严格证明。在伯努利以后，Thomas Bayes（贝叶斯，1702—1761）推导得出了其关于统计推理的著名准则，即贝叶斯公式或贝叶斯定律。

自然界中存在随机现象并且可以用概率模型来解释这些现象的思想，在 19 世纪开始出现。从此以后，概率模型在物理世界中的应用被迅速推广，例如，用概率模型解释悬浮微粒的无规则运动（布朗运动）、原子核中自由电子的跃迁（电子云）等，它甚至成为研究社会学的重要工具，如传染病感染人数、谣言传播等的概率模型。俄国数学家 Andrei Andreyevich Markov（马尔可夫，1856—1922）发展了今天称为马尔可夫过程（连续时间）或者马尔可夫链（离散时间）的大部分理论。我们知道，这种已知"现在"的条件下，"将来"与"过去"独立的特性称为马尔可夫性，具有这种性质的随机过程称为马尔可夫过程。

在 20 世纪，对概率论和随机过程理论做出重要贡献的人物是苏联科学院院士 Andrei Nikolaevich Kolmogorov（科尔莫戈罗夫，1903—1987）。大概从 1925 年开始，他与 Aleksandr Yakovlevich Khinchin（欣钦，1894—1959）以及其他研究人员一起，把实变函数的方法应用于概率论，重新建立基于测度论的概率论。1933 年，科尔莫戈罗夫的专著《概率论的基础》出版，书中第一次在测度论基础上建立了概率论的严密公理体系。在书中，他写道：概率论作为数学学科，可以而且应该从公理开始发展，就如同几何、代数一样。科尔莫戈罗夫被认为是现代概率论与统计学之父、随机过程理论的奠基人之一。他还和 Norbert Wiener（维纳，1894—1964）一起，被认为是马尔可夫过程的预测、平滑和滤波理论，以及遍历过程的一般理论的主要奠基人之一。

2.1 随机变量

2.1.1 概率分布函数与密度函数

1. 随机变量的定义

随机变量是概率论的重要概念，把随机试验的结果数量化可使我们对随机试验有更清晰的了解，还可借助更多的数学知识对其进行深入研究。有的试验结果本身已具数值意义，如产品抽样检查时的废品数，而有些虽本无数值意义但可用某种方式与数值联系。例如，抛硬币时规定出现正面朝上用 1 表示，出现背面朝上用 0 表示。这些数值因试验结果的不确定而带有随机性，因此被称为随机变量。

如果对于试验的样本空间 $\mathbb{S}$ 中的每一个样本点 ζ，变量 x 都有一个确定的实数值与之对应，则变量 x 是样本点 ζ 的实函数，记作 $x = x(\zeta)$，称这样的变量 x 为随机变量。

例 2.1.1　抛掷两枚硬币，对于样本空间：

$$\mathbb{S} = \{\zeta_{11}, \zeta_{12}, \zeta_{22}\}$$

定义：

$$x = x(\zeta) = \begin{cases} 0, & \zeta = \zeta_{22} \\ 1, & \zeta = \zeta_{12} \\ 2, & \zeta = \zeta_{11} \end{cases}$$

其中，ζ_{11} 表示“两枚的正面均朝上”；ζ_{12} 表示“一枚正面朝上，一枚背面朝上”；ζ_{22} 表示“两枚的背面均朝上”，则随机变量 x 实际上表示的是抛掷两枚硬币时，正面朝上的硬币数。

值得注意的是，随机变量 x 取值于任意指定的范围均对应某一随机事件。如例 2.1.1 中，$x = 0$ 表示“两枚硬币均是背面朝上”；$x < 2$ 表示“两枚硬币均是背面朝上或一枚正面朝上一枚背面朝上”；$0 < x < 2$ 表示“一枚正面朝上一枚背面朝上”。由此可见随机变量为研究随机事件的统计规律带来了极大的方便。

严格地说，随机变量不是一个随机事件，也不是一个变量，它是一个函数或者说是一个映射。随机变量与普通函数的异同点是：随机变量的值域均为实数空间；随机变量的定义域为样本空间，不一定为实数空间，而普通函数的定义域为实数空间。按照随机变量的取值情况可把其分为两类，即离散随机变量和连续随机变量。

2. 随机变量的概率分布函数与密度函数

对于随机变量 $x(\zeta)$，累积分布函数(cumulative distribution function, CDF)(也称为概率分布函数) $F_x(x)$ 给出了 $x(\zeta)$ 小于给定值 x 的概率，即

$$F_x(x) \triangleq \Pr\{x(\zeta) \leqslant x\} \tag{2.1.1}$$

如果随机变量 $x(\zeta)$ 取连续值，其概率密度函数(probability density function, PDF) $p_x(x)$ 定义为

$$p_x(x) \triangleq \frac{\mathrm{d}F_x(x)}{\mathrm{d}x} \tag{2.1.2}$$

注意，这里的 $p_x(x)$ 不是概率，为得到概率，必须乘以一定的区间 Δx，即

$$p_x(x)\Delta x \approx \Delta F_x(x) \triangleq F_x(x+\Delta x) - F_x(x) = \Pr\{x < x(\zeta) \leqslant x+\Delta x\} \tag{2.1.3}$$

对式(2.1.2)两端求积分，得

$$F_x(x) = \int_{-\infty}^{x} p_x(v)\mathrm{d}v \tag{2.1.4}$$

上述概率函数满足下面几个重要性质：

$$0 \leqslant F_x(x) \leqslant 1,\quad F_x(-\infty) = 0,\quad F_x(\infty) = 1 \tag{2.1.5}$$

$$p_x(x) \geqslant 0,\quad \int_{-\infty}^{\infty} p_x(x)\mathrm{d}x = 1 \tag{2.1.6}$$

利用概率函数和它们的性质，能够计算出一个随机变量位于某一区间 $(x_1, x_2]$ 的概率，即

$$\Pr\{x_1 < x(\zeta) \leqslant x_2\} = F_x(x_2) - F_x(x_1) = \int_{x_1}^{x_2} p_x(v)\mathrm{d}v \tag{2.1.7}$$

2.1.2 随机变量的统计特征

1. 数学期望

一个随机变量 $x(\zeta)$ 的期望值或平均值定义为

$$E[x(\zeta)] \triangleq \mu_x = \begin{cases} \sum_k x_k p_k, & x(\zeta) \in \mathbb{Z} \\ \int_{-\infty}^{\infty} x p_x(x)\mathrm{d}x, & x(\zeta) \in \mathbb{R} \end{cases} \tag{2.1.8}$$

其中，$\mathbb{Z}$、$\mathbb{R}$ 分别为整数集、实数集。数学期望的一个重要特征是它的线性特性，即

$$E[\alpha x(\zeta) + \beta] = \alpha\mu_x + \beta \tag{2.1.9}$$

设 $y(\zeta) = g(x(\zeta))$ 为随机变量 $x(\zeta)$ 的函数，则 $y(\zeta)$ 的数学期望可由式(2.1.10)得到

$$E[y(\zeta)] \triangleq E[g(x(\zeta))] = \int_{-\infty}^{\infty} g(x) p_x(x)\mathrm{d}x \tag{2.1.10}$$

2. 矩

在式(2.1.10)中令 $g(x(\zeta)) = (x(\zeta))^m = x^m(\zeta)$，则可以得到 $x(\zeta)$ 的 m 阶矩：

$$r_x^{(m)} \triangleq E[x^m(\zeta)] = \int_{-\infty}^{\infty} x^m p_x(x)\mathrm{d}x \tag{2.1.11}$$

特殊情况下，零阶矩 $r_x^{(0)} = 1$；一阶矩 $r_x^{(1)} = \mu_x$；二阶矩 $r_x^{(2)} = E[x^2(\zeta)]$，称为均方值，它在估值理论中具有非常重要的地位。

除了矩以外，还可以定义随机变量的中心矩。令 $g(x(\zeta)) = (x(\zeta) - \mu_x)^m$，那么

$$r_x^{(m)} \triangleq E[(x(\zeta) - \mu_x)^m] = \int_{-\infty}^{\infty} (x - \mu_x)^m p_x(x)\mathrm{d}x \tag{2.1.12}$$

称为随机变量 $x(\zeta)$ 的 m 阶中心矩。二阶中心矩就是 $x(\zeta)$ 的方差，其定义如下：

$$\mathrm{Var}[x(\zeta)] \triangleq \sigma_x^2 \triangleq r_x^{(2)} \triangleq E[(x(\zeta) - \mu_x)^2] \tag{2.1.13}$$

其中，$\sigma_x=\sqrt{r_x^{(2)}}$，称为 $x(\zeta)$ 的标准偏差，它是 $x(\zeta)$ 围绕其中心值 μ_x 的分散程度的度量。由式(2.1.13)，可以得到

$$\sigma_x^2=E[x^2(\zeta)]-E^2[x(\zeta)]=r_x^{(2)}-\mu_x^2 \tag{2.1.14}$$

2.1.3 随机矢量

1. 随机矢量的定义

一个实 M 维随机矢量包含 M 个随机变量，即

$$\boldsymbol{x}(\zeta)=\left[x_1(\zeta),\ x_2(\zeta),\cdots,\ x_M(\zeta)\right]^{\mathrm{T}} \tag{2.1.15}$$

我们可以认为实随机矢量是从抽象的样本空间到 M 维实数空间的映射。

随机矢量的性质完全取决于其联合概率分布函数：

$$F_{\boldsymbol{x}}(\boldsymbol{x})\triangleq\Pr\{x_1(\zeta)\leqslant x_1,\ x_2(\zeta)\leqslant x_2,\cdots,\ x_M(\zeta)\leqslant x_M\} \tag{2.1.16}$$

随机矢量也可以用联合概率密度函数表示，它与联合概率分布函数间的关系为

$$p_{\boldsymbol{x}}(\boldsymbol{x})\triangleq\frac{\partial}{\partial x_1}\cdots\frac{\partial}{\partial x_M}F_{\boldsymbol{x}}(\boldsymbol{x}) \tag{2.1.17}$$

如果随机矢量的分量之间统计独立(statistical independence)，则可以用各分量的分布函数和密度函数表示联合概率分布函数和密度函数。设 $\boldsymbol{x}(\zeta)=\left[x_1(\zeta),\ x_2(\zeta)\right]^{\mathrm{T}}$，并且 $x_1(\zeta)$ 和 $x_2(\zeta)$ 之间统计独立，则有

$$\begin{cases}F_{\boldsymbol{x}}(\boldsymbol{x})=F_{x_1}(x_1)F_{x_2}(x_2)\\ p_{\boldsymbol{x}}(\boldsymbol{x})=p_{x_1}(x_1)p_{x_2}(x_2)\end{cases} \tag{2.1.18}$$

2. 复随机变量和矢量

复随机变量定义为

$$x(\zeta)=x_{\mathrm{R}}(\zeta)+\mathrm{j}x_{\mathrm{I}}(\zeta) \tag{2.1.19}$$

其中，$x_{\mathrm{R}}(\zeta)$、$x_{\mathrm{I}}(\zeta)$ 为实随机变量，因此可以认为复随机变量是从抽象的样本空间到复数空间的映射。

复随机变量的均值定义为

$$E[x(\zeta)]=\mu_x=E[x_{\mathrm{R}}(\zeta)+\mathrm{j}x_{\mathrm{I}}(\zeta)]=\mu_{x_{\mathrm{R}}}+\mathrm{j}\mu_{x_{\mathrm{I}}} \tag{2.1.20}$$

方差为

$$\sigma_x^2=E\left[\left|x(\zeta)-\mu_x\right|^2\right]=E\left[\left|x(\zeta)\right|^2\right]-\left|\mu_x\right|^2 \tag{2.1.21}$$

复随机矢量定义为

$$\boldsymbol{x}(\zeta)=\boldsymbol{x}_{\mathrm{R}}(\zeta)+\mathrm{j}\boldsymbol{x}_{\mathrm{I}}(\zeta)=\begin{bmatrix}x_{\mathrm{R}1}(\zeta)\\ \vdots\\ x_{\mathrm{R}M}(\zeta)\end{bmatrix}+\mathrm{j}\begin{bmatrix}x_{\mathrm{I}1}(\zeta)\\ \vdots\\ x_{\mathrm{I}M}(\zeta)\end{bmatrix} \tag{2.1.22}$$

我们可以认为复随机矢量是从抽象的样本空间到 M 维复数空间的映射。

3. 随机矢量的统计特征

随机矢量的均值矢量定义为

$$\boldsymbol{\mu}_{\boldsymbol{x}}=E\left[\boldsymbol{x}(\zeta)\right]=\begin{bmatrix}E\left[x_1(\zeta)\right]\\ \vdots\\ E\left[x_M(\zeta)\right]\end{bmatrix}=\begin{bmatrix}\mu_1\\ \vdots\\ \mu_M\end{bmatrix} \tag{2.1.23}$$

随机矢量的自相关矩阵定义为

$$\boldsymbol{R}_{\boldsymbol{x}}\triangleq E\left[\boldsymbol{x}(\zeta)\boldsymbol{x}^{\mathrm{H}}(\zeta)\right]=\begin{bmatrix}r_{11} & \cdots & r_{1M}\\ \vdots & \ddots & \vdots\\ r_{M1} & \cdots & r_{MM}\end{bmatrix} \tag{2.1.24}$$

其中，上标 H 表示共轭转置。在自相关矩阵中，对角线上的元素是各随机分量的二阶矩，即

$$r_{ii}=E\left[\left|x_i(\zeta)\right|^2\right]=r_{x_i}^{(2)},\quad i=1,2,\cdots,M \tag{2.1.25}$$

非对角线上的元素是随机分量之间的互相关，即

$$r_{ij}=E[x_i(\zeta)x_j^*(\zeta)]=r_{ji}^*,\quad i\neq j;\ i,j=1,2,\cdots,M \tag{2.1.26}$$

容易证明，自相关矩阵具有共轭对称性：$\boldsymbol{R}_{\boldsymbol{x}}=\boldsymbol{R}_{\boldsymbol{x}}^{\mathrm{H}}$。

随机矢量的自协方差矩阵定义为

$$\boldsymbol{C}_{\boldsymbol{x}}=\mathrm{Cov}[\boldsymbol{x}(\zeta)]\triangleq E\left[(\boldsymbol{x}(\zeta)-\boldsymbol{\mu}_{\boldsymbol{x}})(\boldsymbol{x}(\zeta)-\boldsymbol{\mu}_{\boldsymbol{x}})^{\mathrm{H}}\right]=\begin{bmatrix}c_{11} & \cdots & c_{1M}\\ \vdots & \ddots & \vdots\\ c_{M1} & \cdots & c_{MM}\end{bmatrix} \tag{2.1.27}$$

在协方差矩阵中，对角线上的元素是各随机分量的方差，即

$$c_{ii}=E\left[\left|x_i(\zeta)-\mu_i\right|^2\right]=\sigma_{x_i}^2,\quad i=1,2,\cdots,M \tag{2.1.28}$$

非对角线上的元素是随机分量之间的互协方差，即

$$c_{ij}=E[(x_i(\zeta)-\mu_i)(x_j(\zeta)-\mu_j)^*]=c_{ji}^*,\quad i\neq j;\ i,j=1,2,\cdots,M \tag{2.1.29}$$

容易证明，协方差矩阵也具有共轭对称性：$\boldsymbol{C}_{\boldsymbol{x}}=\boldsymbol{C}_{\boldsymbol{x}}^{\mathrm{H}}$。

显然，互协方差与互相关之间还存在下列关系：

$$c_{ij}=r_{ij}-\mu_i\mu_j^*,\quad i,j=1,2,\cdots,M \tag{2.1.30}$$

第 i 个随机变量和第 j 个随机变量之间的相关系数(correlation coefficient)定义为

$$\rho_{ij}\triangleq\frac{c_{ij}}{\sqrt{c_{ii}c_{jj}}}=\frac{c_{ij}}{\sigma_{x_i}\sigma_{x_j}} \tag{2.1.31}$$

还可以证明，协方差矩阵与自相关矩阵间有下列关系：

$$\boldsymbol{C}_{\boldsymbol{x}}=\boldsymbol{R}_{\boldsymbol{x}}-\boldsymbol{\mu}_{\boldsymbol{x}}\boldsymbol{\mu}_{\boldsymbol{x}}^{\mathrm{H}} \tag{2.1.32}$$

由式(2.1.32)可看出，对于均值矢量为零向量的随机矢量，协方差矩阵等于自相关矩阵，

即如果 $\boldsymbol{\mu}_x = 0$ ，则 $\boldsymbol{C}_x = \boldsymbol{R}_x$ 。

协方差矩阵还反映了各分量之间的统计关系。如果随机变量 $x_i(\zeta)$ 与 $x_j(\zeta)$ 之间统计独立，则

$$E[x_i(\zeta)x_j^*(\zeta)] = E[x_i(\zeta)]E[x_j^*(\zeta)], \quad i \neq j;\ i,j = 1,2,\cdots,M \tag{2.1.33}$$

并且

$$c_{ij} = 0,\ \rho_{ij} = 0, \quad i \neq j;\ i,j = 1,2,\cdots,M \tag{2.1.34}$$

因此，如果第 i 个随机变量与第 j 个随机变量之间统计独立，则它们之间也是不相关的。然而，不相关不一定独立，除非随机变量具有高斯分布。对于高斯分布的随机变量，不相关与独立是等价的。这里需注意，当协方差 c_{ij} 或相关系数 ρ_{ij} 等于 0 时，这两个随机变量不相关；当这两个随机变量不相关时，它们的互相关 r_{ij} 不一定等于 0，除非至少有一个随机变量的均值为 0，这一点很容易从式(2.1.30)看出。

如果随机变量 $x_i(\zeta)$ 和 $x_j(\zeta)$ 满足条件：

$$r_{ij} = E[x_i(\zeta)x_j^*(\zeta)] = 0, \quad i \neq j;\ i,j = 1,2,\cdots,M \tag{2.1.35}$$

则 $x_i(\zeta)$ 与 $x_j(\zeta)$ 正交。很显然，两个随机变量不相关，并且至少有一个随机变量的均值为 0，则它们正交。如果两个随机变量的均值都不等于 0，则正交与不相关之间没有关系。

4. 两个随机矢量间的统计关系

假设 $\boldsymbol{x}(\zeta)$ 、 $\boldsymbol{y}(\zeta)$ 分别为 M 维、L 维随机矢量，则它们的互相关矩阵定义为

$$\boldsymbol{R}_{xy} \triangleq E\left[\boldsymbol{x}(\zeta)\boldsymbol{y}^{\mathrm{H}}(\zeta)\right] = \begin{bmatrix} E\left[x_1(\zeta)y_1^*(\zeta)\right] & \cdots & E\left[x_1(\zeta)y_L^*(\zeta)\right] \\ \vdots & \ddots & \vdots \\ E\left[x_M(\zeta)y_1^*(\zeta)\right] & \cdots & E\left[x_M(\zeta)y_L^*(\zeta)\right] \end{bmatrix} \tag{2.1.36}$$

互协方差矩阵定义为

$$\boldsymbol{C}_{xy} \triangleq E\left[(\boldsymbol{x}(\zeta) - \boldsymbol{\mu}_x)(\boldsymbol{y}(\zeta) - \boldsymbol{\mu}_y)^{\mathrm{H}}\right] \tag{2.1.37}$$

可以证明，以上两个矩阵之间存在下列关系：

$$\boldsymbol{C}_{xy} = \boldsymbol{R}_{xy} - \boldsymbol{\mu}_x\boldsymbol{\mu}_y^{\mathrm{H}} \tag{2.1.38}$$

还可以进一步讨论两个随机变量间的关系。如果 $\boldsymbol{R}_{xy} = \boldsymbol{\mu}_x\boldsymbol{\mu}_y^{\mathrm{H}}$ ，即 $\boldsymbol{C}_{xy} = 0$ ，则随机矢量 $\boldsymbol{x}(\zeta)$ 与随机矢量 $\boldsymbol{y}(\zeta)$ 不相关。如果 $\boldsymbol{R}_{xy} = 0$ ，则随机矢量 $\boldsymbol{x}(\zeta)$ 与随机矢量 $\boldsymbol{y}(\zeta)$ 正交。

5. 随机矢量的线性变换

许多信号处理都涉及随机矢量的线性变换，随机矢量 $\boldsymbol{x}(\zeta)$ 到随机矢量 $\boldsymbol{y}(\zeta)$ 的线性变换可以表示为

$$\boldsymbol{y}(\zeta) = g(\boldsymbol{x}(\zeta)) = \boldsymbol{A}\boldsymbol{x}(\zeta) \tag{2.1.39}$$

其中， $\boldsymbol{A}$ 为 $L \times M$ 的变换矩阵。

利用雅可比矩阵，可以推导出随机矢量 $\boldsymbol{x}(\zeta)$ 的联合概率密度函数 $p_x(\boldsymbol{x})$ 与随机矢量 $\boldsymbol{y}(\zeta)$ 的联合概率密度函数 $p_y(\boldsymbol{y})$ 之间的关系。然而，在许多实际应用中，只需求出随机矢

量的一阶矩和二阶矩。

式(2.1.39)两边求期望值，得

$$\boldsymbol{\mu}_y = E[\boldsymbol{y}(\zeta)] = E[\boldsymbol{A}\boldsymbol{x}(\zeta)] = \boldsymbol{A}\boldsymbol{\mu}_x \tag{2.1.40}$$

随机变量 $\boldsymbol{y}(\zeta)$ 的自相关矩阵可表示为

$$\boldsymbol{R}_y = E[\boldsymbol{y}(\zeta)\boldsymbol{y}^{\mathrm{H}}(\zeta)] = E[\boldsymbol{A}\boldsymbol{x}\boldsymbol{x}^{\mathrm{H}}\boldsymbol{A}^{\mathrm{H}}] = \boldsymbol{A}\boldsymbol{R}_x\boldsymbol{A}^{\mathrm{H}} \tag{2.1.41}$$

类似地，可证明自协方差矩阵为

$$\boldsymbol{C}_y = \boldsymbol{A}\boldsymbol{C}_x\boldsymbol{A}^{\mathrm{H}} \tag{2.1.42}$$

类似地，还可以证明下列关系成立：

$$\boldsymbol{R}_{xy} = \boldsymbol{R}_x\boldsymbol{A}^{\mathrm{H}} \tag{2.1.43}$$

$$\boldsymbol{C}_{xy} = \boldsymbol{C}_x\boldsymbol{A}^{\mathrm{H}} \tag{2.1.44}$$

$$\boldsymbol{C}_{yx} = \boldsymbol{A}\boldsymbol{C}_x \tag{2.1.45}$$

2.2 随 机 过 程

在实际问题中，遇到的大多数信号是具有随机性质的信号，随机信号可以用随机过程来表示。随机信号在一个确定时刻的值是一个随机变量，它服从概率分布函数，在绝大多数情况下也存在一个概率密度函数。随机信号在不同时刻的取值构成随机矢量，它服从联合分布函数并存在联合概率密度函数。

对于一个随机信号，进行多次试验记录的信号波形可能都是不同的，每次试验的波形称为随机信号的一次实现，所有实现的集合构成这个随机过程。因此，对于一个随机信号，它的取值具有不确定性，但它的统计特性是有规律性的。随机信号的每一次实现，其波形是不同的，一般情况下，我们无法准确预测当前实现中随机信号在某一时刻的取值，但是，一个随机信号服从确定的概率分布和联合概率分布。

物理世界的大多数随机信号是连续时间信号，为了采用数字信号处理方法，需要通过采样得到离散时间随机信号。本书主要针对离散时间随机信号展开讨论，因此本书后面内容如果不特殊说明，均指离散时间随机信号。我们用 $\{x(\zeta,n)\}$ 表示离散时间随机过程，其中，$\zeta \in \mathbb{S}$（$\mathbb{S}$ 为样本空间）代表随机过程的一次实现，$n \in \mathbb{Z}$（$\mathbb{Z}$ 为整数空间）表示离散时间，$\{x(\zeta,n)\}$ 表示所有实现的集合。

随机过程 $\{x(\zeta,n)\}$ 有下列四种释义。

(1)若 $n = n_0$ 为固定值，ζ 为变量，则 $x(\zeta,n) = x(\zeta,n_0)$ 为一个随机变量。

(2)若 $\zeta = \zeta_0$ 为固定值，n 为变量，则 $x(\zeta,n) = x(\zeta_0,n)$ 为一个样本序列。

(3)若 $\zeta = \zeta_0$，$n = n_0$ 均为固定值，则 $x(\zeta,n) = x(\zeta_0,n_0)$ 为一个数。

(4)若 ζ 和 n 都是变量，则 $\{x(\zeta,n)\}$ 是一个随机过程。

为了叙述简便，在不产生歧义的前提下，本书也用 $\{x(n)\}$ 表示离散时间随机信号。

2.2.1　随机过程的基本统计量

一个离散时间随机信号或随机信号的一次实现可以用如下时间序列表示：

$$\{x(n)\}=\{\cdots,x(-1),x(0),x(1),\cdots,x(n-1),x(n),\cdots\}$$

离散时间随机信号的样本点可以取复数值也可以取实数值，如果没有特别说明，一般假设离散时间随机信号为复序列。为了比较完整地描述一个随机过程，我们必须对任意指定的时间集合，给出它们的联合概率分布函数。但在信号处理中，联合概率密度函数仅有理论意义，实际应用中比较难以获取。用联合概率密度函数，可以定义随机信号的一些常用的统计特征量，这些统计特征量可以通过随机信号的一次(或多次)实现进行估计。随机信号最常用的统计特征量是它的一阶和二阶特征，包括均值、相关和协方差函数，它们的定义分别如下。

(1) 均值(一阶矩)：

$$\mu_x(n)=E[x(n)]=\int_{-\infty}^{\infty}xp_x(x;n)\mathrm{d}x \tag{2.2.1}$$

(2) 自相关(二阶矩)：

$$r_x(n_1,n_2)=E[x(n_1)x^*(n_2)]=\int_{-\infty}^{\infty}\int_{-\infty}^{\infty}x_1x_2^*p_x(x_1,x_2;n_1,n_2)\mathrm{d}x_1\mathrm{d}x_2 \tag{2.2.2}$$

(3) 自协方差函数(二阶中心矩)：

$$\begin{aligned}c_x(n_1,n_2)&=E[(x(n_1)-\mu_x(n_1))(x(n_2)-\mu_x(n_2))^*]\\&=r_x(n_1,n_2)-\mu_x(n_1)\mu_x^*(n_2)\end{aligned} \tag{2.2.3}$$

在式(2.2.1)中，$p_x(x;n)$ 表示随机信号在 n 时刻所取值的概率密度函数；在式(2.2.2)中，$p_x(x_1,x_2;n_1,n_2)$ 表示随机信号分别在 n_1 和 n_2 时刻所取值的联合概率密度函数。自相关函数表示随机信号在两个不同时刻取值的相关性，自协方差函数是去掉均值后的相关性。

在信号处理中，平稳随机过程的分析和处理方法最为常用和成熟。平稳随机过程是指对任意 M 个不同时刻，信号取值的联合概率密度函数与绝对时间无关，即对任意整数 k 式(2.2.4)都成立：

$$p_x(x_1,x_2,\cdots,x_M;n_1,n_2,\cdots,n_M)=p_x(x_1,x_2,\cdots,x_M;n_1+k,n_2+k,\cdots,n_M+k) \tag{2.2.4}$$

用联合概率密度(或分布函数)定义的平稳性称为严平稳(strict-sense stationary, SSS)。实际应用中更常见的是宽平稳(wide-sense stationary，WSS，也称为广义平稳)随机过程。宽平稳是指随机过程的一阶矩和二阶矩与起始参考时间无关，即

$$\begin{cases}\mu_x(n)=\mu_x\\r_x(n_1,n_2)=r_x(n_1-n_2)=r_x(k),\ k=n_1-n_2\end{cases} \tag{2.2.5}$$

因为宽平稳更为常用，因此后面提到的平稳性，如果没有特别的说明，指的是宽平稳。对于平稳随机信号，自相关的定义可以更简单地写为

$$r_x(k)=E[x(n)x^*(n-k)] \tag{2.2.6}$$

在式(2.2.6)中，k 取 0，得 $r_x(0)=E[|x(n)|^2]$，表示信号的平均功率。不难验证自相关

函数有如下性质。

(1)原点值最大：$r_x(0) \geqslant |r_x(k)|$。

(2)共轭对称性：$r_x(-k) = r_x^*(k)$。对于实信号有 $r_x(-k) = r_x(k)$，即实信号的自相关函数是偶对称的。

(3)半正定性：对于任意给定的常量 a_i, $i = 1,2,\cdots,M$，满足 $\sum_i \sum_j a_i a_j^* r_x(i-j) \geqslant 0$。

前两个性质比较直观，以下给出半正定性的证明。根据集平均的定义，对于任意时刻 n，下列不等式成立：

$$E\left[\left|a_1 x(n+1) + \cdots + a_M x(n+M)\right|^2\right] \geqslant 0$$

交换集平均与求和顺序，并利用平稳随机过程的自相关函数的定义，得

$$\begin{aligned}
& E\left[\left|a_1 x(n+1) + \cdots + a_M x(n+M)\right|^2\right] \\
& = E[(a_1 x(n+1) + \cdots + a_M x(n+M))(a_1 x(n+1) + \cdots + a_M x(n+M))^*] \\
& = \sum_i \sum_j a_i a_j^* r_x(i-j)
\end{aligned}$$

因此，半正定性成立。

对于两个不同的随机过程，可以定义它们的互相关为

$$r_{xy}(n_1, n_2) = E[x(n_1) y^*(n_2)] \tag{2.2.7}$$

如果它们是联合宽平稳的，则它们的互相关函数为

$$r_{xy}(k) = E[x(n) y^*(n-k)] \tag{2.2.8}$$

在信号处理中，往往只能得到一个随机信号的一次实现(或有限次实现)。我们需要通过这一次实现的样本序列估计随机信号的特征量，如期望值和自相关函数等。当时间序列长度趋于无穷时，如果时间平均与集平均相等，则称该随机过程为各态历经的(或称为遍历的)。

定义两个时间平均：

$$< x(n) >= \lim_{N\to\infty} \frac{1}{2N+1} \sum_{n=-N}^{N} x(n) \tag{2.2.9}$$

$$< x(n) x^*(n-k) >= \lim_{N\to\infty} \frac{1}{2N+1} \sum_{n=-N}^{N} x(n) x^*(n-k) \tag{2.2.10}$$

其中，$<\cdot>$ 表示时间平均算子。对于某一个平稳随机过程，如果以下两个等式成立，即

$$< x(n) >= \mu_x = E[x(n)] \tag{2.2.11}$$

$$< x(n) x^*(n-k) >= r_x(k) = E[x(n) x^*(n-k)] \tag{2.2.12}$$

则该随机过程具有均值遍历性和相关遍历性，或称为二阶遍历的。二阶遍历的证明需要用到随机信号的更高阶统计量，其严格的判决条件是复杂的，但在实际信号处理中遇到的平稳随机信号基本上可认为是满足各态历经条件的。

2.2.2 独立、不相关与正交

根据随机过程的概率密度函数和一阶二阶统计特性，可以对随机过程进行进一步分类。除平稳性和遍历性以外，独立性、不相关性以及正交性也是随机过程的重要特性。给定两个随机变量，我们可以讨论它们是否独立、不相关或正交。给定一个(或两个)随机过程以及两个时间点，可以得到两个随机变量，对这两个随机变量也可以讨论它们是否独立、不相关或正交。如果某一个特征对任意的时间点都成立，则称该特征为随机过程的特征。

1. 独立的随机过程

一个统计独立的随机过程 $x(n)$，其概率密度函数满足下列等式：

$$p_x(x_1,\cdots,x_k;\ n_1,\cdots,n_k)=p_x(x_1;\ n_1)\cdots p_x(x_k;\ n_k)\quad \forall k,\ \forall n_i,\ i=1,2,\cdots,k \tag{2.2.13}$$

如果所有的随机变量对于全部的 k 都有相同的概率密度函数，则称这样的随机过程为独立同分布(independent identical distribution，IID)过程。

2. 不相关的随机过程

如果 $x(n)$ 是一个不相关的随机过程，则对任意的 n_1 和 n_2 式(2.2.14)均成立：

$$c_x(n_1,n_2)=0,\quad n_1\neq n_2 \tag{2.2.14}$$

根据式(2.2.3)，不相关的条件也可写成：

$$r_x(n_1,n_2)=\mu_x(n_1)\mu_x^*(n_2),\quad n_1\neq n_2 \tag{2.2.15}$$

设 $x(n)$ 为独立的随机过程，则可根据式(2.2.13)推导出式(2.2.15)，因此独立的随机过程一定也是不相关的。然而，不相关的随机过程不一定是独立的随机过程，除非随机过程为高斯过程。

3. 正交的随机过程

一个正交的随机过程 $x(n)$，满足下列关系式：

$$r_x(n_1,n_2)=0,\quad n_1\neq n_2 \tag{2.2.16}$$

根据式(2.2.3)、式(2.2.15)和式(2.2.16)可以看出：若 $x(n)$ 为平稳的零均值不相关过程，则该过程也为正交过程。

4. 联合随机过程的独立、不相关与正交

把以上的定义推广到两个联合的随机过程中，设 $x(n)$ 和 $y(n)$ 为联合随机过程。如果对于任意的 n_1 和 n_2 有

$$p_{xy}(x_1,y_2;\ n_1,n_2)=p_x(x_1;\ n_1)p_y(y_2;\ n_2) \tag{2.2.17}$$

则 $x(n)$ 和 $y(n)$ 统计独立。

如果

$$c_{xy}(n_1,n_2)=0 \tag{2.2.18}$$

或

$$r_{xy}(n_1,n_2)=\mu_x(n_1)\mu_y^*(n_2) \tag{2.2.19}$$

则 $x(n)$ 与 $y(n)$ 不相关。

如果对于任意的n_1和n_2有

$$r_{xy}(n_1,n_2)=0 \tag{2.2.20}$$

则$x(n)$与$y(n)$正交。

2.3 几种典型的随机过程

2.3.1 复正弦加噪声

在信号处理中，经常用到复正弦加噪声的信号模型，其表达式为

$$x(n)=\alpha e^{j(\omega_0 n+\varphi)}+v(n) \tag{2.3.1}$$

其中，α是常数；$v(n)$是高斯白噪声，其自相关序列为$r_v(k)=\sigma_v^2\delta(k)$；复正弦的初始相位$\varphi$是$[0,2\pi]$均匀分布的随机变量，并且与$v(n)$统计独立。很容易求得$x(n)$的自相关函数为

$$r_x(k)=E[x(n)x^*(n-k)]=\begin{cases}|\alpha^2|+\sigma_v^2, & k=0\\ |\alpha^2|e^{j\omega_0 k}, & k\neq 0\end{cases} \tag{2.3.2}$$

用M个相邻的值构成随机信号矢量：

$$\begin{aligned}\boldsymbol{x}&=[x(0),\ x(1),\ \cdots,\ x(M-1)]^{\mathrm{T}}\\&=[\alpha e^{j\varphi}+v(0),\ \alpha e^{j\varphi}e^{j\omega_0}+v(1),\ \cdots,\ \alpha e^{j\varphi}e^{j\omega_0(M-1)}+v(M-1)]^{\mathrm{T}}\end{aligned} \tag{2.3.3}$$

不难验证，该随机信号矢量的$M\times M$自相关矩阵$\boldsymbol{R}$可以写成下面的形式：

$$\boldsymbol{R}=E[\boldsymbol{x}\boldsymbol{x}^{\mathrm{H}}]=|\alpha|^2\boldsymbol{b}\boldsymbol{b}^{\mathrm{H}}+\sigma_v^2\boldsymbol{I} \tag{2.3.4}$$

其中

$$\boldsymbol{b}=[1,e^{j\omega_0},\cdots,e^{j\omega_0(M-1)}]^{\mathrm{T}} \tag{2.3.5}$$

2.3.2 实高斯过程

如果一个实随机信号在任一时刻的取值服从高斯分布(正态分布)，在M个不同时刻的取值服从联合高斯分布，则M维实高斯分布的概率密度函数为

$$p_x(\boldsymbol{x})=\frac{1}{(2\pi)^{M/2}\det^{1/2}(\boldsymbol{C}_x)}\exp\left[-\frac{1}{2}(\boldsymbol{x}-\boldsymbol{\mu}_x)^{\mathrm{T}}\boldsymbol{C}_x^{-1}(\boldsymbol{x}-\boldsymbol{\mu}_x)\right] \tag{2.3.6}$$

其中，$\boldsymbol{x}=[x(n_1),\ x(n_2),\ \cdots,\ x(n_M)]^{\mathrm{T}}$为信号矢量；$\boldsymbol{\mu}_x=E[\boldsymbol{x}]$为均值矢量；$\boldsymbol{C}_x$是信号矢量$\boldsymbol{x}$的自协方差矩阵。当均值矢量为全零时，自协方差矩阵$\boldsymbol{C}_x$等于自相关矩阵$\boldsymbol{R}_x$。服从$M$维实高斯分布的信号矢量$\boldsymbol{x}$可以用符号$\boldsymbol{x}\sim N(\boldsymbol{\mu}_x,\boldsymbol{C}_x)$表示。

高斯过程具有下列基本性质：

(1)宽平稳的过程必然也是严平稳的。

(2)若两个时刻信号的取值是不相关的，则它们必然也是统计独立的。

(3)一个高斯随机过程通过任意线性变换(或通过任意线性系统)，其输出仍然是高斯过程。

(4) 高斯随机过程的高阶矩可以用一阶、二阶矩表示。

由性质 (4) 和高斯过程的联合概率密度函数表达式可以看到，由均值和自相关函数可以完全刻画平稳高斯过程。对于零均值过程，仅有自相关函数就够了。

以上的性质对于其他随机过程不一定成立，因而在信号处理中，我们把待分析处理的随机信号看成高斯过程，可以使问题得以简化。实际应用结果表明这样的处理方法对于大多数情况是有效的。

2.3.3 谐波过程

实谐波过程用式 (2.3.7) 描述：

$$x(n)=\sum_{i=1}^{N}A_i\cos(\omega_i n+\theta_i) \tag{2.3.7}$$

其中，A_i 和 ω_i $(i=1,2,\cdots,N)$ 是常数；θ_i $(i=1,2,\cdots,N)$ 是服从均匀分布并相互独立的随机变量，其概率密度为

$$p_\theta(\theta_i)=\frac{1}{2\pi},\quad -\pi<\theta_i\leqslant\pi,\ i=1,2,\cdots,M \tag{2.3.8}$$

利用两角和三角公式，可以将式 (2.3.7) 写成：

$$x(n)=\sum_{i=1}^{N}[A_i'\cos(\omega_i n)+B_i'\sin(\omega_i n)] \tag{2.3.9}$$

其中，$A_i'=A_i\cos\theta_i$；$B_i'=-A_i\sin\theta_i$。

可以证明，谐波过程是平稳的。设 $N=1$，则有

$$x(n)=A\cos(\omega n+\theta) \tag{2.3.10}$$

$$E[x(n)]=\frac{A}{2\pi}\int_{-\pi}^{\pi}\cos(\omega n+\theta)\mathrm{d}\theta=0 \tag{2.3.11}$$

$$\begin{aligned}r_x(n,n-m)&=E[x(n)x^*(n-m)]\\&=\frac{A^2}{2\pi}\int_{-\pi}^{\pi}\cos(\omega n+\theta)\cos[\omega(n-m)+\theta]\mathrm{d}\theta\\&=\frac{A^2}{4\pi}\int_{-\pi}^{\pi}[\cos(2\omega n-\omega m+2\theta)+\cos(\omega m)]\mathrm{d}\theta\end{aligned}$$

上式中第一项积分为 0，因此

$$r_x(n,n-m)=\frac{1}{2}A^2\cos(\omega m) \tag{2.3.12}$$

由于谐波过程的统计平均值与时间 n 无关，自相关函数仅与时间差 m 有关，因此谐波过程是平稳的。

当 N 大于 1 时，也有同样的结论，可以证明：

$$\begin{aligned}&E[x(n)]=0\\&r_x(m)=\sum_{i=1}^{N}\frac{1}{2}A_i^2\cos(\omega_i m)\end{aligned} \tag{2.3.13}$$

2.3.4 高斯-马尔可夫过程

如果一个随机信号满足下列条件：

$$\begin{aligned}&P\{x(n+1)\leqslant x_{n+1}\mid x(n)=x_n,x(n-1)=x_{n-1},\cdots,x(0)=x_0\}\\&=P\{x(n+1)\leqslant x_{n+1}\mid x(n)=x_n\}\end{aligned}\tag{2.3.14}$$

则称该随机信号为马尔可夫过程。马尔可夫过程的含义是：当随机过程的“现在”(n时刻)和“过去”已知时，“将来”(n+1 时刻)的取值只与“现在”的取值有关，而与“过去”的取值无关，或者说“将来”和“过去”的统计特性是无关的。如果一个随机信号是高斯过程同时又是马尔可夫过程，则称该信号为高斯-马尔可夫过程(或正态-马尔可夫过程)。

例 2.3.1　若$x(n)$满足递推方程：

$$x(n+1)-ax(n)=w(n)$$

而$w(n)$是高斯白噪声序列，则$x(n)$是高斯-马尔可夫过程。

证明：过程$x(n+1)$由$x(n)$和$w(n)$确定，$k<n$ 时，$x(n+1)$与$x(k)$无关，因此，$x(n)$是马尔可夫过程。

特殊情况下，若$x(-1)=0$，且$a=1$，则

$$x(n)=x(n-1)+w(n-1)=w(0)+w(1)+\cdots+w(n-1)$$

可见独立随机变量之和是一个马尔可夫序列。

此外，一个高斯随机过程通过任意线性系统，其输出仍然是高斯过程，因此$x(n)$是高斯-马尔可夫过程。

2.4　随机信号通过线性系统

平稳随机序列通过线性系统的响应类似于连续时间随机信号通过线性系统的响应。原则上，给定系统后，输出信号的统计特性可以用其输入信号的统计特性来表示。本节将主要讨论平稳随机序列通过线性系统后，如何用输入信号的统计特性和系统特性表示输出响应的一阶、二阶统计特性。

2.4.1 时域分析

设线性系统是稳定、非时变的，其单位冲激响应为$h(n)$，输入信号为平稳随机序列$x(n,\zeta)$，根据线性时不变系统的特性，输出信号为输入信号与单位冲激响应的卷积和，即

$$y(n,\zeta)=\sum_{k=-\infty}^{\infty}h(k)x(n-k,\zeta)\tag{2.4.1}$$

因为输入是平稳随机序列，对于任意的k，$E[x(n-k)]=\mu_x$，故

$$\mu_y=\mu_x\sum_{k=-\infty}^{\infty}h(k)=\mu_x H(\mathrm{e}^{\mathrm{j}0})\tag{2.4.2}$$

由于μ_x和$H(\mathrm{e}^{\mathrm{j}0})$都是常量，所以$\mu_y$也是常量。注意，$H(\mathrm{e}^{\mathrm{j}0})$是频谱的直流增益。为了便于书写，在后续内容中，把随机信号$x(n,\zeta)$、$y(n,\zeta)$等分别写成$x(n)$、$y(n)$。

如果对式(2.4.1)取复数共轭，并用 $x(n+l)$ 左乘，然后两边同时取数学期望，得到

$$E[x(n+l)y^*(n)]=\sum_{k=-\infty}^{\infty}h^*(k)E[x(n+l)x^*(n-k)] \tag{2.4.3}$$

或

$$r_{xy}(l)=\sum_{k=-\infty}^{\infty}h^*(k)r_x(l+k)=\sum_{m=-\infty}^{\infty}h^*(-m)r_x(l-m) \tag{2.4.4}$$

利用卷积和公式，由式(2.4.4)得

$$r_{xy}(l)=h^*(-l)*r_x(l) \tag{2.4.5}$$

类似地，可以得到

$$r_{yx}(l)=h(l)*r_x(l) \tag{2.4.6}$$

同理，将式(2.4.1)两边右乘 $y^*(n-l)$，并取数学期望，可以得到

$$E[y(n)y^*(n-l)]=\sum_{k=-\infty}^{\infty}h(k)E[x(n-k)y^*(n-l)] \tag{2.4.7}$$

或

$$r_y(l)=\sum_{k=-\infty}^{\infty}h(k)r_{xy}(l-k)=h(l)*r_{xy}(l) \tag{2.4.8}$$

把式(2.4.5)代入式(2.4.8)，得

$$r_y(l)=h(l)*h^*(-l)*r_x(l) \tag{2.4.9}$$

或

$$r_y(l)=r_h(l)*r_x(l) \tag{2.4.10}$$

其中

$$r_h(l)\triangleq h(l)*h^*(-l)=\sum_{n=-\infty}^{\infty}h(n)h^*(n-l) \tag{2.4.11}$$

是单位冲激响应的自相关函数，也称为系统相关序列。式(2.4.9)表明：输出信号的自相关等于输入信号的自相关与系统相关序列的卷积和。

2.4.2　频域分析

本节利用 2.4.1 节的结论，推导输出信号功率谱与输入信号功率谱之间的关系。对于平稳随机信号 $x(n)$，其功率谱密度(power spectrum density, PSD)定义为其自相关序列的离散时间傅里叶变换，即

$$S_x(\mathrm{e}^{\mathrm{j}\omega})=\sum_{k=-\infty}^{\infty}r_x(k)\mathrm{e}^{-\mathrm{j}\omega k} \tag{2.4.12}$$

基于自相关函数定义的功率谱也称为自功率谱。如 2.2.1 节所述，自相关序列满足共轭对称性，即 $r_x(k)=r_x^*(-k)$，根据傅里叶变换的性质，可以证明功率谱密度一定为实函数。因此，

把功率谱密度写成$S_x(\omega)$，即

$$S_x(\omega)=S_x(\mathrm{e}^{\mathrm{j}\omega})=\sum_{k=-\infty}^{\infty}r_x(k)\mathrm{e}^{-\mathrm{j}\omega k} \tag{2.4.13}$$

此外，对于平稳随机信号$x(n)$，其复功率谱密度(complex PSD)定义为其自相关序列的z变换，即

$$S_x(z)=\sum_{k=-\infty}^{\infty}r_x(k)z^{-k} \tag{2.4.14}$$

在式(2.4.13)和式(2.4.14)中，把自相关函数换成互相关函数$r_{xy}(k)$，则可得到互功率谱$S_{xy}(\omega)$和复互功率谱$S_{xy}(z)$。

线性时不变系统的系统函数为$H(z)=Z\{h(n)\}=\sum_{n=-\infty}^{\infty}h(n)z^{-n}$，根据$z$变换的性质，有

$$Z\{h^*(-n)\}=H^*\left(\frac{1}{z^*}\right) \tag{2.4.15}$$

利用式(2.4.5)、式(2.4.6)和式(2.4.7)，分别可得

$$S_{xy}(z)=H^*\left(\frac{1}{z^*}\right)S_x(z) \tag{2.4.16}$$

$$S_{yx}(z)=H(z)S_x(z) \tag{2.4.17}$$

$$S_y(z)=H(z)H^*\left(\frac{1}{z^*}\right)S_x(z) \tag{2.4.18}$$

与式(2.4.12)类似，根据傅里叶变换的定义式，可得

$$\mathrm{DTFT}\{h^*(-n)\}=H^*(\mathrm{e}^{\mathrm{j}\omega})$$

因而，利用式(2.4.5)、式(2.4.6)和式(2.4.7)，分别可得

$$S_{xy}(\mathrm{e}^{\mathrm{j}\omega})=H^*(\mathrm{e}^{\mathrm{j}\omega})S_x(\mathrm{e}^{\mathrm{j}\omega}) \tag{2.4.19}$$

$$S_{yx}(\mathrm{e}^{\mathrm{j}\omega})=H(\mathrm{e}^{\mathrm{j}\omega})S_x(\mathrm{e}^{\mathrm{j}\omega}) \tag{2.4.20}$$

$$S_y(\mathrm{e}^{\mathrm{j}\omega})=H(\mathrm{e}^{\mathrm{j}\omega})H^*(\mathrm{e}^{\mathrm{j}\omega})S_x(\mathrm{e}^{\mathrm{j}\omega}) \tag{2.4.21}$$

$$S_y(\mathrm{e}^{\mathrm{j}\omega})=|H(\mathrm{e}^{\mathrm{j}\omega})|^2S_x(\mathrm{e}^{\mathrm{j}\omega}) \tag{2.4.22}$$

无论是实信号还是复信号，式(2.4.22)描述的输入与输出功率谱关系均成立。

若输入信号为零均值白噪声，方差为σ_w^2，则

$$S_y(\mathrm{e}^{\mathrm{j}\omega})=\sigma_w^2|H(\mathrm{e}^{\mathrm{j}\omega})|^2 \tag{2.4.23}$$

式(2.4.23)是用信号模型表示功率谱的基础。式(2.4.19)～式(2.4.22)说明，在系统辨识等问题中，我们只要知道了输入与输出的自相关函数或者自功率谱密度，就可以确定系统的幅度响应，但是确定不了它的相位响应。只有互相关函数或互功率谱密度可以提供相位信息。

2.5　谱分解定理

平稳随机信号 $x(n)$ 如果满足佩利-维纳(Paley-Wiener)条件：

$$\int_{-\pi}^{\pi}|\ln S_x(\omega)|\mathrm{d}\omega<\infty \tag{2.5.1}$$

则称它是规则的。可以看到，如果一个随机信号的功率谱密度是连续的，不取零值，也不包含冲激函数，则该随机信号必然满足佩利-维纳条件。这里，Raymond Paley(佩利，1907—1933)为英国数学家。

定理 2.5.1　平稳随机信号 $x(n)$ 如果是规则的，它的复功率谱和功率谱密度必然可以分解为

$$S_x(z)=\sigma^2 Q(z)Q^*(1/z^*) \tag{2.5.2a}$$

$$S_x(\omega)=|Q(\mathrm{e}^{\mathrm{j}\omega})|^2\sigma^2 \tag{2.5.2b}$$

其中，$Q(z)$ 是最小相位系统的系统函数，σ 为实的常数。

比较式(2.4.15)、式(2.4.19)和式(2.5.2)可以得出结论：一个规则的宽平稳(WSS)随机信号 $x(n)$，可表示为白噪声 $w(n)$ 输入传输函数为 $Q(z)$ 的最小相位系统后的输出。最小相位系统一定存在稳定和因果的逆系统 $\Gamma(z)=1/Q(z)$，如果 $x(n)$ 作为逆系统 $\Gamma(z)$ 的输入，则其输出信号即为白噪声 $w(n)$。设系统 $Q(z)$ 和 $\Gamma(z)$ 的冲激响应分别为 $q(n)$ 和 $\gamma(n)$，则有如下关系式成立：

$$x(n)=\sum_{k=0}^{\infty}q(k)w(n-k)=q(n)*w(n) \tag{2.5.3}$$

$$w(n)=\sum_{k=0}^{\infty}\gamma(k)x(n-k)=\gamma(n)*x(n) \tag{2.5.4}$$

其中，$w(n)$ 称为 $x(n)$ 的新息(innovation)。由新息驱动的滤波器 $Q(z)$ 称为新息滤波器；由 $x(n)$ 通过 $\Gamma(z)$ 输出白噪声，因而 $\Gamma(z)$ 称为白化滤波器，如图 2.5.1 所示。一个规则的随机过程在下述意义上等价于其新息：其中一个过程是另一个过程通过某个线性时不变因果系统的输出。

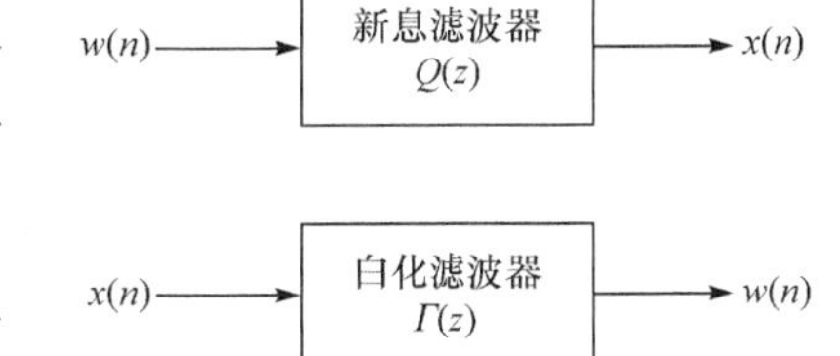

图 2.5.1　新息滤波器和白化滤波器

通常情况下，按式(2.5.2)进行谱分解是困难的，但是当随机信号具有有理谱密度时，问题就简单了。如 1.5 节所述，在数字信号处理中，若系统函数为有理分式，则系统的输入输出关系可以用一个线性常系数差分方程描述，这样的系统称为数字滤波器。在随机信号处理中，有一类随机过程的功率谱也可表示为有理分式的形式。设其复功率谱为

$$S_x(z)=\frac{N(z)}{D(z)} \tag{2.5.5}$$

则分解形式可以写为

$$S_x(z)=\frac{N(z)}{D(z)}=\sigma_w^2\frac{B(z)}{A(z)}\frac{B^*(1/z^*)}{A^*(1/z^*)}=\sigma_w^2 Q(z)Q^*(1/z^*) \tag{2.5.6}$$

其中

$$Q(z)=\frac{B(z)}{A(z)}=\frac{1+b_1z^{-1}+b_2z^{-2}+\cdots+b_qz^{-q}}{1+a_1z^{-1}+a_2z^{-2}+\cdots+a_pz^{-p}} \tag{2.5.7}$$

对于实信号，$Q(z)$为实系数有理分式，分解形式为

$$S_x(z)=\frac{N(z)}{D(z)}=\sigma_w^2\frac{B(z)}{A(z)}\frac{B(1/z)}{A(1/z)}=\sigma_w^2 Q(z)Q(1/z) \tag{2.5.8}$$

对于实信号$x(n)$，$S_x(\omega)$是$\cos\omega$的函数，由于$\cos\omega=(\mathrm{e}^{\mathrm{j}\omega}+\mathrm{e}^{-\mathrm{j}\omega})/2$，因此$S_x(z)$是$z+1/z$的函数。如果$z_i$是$S_x(z)$的一个根(为叙述简单，将$S_x(z)$分子和分母多项式的根都称为$S_x(z)$的根)，$1/z_i$也必是$S_x(z)$的根。又因为$S_x(z)$是实系数多项式构成的分式，因此如果根是复数，则$z_i^*$和$1/z_i^*$也都是$S_x(z)$的根，根总是成对或成 4 个一组出现，即根是以$\{r_i,1/r_i\}$或$\{z_i,z_i^*,1/z_i,1/z_i^*\}$形式成组出现的，这里$|r_i|<1, |z_i|<1$，$r_i$是实数。为保证$Q(z)$是最小相位的，取$r_i$或/和$\{z_i,z_i^*\}$作为$Q(z)$的根。

由式(2.5.7)，可以得到输入和输出之间的差分方程表示，即由$w(n)$通过$Q(z)$产生$x(n)$的过程可以由如下差分方程表示：

$$x(n)=-\sum_{k=1}^{p}a_kx(n-k)+\sum_{k=0}^{q}b_kw(n-k) \tag{2.5.9}$$

式(2.4.19)和式(2.5.2)在形式上是一致的，它们分别从分析和综合的角度研究了功率谱的结构。从分析角度讲，一个随机信号通过线性系统后的复功率谱满足式(2.4.19)；从综合角度讲，只要一个随机信号的功率谱是连续的，总可以分解成式(2.5.2)的形式，换句话说，总可以由白噪声驱动一个线性系统而产生所给出的功率谱。在有理分式情况下，这种关系可以由有限阶差分方程描述。这些结论正是在第 3 章中建立随机信号模型的基础。

例 2.5.1 已知某平稳随机过程$x(n)$的功率谱密度为

$$S_x(\omega)=\frac{1.49+1.4\cos\omega}{(1.64+1.6\cos\omega)(1.81+1.8\cos\omega)}$$

求这个功率谱的分解式，并写出产生$x(n)$的差分方程。

解：由给定的功率谱，得

$$\begin{aligned}S_x(\omega)&=\frac{1.49+1.4\cos\omega}{(1.64+1.6\cos\omega)(1.81+1.8\cos\omega)}\\&=\frac{(1+0.7\mathrm{e}^{\mathrm{j}\omega})(1+0.7\mathrm{e}^{-\mathrm{j}\omega})}{(1+0.8\mathrm{e}^{\mathrm{j}\omega})(1+0.8\mathrm{e}^{-\mathrm{j}\omega})(1+0.9\mathrm{e}^{\mathrm{j}\omega})(1+0.9\mathrm{e}^{-\mathrm{j}\omega})}\\&=\sigma_w^2\frac{B(\mathrm{e}^{\mathrm{j}\omega})B^*(\mathrm{e}^{\mathrm{j}\omega})}{A(\mathrm{e}^{\mathrm{j}\omega})A^*(\mathrm{e}^{\mathrm{j}\omega})}\end{aligned}$$

其中

$$B(\mathrm{e}^{\mathrm{j}\omega})=1+0.7\mathrm{e}^{-\mathrm{j}\omega}$$
$$A(\mathrm{e}^{\mathrm{j}\omega})=(1+0.8\mathrm{e}^{-\mathrm{j}\omega})(1+0.9\mathrm{e}^{-\mathrm{j}\omega})$$
$$\sigma_w^2=2$$

因此，与之对应的最小相位系统为

$$H(z)=\frac{1+0.7z^{-1}}{(1+0.8z^{-1})(1+0.9z^{-1})}=\frac{1+0.7z^{-1}}{1+1.7z^{-1}+0.72z^{-1}}$$

差分方程为

$$x(n)=-1.7x(n-1)-0.72x(n-2)+w(n)+0.7w(n-1)$$

2.6　参数估计理论

在随机信号处理中，有用信号总是伴随着噪声(或其他干扰)同时存在，因此接收到的信号中会不可避免地包含噪声(或干扰)。信号检测的目的是根据某种判决准则，判断噪声中是否有信号或区分噪声中的不同信号。

在已判定信号存在的前提下，如果信号的形式是预先知道的，但信号的一些参数却是未知的，例如，信号 $s(n)=A\cos(\omega_0 n+\theta)$ ，A 、ω_0 和 θ 可能是未知的参数，在这种情况下，我们需要估计这些未知参数。这些未知的参数可能是随机的，也可能是非随机的。参数估计的目的是，设计一种合适的函数(或计算表达式)使估计值在某种准则下是最优的。

对于某些问题，我们需要用接收到的信号(测量信号)估计原信号的波形，这是波形估计问题。

本书不专门讨论信号检测问题。波形估计问题在本书第 5、6 章讨论。以下就参数估计的基本概念进行介绍。

2.6.1　估计量的性质

假定我们从一个平稳随机过程中得到 N 个观测值 $\{x(n)\}_0^{N-1}$ ，并用它们来估计随机过程的某一个参数 θ，参数 θ 的估计值用函数表示为 $\hat{\theta}=f(\{x(n)\}_0^{N-1})$ ，函数 $f(\cdot)$ 称为一个估计子或称为一种估计算法。对于一个特定的参数，可选的估计方法不是唯一的。另外，即使是用相同的方法进行估计，由于每次得到的观测值不同，得到的估计是不同的，估计值 $\hat{\theta}$ 是随机变量，估计误差 $\hat{\theta}-\theta$ 也是随机的。显然，直接用估计误差作为评价估计子性能的标准是很不方便的，因此需要将估计误差转变为非随机变量。

以下讨论估计量的性质。

1. 估计量的偏

估计量的偏定义为

$$B(\hat{\theta})\triangleq E[\hat{\theta}]-\theta \tag{2.6.1}$$

它反映了估计值的均值与真实值间的偏离程度。如果 $E[\hat{\theta}]=\theta$ ，则 $B(\hat{\theta})=0$ ，此时 $\hat{\theta}$ 为 θ 的一个无偏估计，否则为有偏估计。如果随着观测点数的增加，估计的偏随之减少，并

且当观测点数 N 趋于无穷大时，估计的偏 $B(\hat{\theta})$ 趋于零，则称 $\hat{\theta}$ 为 θ 的一个渐近无偏估计。

2. 估计量的方差

估计量 $\hat{\theta}$ 的方差定义为

$$\mathrm{Var}[\hat{\theta}]=\sigma_{\hat{\theta}}^2 \triangleq E[|\hat{\theta}-E[\hat{\theta}]|^2] \tag{2.6.2}$$

估计量的方差反映了 $\hat{\theta}$ 在平均值附近的分布情况，因此，应当选取最小方差的估计量。但是这样选的估计量不可能总是满足偏最小的要求。就像在估计自相关函数时遇到的一样，减小方差可能会导致偏差的增加，因此需要在方差与偏差之间平衡。

3. 估计量的均方误差

估计量的均方误差(MSE)定义为

$$\mathrm{MSE}(\theta)=E[|\hat{\theta}-\theta|^2]=\sigma_{\hat{\theta}}^2+B^2 \tag{2.6.3}$$

显然，估计量的均方误差综合了估计量的偏和估计量的方差。作为估计误差的损失函数(或称为代价函数)，使用均方误差比只使用方差或偏更合理。尽管我们想要尽可能地减小 MSE，但是它的最小值往往不为零。通常，选取减小方差的估计就会导致偏的增大，反之亦然。

4. 一致估计

如果某一估计量的 MSE 在观测点数 N 变得很大时可以接近于零，由式(2.6.3)可以看出偏和方差也都要求趋向于零，此时估计值 $\hat{\theta}_N$ 的分布将集中在 θ 附近。在 $N\to\infty$ 的极限情况下，估计值的分布将变成在 θ 的一个脉冲。这是一个非常有用的性质，如果一个估计量具有该性质，就称其为一致估计。

2.6.2 均值的估计

用一个平稳随机信号 $x(n)$ 的观察值 $\{x(n)\}_0^{N-1}$ 对其均值 μ_x 进行估计时，我们自然地会取样本均值为估计量，它的定义为

$$\hat{\mu}_x=\frac{1}{N}\sum_{n=0}^{N-1}x(n) \tag{2.6.4}$$

估计值 $\hat{\mu}_x$ 是一个随机变量，它取决于观察的次数 N 以及观察值。下面用已介绍的方法评估它的估计性能。

1. 偏移

$$\begin{cases}B=E[\hat{\mu}_x]-\mu_x\\ E[\hat{\mu}_x]=E\left[\dfrac{1}{N}\displaystyle\sum_{n=0}^{N-1}x(n)\right]=\dfrac{1}{N}\displaystyle\sum_{i=0}^{N-1}E[x(n)]=\mu_x\end{cases} \tag{2.6.5}$$

显然 B=0，说明这种估计方法是无偏估计。

2. 估计量的方差

$$\begin{cases}\mathrm{Var}[\hat{\mu}_x]=E[(\hat{\mu}_x-E[\hat{\mu}_x])^2]=E[\hat{\mu}_x^2]-\mu_x^2\\ E[\hat{\mu}_x^2]=\dfrac{1}{N^2}\displaystyle\sum_{n=0}^{N-1}\sum_{m=0}^{N-1}E[x(n)x(m)]\end{cases} \tag{2.6.6}$$

具体计算式(2.6.6)时，要考虑数据样本之间的相关性。先假设数据样本之间互不相关，那么

$$E[x(n)x(m)] = E[x(n)]E[x(m)], \quad n \neq m \tag{2.6.7}$$

$$E[\hat{\mu}_x^2] = \frac{1}{N}E[x^2(n)] + \frac{N-1}{N}\mu_x^2 \tag{2.6.8}$$

$$\text{Var}[\hat{\mu}_x] = \sigma_{\hat{\mu}_x}^2 = \frac{1}{N}E[x^2(n)] - \frac{1}{N}\mu_x^2 = \frac{1}{N}\sigma_x^2 \tag{2.6.9}$$

显然，估计量的方差随观察样本点数 N 的增加而减少，当 $N\to\infty$时，估计量的方差趋于 0。

在数据样本之间互不相关的条件下，估计量的均方误差为

$$\text{MSE}(\hat{\mu}_x) = B^2 + \sigma_{\hat{\mu}_x}^2 \tag{2.6.10}$$

这样，由于 B=0，并且当 $N\to\infty$时，$\sigma_{\hat{\mu}_x}^2 \to 0$，$\text{MSE}(\mu_x) \to 0$，式(2.6.6)是一致估计。因此当数据样本互不相关时，用式(2.6.6)估计均值，是一种无偏的一致估计，是一种“好”的估计方法。

2.6.3　方差的估计

给定平稳随机信号 $x(n)$ 的一组观察值 $\{x(n)\}_0^{N-1}$，定义信号的样本方差为

$$\hat{\sigma}_x^2 \triangleq \frac{1}{N-1}\sum_{n=0}^{N-1}(x(n) - \hat{\mu}_x)^2 \tag{2.6.11}$$

其中，$\hat{\mu}_x$ 为用式(2.6.4)估计的样本均值。式(2.6.11)是信号方差的一种最为自然的估计方法。当观测样本互不相关时，可以证明样本方差的均值等于信号方差(张贤达，2003)，即

$$E[\hat{\sigma}_x^2] = \sigma_x^2 \tag{2.6.12}$$

因此，式(2.6.11)描述的信号方差估计是无偏的。注意：在有些文献中，计算样本方差时，在式(2.6.11)中用 N 代替 N–1，则当观测样本互不相关时，可推导出与之对应的方差估计的均值为 $(N-1)\sigma_x^2/N$，显然这是渐近无偏估计。有关样本方差均值的进一步讨论，请读者参阅文献(Manolakis et al., 2003)。

方差估计量的方差的一般表达式是相当复杂的，需要用高阶的矩来表达。可以证明，当 N 足够大时，式(2.6.11)描述的方差估计的方差近似为

$$\text{Var}[\hat{\sigma}_x^2] \approx \frac{r_x^{(4)}}{N} \tag{2.6.13}$$

其中，$r_x^{(4)}$ 是 $x(n)$ 的四阶中心矩。因此，式(2.6.11)定义的方差估计属于一致估计。

本 章 小 结

本章对离散时间随机过程的一些基本概念做了回顾。随机变量是抽象的样本空间到实数空间的一个映射，随机变量的集合构成随机矢量，而离散时间随机过程是一组赋予了时

间序号的随机变量。随机信号有两个特点：①随机信号在任何时间的取值都是不能先验确定的随机变量；②虽然随机信号取值不能先验确定，但这些取值却服从某种统计规律。对随机过程进行完整的统计描述，需要知道联合概率密度函数，除了一些特别简化的情况外，概率密度函数是不容易获得的。考虑到在实际应用中，只有一阶、二阶矩容易估计或计算。为此，我们重点讨论随机过程的一阶、二阶统计量，并基于这些统计量引入随机过程的独立、不相关与正交等概念。

本章介绍了四种典型的随机过程，以便读者加深对离散时间随机信号的理解，这四种随机过程在后续内容中还会被多次应用。本章介绍的随机信号通过线性系统和谱分解定理，是两个相关的论题，这些内容与第 1 章的内容有密切联系，也是后续随机信号模型的基础。

本章最后进行了估计理论的入门性介绍，并以样本均值和样本方差为实例，讨论估计性能。

习　题

2.1　令随机信号 $s(n)$ 是另外两个随机信号 $x(n)$ 和 $y(n)$ 之和，即 $s(n)=x(n)+y(n)$，并且 $x(n)$ 和 $y(n)$ 都具有零均值，求随机信号 $s(n)$ 的自协方差函数 $c_s(k)$。

2.2　设一个随机信号为 $x(n)=A\sin(\omega n+\varphi)$，其中，$\varphi\in[0, 2\pi]$ 为均匀分布的随机变量，A 为常数，求 $x(n)$ 的均值和自相关函数。

2.3　设一个随机信号为 $x(n)=A\sin(\omega n+\varphi)$，其中，$\varphi$ 是常数，A 是随机变量，符合均值为零、方差为 σ^2 的高斯分布。求 $x(n)$ 的均值和自相关函数，并判断该信号是否为宽平稳的。

2.4　设一个随机信号为 $x(n)=A\sin(\omega n+\varphi)$，其中，$\varphi\in[0, 2\pi]$ 为均匀分布的随机变量，A 为常数，$x(n)$ 通过一个输入输出关系为 $y(n)=x^2(n)$ 的非线性系统。求 $r_y(n_1,n_2)$ 和 $r_{xy}(n_1,n_2)$，并判断 $y(n)$ 是否平稳，$x(n)$ 和 $y(n)$ 是否联合平稳。

提示：利用三角公式 $\cos^2\alpha=\dfrac{1}{2}(1+\cos 2\alpha)$。

2.5　假设 $x_1,x_2,\cdots,x_N$ 是相互独立的零均值随机变量，且方差都为 σ_x^2。若利用下列公式定义新的随机变量 $y_1,y_2,\cdots,y_N$：

$$y_k=\sum_{j=1}^{k}x_j,\quad k=1,2,\cdots,N$$

求出 y_{k-1} 和 y_k 之间的相关系数 $\rho_{k-1,k}$。

2.6　一个广义平稳的随机过程具有自相关函数 $r_x(k)=a^{|k|}$，$-1<a<1$，同时它又是零均值的，试求它的功率谱 $S_x(\omega)$ 和复功率谱 $\tilde{S}_x(z)$。

2.7　令 $x(n)$ 为实的广义平稳随机过程，证明：$r_x(0)\geqslant|r_x(k)|$ 对所有 k 成立。

提示：利用 $E\left[|x(n)\pm x(n-k)|^2\right]$ 的非负性。

2.8　设随机信号 $x(n)=A\sin(\omega_0 n+\varphi)$，其中，$\varphi\in[0, 2\pi]$ 为均匀分布的随机变量，A 为

常数，$x(n)$ 通过一个传输函数为 $H(z)=\dfrac{1}{1-0.9z^{-1}}$ 的 LTI 系统，其输出为 $y(n)$。求 $r_{xy}(k)$、$r_y(k)$、$S_{xy}(\omega)$、$S_y(\omega)$。

2.9　设一个广义平稳随机信号 $x(n)$ 的自相关函数为 $r_x(k)=0.8^{|k|}$，该信号通过一个系统函数为 $H(z)=\dfrac{1+0.8z^{-1}}{1-0.9z^{-1}}$ 的 LTI 系统，其输出为 $y(n)$。求 $y(n)$ 的功率谱。

2.10　一个方差为 1 的白噪声激励一个线性系统产生一个随机信号，该随机信号的功率谱为

$$S_x(\omega)=\frac{5-4\cos\omega}{10-6\cos\omega}$$

求该系统的传输函数。

2.11　最常用的随机信号均值估计器是式(2.6.4)，证明：如果 $x(n)$ 不是白噪声，则估计器的方差为

$$\mathrm{Var}[\hat{\mu}_x]=\frac{1}{N}\sum_{l=-N+1}^{N-1}\left(1-\frac{|l|}{N}\right)c_x(l)$$

其中，$c_x(l)=E[(x(n)-\mu_x)(x(n-l)-\mu_x)]$ 是实平稳随机信号 $x(n)$ 的协方差函数。

提示：设 $w(n)=\begin{cases}1, & 0\leqslant n\leqslant N-1\\ 0, & \text{其他}\end{cases}$，则 $\hat{\mu}_x=\dfrac{1}{N}\sum\limits_{n=-\infty}^{\infty}x(n)w(n)$，并且

$$\mathrm{Var}[\hat{\mu}_x]=\frac{1}{N^2}E\left[\sum_{n=-\infty}^{\infty}(x(n)-\mu_x)w(n)\sum_{m=-\infty}^{\infty}(x(m)-\mu_x)w(m)\right]$$

交换求期望与求和顺序，并利用矩形函数求卷积公式，即可得证。

2.12　(1)用 MATLAB 分别产生长度为 10、100 和 1000，均值为 1，方差为 2 的独立同分布高斯白噪声随机序列。

(2)分别利用式(2.6.4)和式(2.6.11)并按上述所给定的样本点数估计样本均值和样本方差。

(3)对问题(1)和(2)进行 50 次重复实验，分别画出样本均值和样本方差的分布图。

(4)计算 50 个样本均值和样本方差的均值、方差，观察与样本点数间的关系。

(5)结合参数估计基本理论，给出你的综合分析结果。

提示：在 MATLAB 中，函数 randn 用于产生零均值单位方差的高斯分布；注意方差(variance，σ^2)与标准差(standard deviation，σ)之间的联系与区别；函数 hist、histc 用于画直方图。

第 3 章　随机信号的线性模型

自回归(autoregressive，AR)模型、滑动平均(moving average，MA)模型和自回归滑动平均(autoregressive moving average，ARMA)模型是平稳随机过程的三种典型线性模型。早在 1951 年，Peter Whittle 在学位论文《时间序列分析中的假设检验》(*Hypothesis testing in time series analysis*)中对通用 ARMA 模型进行了描述。1971 年，George E. P. Box 和 Gwilym Jenkins 的著作进一步推广了 ARMA 模型，他们还阐述了一种选择和估计 ARMA 模型的迭代方法，即 Box-Jenkins 方法(博克斯-詹金斯方法)。后来，在 ARMA 模型的基础上，还发展出了 ARIMA(autoregressive integrated moving average)模型。ARIMA 模型可应用在具有非平稳性的随机序列中，而 ARMA 模型仅能用于平稳随机序列中。目前，ARMA 模型和 ARIMA 模型也广泛应用于统计学和计量经济学中。

将均值为零的平稳白噪声序列通过全极点、全零点和零极点滤波器就可以分别产生 AR、MA 和 ARMA 过程。这些过程在随机信号分析中十分重要，因为许多实际信号可以近似表示为 AR、MA 或 ARMA 过程，从而使它们的分析大为简化。例如，现代谱估计的一个重要方法就是将被观测过程表示为一个 AR 过程，通过对过程参数的估计，可直接计算其功率谱密度。

本章分别讨论 AR 过程、MA 过程和 ARMA 过程，最后讨论这三种模型间的关系。

3.1　AR 过程

如果 $\{x(n)\}$ 是一个 p 阶的自回归过程，一般用 AR(p)来表示，那么它满足如下差分方程：

$$x(n)+\sum_{k=1}^{p}a_k x(n-k)=w(n) \tag{3.1.1}$$

其中，$a_1,\cdots,a_p$ 是模型参数；$w(n)$ 是均值为零和方差为 σ_w^2 的平稳白噪声序列。

3.1.1　AR(1)模型

一阶 AR 模型满足如下差分方程：

$$x(n)=ax(n-1)+w(n),\quad a\neq 0 \tag{3.1.2}$$

从式(3.1.2)可见 $x(n)$ 和 $x(n-1)$ 有关，也和 $w(n)$ 有关，如果换一种说法，可将 $x(n)$ 看成对 $x(n-1)$ 的“线性递归”，而 $w(n)$ 起到一个误差项的作用。

为了研究该模型的二阶特性，首先求解差分方程，以获得 $x(n)$ 与 $w(n)$，$w(n-1)$，$w(n-2),\cdots$，之间的表达式。在初始条件下，即 $x(-1)=0$，经过重复置换得

$$
\begin{aligned}
x(0) &= w(0) + ax(-1) = w(0) \\
x(1) &= w(1) + ax(0) = w(1) + aw(0) \\
x(2) &= w(2) + ax(1) = w(2) + aw(1) + a^2 w(0) \\
&\vdots
\end{aligned}
$$

$$
x(n) = w(n) + aw(n-1) + \cdots + a^n w(0) \tag{3.1.3}
$$

如果 $E[w(n)] = \mu_w$，对于所有的 n，则有

$$
E[x(n)] = \mu_w (1 + a + a^2 + \cdots + a^n) = \begin{cases} \mu_w \left(\dfrac{1 - a^{n+1}}{1 - a} \right), & a \neq 1 \\ \mu_w (n+1), & a = 1 \end{cases} \tag{3.1.4}
$$

可见，在 $|a| \geqslant 1$ 时，$\{x(n)\}$ 不是一阶平稳的；而当 $|a| < 1$ 时，如果 n 很大，则有

$$
E[x(n)] = \frac{\mu_w}{1 - a} \tag{3.1.5}
$$

因此，可以说 $\{x(n)\}$ 是一阶渐近平稳的。

假如 $\mu_w = 0$，那么

$$
\begin{cases} \mathrm{Var}[w(n)] = E[w^2(n)] = \sigma_w^2 \\ \mathrm{Cov}[w(n), w(m)] = E[w(n)w(m)] = 0, \quad n \neq m \end{cases} \tag{3.1.6}
$$

因此

$$
\begin{aligned}
\sigma_x^2(n) &= \mathrm{Var}[x(n)] = E[(w(n) + aw(n-1) + \cdots + a^n w(0))^2] \\
&= \sigma_w^2 (1 + a^2 + a^4 + \cdots + a^{2n}) \\
&= \begin{cases} \sigma_w^2 \left(\dfrac{1 - a^{2(n+1)}}{1 - a^2} \right), & |a| \neq 1 \\ \sigma_w^2 (n+1), & |a| = 1 \end{cases}
\end{aligned} \tag{3.1.7}
$$

而 $\{x(n)\}$ 的自相关函数可计算如下：

$$
\begin{aligned}
r_x(n, n+l) &= E[x(n)x(n+l)] \\
&= E[(w(n) + aw(n-1) + \cdots + a^n w(0)) \\
&\quad \cdot (w(n+l) + aw(n+l-1) + \cdots + a^{n+l} w(0))] \\
&= \begin{cases} \sigma_w^2 a^l \dfrac{1 - a^{2(n+1)}}{1 - a^2}, & |a| \neq 1 \\ \sigma_w^2 (n+1), & |a| = 1 \end{cases}
\end{aligned} \tag{3.1.8}
$$

可见，$\mathrm{Var}[x(n)]$ 和 $r_x(n, n+l)$ 均是 n 的函数，因此随机过程 $\{x(n)\}$ 不是二阶平稳的，但是如果 $|a| < 1$，且 n 足够大，则

$$
\sigma_x^2 = \frac{\sigma_w^2}{1 - a^2} \tag{3.1.9}
$$

$$
r_x(n, n+l) = \sigma_w^2 \frac{a^l}{1 - a^2} \tag{3.1.10}
$$

式(3.1.10)右边仅仅是 l 的函数,因此,在 $|a|<1$ 时, $\{x(n)\}$ 是二阶渐近平稳的。对于 $|a|<1$ 的情况，考虑到自相关函数的偶对称性，式(3.1.10)可改写为

$$r_x(l)=\sigma_w^2\frac{a^{|l|}}{1-a^2},\quad l=0,\ \pm1,\ \pm2,\ \cdots \tag{3.1.11}$$

这样，归一化的自相关函数(相关系数)为

$$\rho_x(l)=\frac{r_x(l)}{r_x(0)}=a^{|l|},\quad l=0,\ \pm1,\ \pm2,\ \cdots \tag{3.1.12}$$

当 $0<a<1$ 时,对于所有的 l, $\rho_x(l)>0$,并且随着 l 的增加,指数衰减至零,当 $-1<a<0$ 时, $\rho_x(l)$ 的值正负交替，图 3.1.1 表示出了 $\rho_x(l)$ 和 l 的关系曲线。

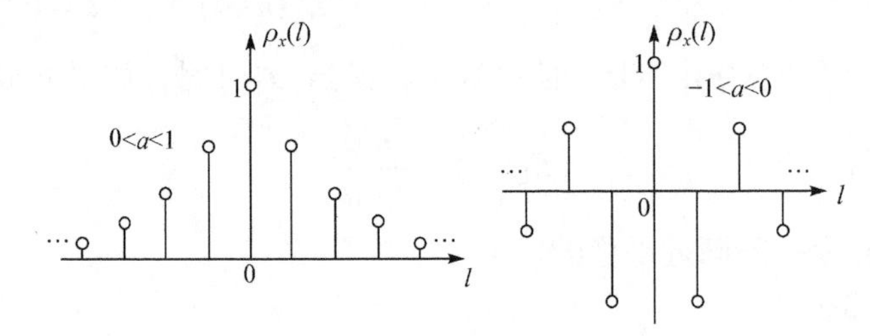

图 3.1.1　AR(1)过程的自相关函数

由式(3.1.1)定义的 AR(1)过程 $\{x(n)\}$ 也可以看成白噪声序列 $w(n)$ 通过一个传递函数为

$$H(z)=\frac{1}{1-az^{-1}} \tag{3.1.13}$$

的单极点滤波器所产生，因此 $\{x(n)\}$ 的功率谱密度为

$$S_x(\omega)=\sigma_w^2\,|H(\mathrm{e}^{\mathrm{j}\omega})|^2=\frac{\sigma_w^2}{1-2a\cos\omega+a^2} \tag{3.1.14}$$

3.1.2　AR(2)模型

AR(2)模型的系统函数由式(3.1.15)给出：

$$H(z)=\frac{1}{1+a_1z^{-1}+a_2z^{-2}}=\frac{1}{(1-p_1z^{-1})(1-p_2z^{-1})} \tag{3.1.15}$$

由一元二次方程根与系数之间的公式可得

$$\left.\begin{aligned}a_1&=-(p_1+p_2)\\a_2&=p_1p_2\end{aligned}\right\} \tag{3.1.16}$$

如果两个极点 p_1 和 p_2 都在单位圆内，则 $H(z)$ 是 BIBO 稳定系统。当系数满足下列条件时， p_1 和 p_2 为互为共轭的复极点，即

$$\frac{a_1^2}{4}<a_2\leqslant1 \tag{3.1.17}$$

当 $a_2=1$ 时，两个根都在单位圆上； $a_2<1$ 时，两个根在单位圆内。注意，为了有复极点， a_2 不能为负。如果复极点写成极坐标形式：

$$p_{1,2} = r\mathrm{e}^{\pm \mathrm{j}\theta}, \quad 0 \leqslant r \leqslant 1 \tag{3.1.18}$$

那么，有

$$a_1 = -2r\cos\theta, \quad a_2 = r^2 \tag{3.1.19}$$

和

$$H(z) = \frac{1}{1-(2r\cos\theta)z^{-1} + r^2 z^{-2}} \tag{3.1.20}$$

这里，r 是极点的模，θ 是极点的辐角。

AR(2)模型的冲激响应可以通过求式(3.1.15)的逆 z 变换，并写成用极点表示的形式，其结果为

$$h(n) = \frac{1}{p_1 - p_2}(p_1^{n+1} - p_2^{n+1})u(n) \tag{3.1.21}$$

其中，$p_1 \neq p_2$。对于 $p_1 = p_2 = p$，有

$$h(n) = (n+1)p^n u(n) \tag{3.1.22}$$

在复共轭极点 $p_1 = r\mathrm{e}^{\mathrm{j}\theta}$ 和 $p_2 = r\mathrm{e}^{-\mathrm{j}\theta}$ 的情况下，式(3.1.21)简化成：

$$h(n) = r^n \frac{\sin[(n+1)\theta]}{\sin\theta} u(n) \tag{3.1.23}$$

由于 $0 < r < 1$，因而 $h(n)$ 是频率为 θ 的阻尼正弦信号。

自相关函数也可以写成用两个极点表示的形式：

$$\begin{cases} r_x(l) = \dfrac{1}{(p_1 - p_2)(1-p_1 p_2)}\left(\dfrac{p_1^{l+1}}{1-p_1^2} - \dfrac{p_2^{l+1}}{1-p_2^2}\right), & l \geqslant 0 \\ r_x(l) = r_x^*(-l), & l < 0 \end{cases} \tag{3.1.24}$$

对于实系数的系统函数 $H(z)$，设两个共轭成对出现的极点为

$$p_1 = r\mathrm{e}^{\mathrm{j}\theta}, \quad p_2 = r\mathrm{e}^{-\mathrm{j}\theta} \tag{3.1.25}$$

则 AR(2)过程的功率谱为

$$S_x(\omega) = \sigma_w^2 \frac{1}{(1-2r\cos(\omega-\theta)+r^2)(1-2r\cos(\omega+\theta)+r^2)} \tag{3.1.26}$$

图 3.1.2 给出了一个 AR(2)过程的样本序列、自相关和功率谱，其中，$a_1 = -0.4944$，$a_2 = 0.64$。这个模型有两个复共轭极点，其中，$r = 0.8$，$\theta = \pm 0.4\pi$。在 0 到 π 范围内功率谱有单一峰值，自相关函数是一个衰减的余弦波。随机过程的典型样本序列较明显地表现出准周期特性，这种性质可以用自相关函数的形状和模型的谱解释。程序 3_1_1 为实现该实例的程序，改变 r、θ 的取值可进一步观察到自相关和功率谱随极点改变的情况。

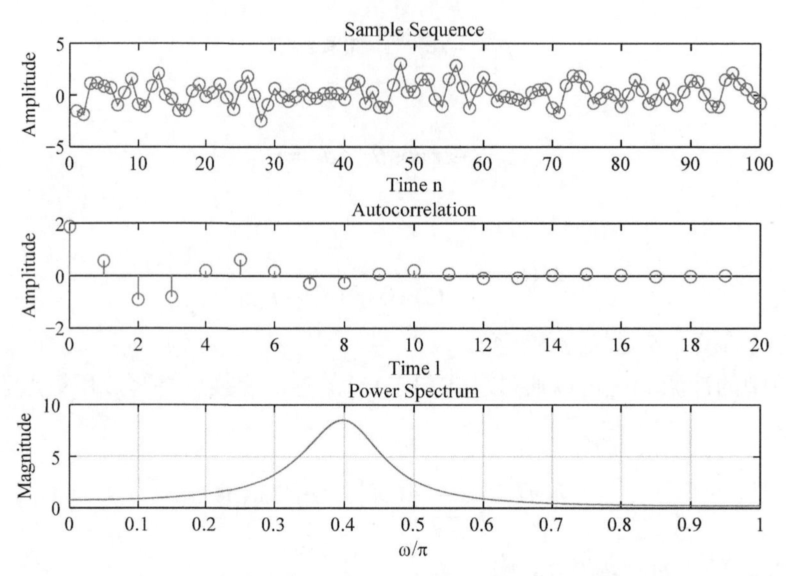

图 3.1.2　AR(2)过程的样本序列、自相关和功率谱

程序 3_1_1　AR(2)模型实例。

```
% 程序 3_1_1: AR(2)模型实例
clc, clear;
r=0.8;
st=0.4*pi;
p1=r*exp(1i*st);
p2=r*exp(-1i*st);
a1=-(p1+p2);
a2=p1*p2;
N=100;
w=randn(1,N);
x=filter(1,[1 a1 a2],w);
l=0:19;
rx=(p1.^(l+1)/(1-p1*p1)
-p2.^(l+1)/(1-p2*p2))/(p1-p2)/(1-p1*p2);
amg=0:pi/256:pi;
Px=1./((1-2*r*cos(amg-st)+r*r).*(1-2*r*cos(amg+st)+r*r));

subplot(3,1,1)
plot(x,'o-');
title('Sample Sequence');
xlabel('Time n'); ylabel('Amplitude');
subplot(3,1,2)
stem(l,rx);
title('Autocorrelation')
xlabel('Time l'); ylabel('Amplitude');
subplot(3,1,3)
```

```
plot(amg/pi, Px); grid
title('Power Spectrum')
xlabel('\omega/\pi'); ylabel('Magnitude');
```

3.1.3　AR(p) 模型

p 阶 AR 模型满足如下差分方程：

$$x(n)+a_1x(n-1)+\cdots+a_px(n-p)=w(n) \tag{3.1.27}$$

其中，$a_1,a_2,\cdots,a_p$ 为实常数，且 $a_p\neq 0$；$w(n)$ 是均值为零和方差为 σ_w^2 的平稳白噪声序列。下面推导模型系数与自相关函数间的关系。

将式(3.1.27)的两边同时乘以 $x(n-l)$ 并取期望值，得

$$\begin{aligned}&E[x(n)x(n-l)+a_1x(n-1)x(n-l)+\cdots+a_px(n-p)x(n-l)]\\&=E[w(n)x(n-l)],\quad l=0,1,2,\cdots\end{aligned} \tag{3.1.28}$$

考虑到 AR(p) 为因果系统，并利用式(3.1.28)，得

$$\begin{aligned}E[w(n)x(n-l)]&=E[w(n)(w(n-l)-a_1x(n-l-1)-\cdots-a_px(n-l-p))]\\&=\begin{cases}E[w(n)w(n)]=\sigma_w^2, & l=0\\0, & l>0\end{cases}\end{aligned} \tag{3.1.29}$$

设 $\{x(n)\}$ 为实平稳随机过程，则式(3.1.27)可写为

$$r_x(l)=\begin{cases}-\sum\limits_{k=1}^{p}a_kr_x(l-k)+\sigma_w^2, & l=0\\-\sum\limits_{k=1}^{p}a_kr_x(l-k), & l>0\end{cases} \tag{3.1.30}$$

对于 $0\leqslant l\leqslant p$，得

$$\begin{cases}r_x(0)+a_1r_x(1)+\cdots+a_pr_x(p)=\sigma_w^2\\r_x(1)+a_1r_x(0)+\cdots+a_pr_x(p-1)=0\\\qquad\vdots\\r_x(p)+a_1r_x(p-1)+\cdots+a_pr_x(0)=0\end{cases} \tag{3.1.31}$$

上述方程组称为 Yule-Walker 方程，分别由 G. U. Yule（于 1927 年）和 G. Walker（于 1931 年）在各自发表的论文中提出。显然，AR(p) 过程的自相关函数与模型参数之间是一个线性方程组的关系，将其写成矩阵表示式，得

$$\begin{bmatrix}r_x(0) & r_x(1) & \cdots & r_x(p)\\r_x(1) & r_x(0) & \cdots & r_x(p-1)\\\vdots & \vdots & \ddots & \vdots\\r_x(p) & r_x(p-1) & \cdots & r_x(0)\end{bmatrix}\begin{bmatrix}1\\a_1\\\vdots\\a_p\end{bmatrix}=\begin{bmatrix}\sigma_w^2\\0\\\vdots\\0\end{bmatrix} \tag{3.1.32}$$

由式(3.1.27)所定义的 AR(p) 过程 $\{x(n)\}$ 可以看成白噪声序列 $w(n)$ 通过一个传递函数为

$$H(z)=\frac{1}{1+a_1z^{-1}+\cdots+a_pz^{-p}} \tag{3.1.33}$$

的全极点滤波器所产生，因此其功率谱密度可以表示为

$$S_x(\omega)=\sigma_w^2\left|\frac{1}{1+a_1z^{-1}+\cdots+a_pz^{-p}}\right|_{z=\mathrm{e}^{\mathrm{j}\omega}}^2 \tag{3.1.34}$$

或

$$S_x(\omega)=\sigma_w^2\left|\frac{1}{(1-p_1\mathrm{e}^{-\mathrm{j}\omega})\cdots(1-p_p\mathrm{e}^{-\mathrm{j}\omega})}\right|^2 \tag{3.1.35}$$

显然，该功率谱密度的形状完全取决于其极点在单位圆内的分布。

3.2 MA 过 程

用 MA(q) 表示一个 q 阶的滑动平均过程 $\{x(n)\}$，它满足如下差分方程：

$$\begin{aligned}x(n)&=b_0w(n)+b_1w(n-1)+\cdots+b_qw(n-q)\\&=\sum_{k=0}^{q}b_kw(n-k)\end{aligned} \tag{3.2.1}$$

其中，$b_0,b_1,\cdots,b_q$ 为实常数，且 $b_q\neq 0$；$w(n)$ 是均值为零、方差为 σ_w^2 的平稳白噪声序列。通常可以令 $b_0=1$，而不失定义的一般性。

式(3.2.1)也可以看成平稳白噪声序列 $w(n)$ 通过一个传递函数为

$$H(z)=1+b_1z^{-1}+\cdots+b_qz^{-q} \tag{3.2.2}$$

的滤波器时所产生的响应。这种滤波器是全零点型滤波器，可写成

$$H(z)=(1-z_1z^{-1})(1-z_2z^{-1})\cdots(1-z_qz^{-1}) \tag{3.2.3}$$

其中，$z_1,z_2,\cdots,z_q$ 为 $H(z)$ 的零点。

将式(3.2.1)两边同时乘以 $x(n-l)$ 并取期望值，得

$$\begin{aligned}E[x(n)x(n-l)]=E[&(b_0w(n)+b_1w(n-1)+\cdots+b_qw(n-q))\cdot(b_0w(n-l)+b_1w(n-l-1)+\cdots\\&+b_qw(n-l-q))]\end{aligned} \tag{3.2.4}$$

考虑到 $w(n)$ 为均值为零的白噪声，当 $l=0$ 时，有

$$r_x(0)=\sigma_x^2=\sigma_w^2\sum_{k=0}^{q}b_k^2 \tag{3.2.5}$$

$$r_x(l)=\begin{cases}\sigma_w^2\sum_{k=l}^{q}b_kb_{k-l}, & 0\leqslant l\leqslant q\\ 0, & |l|>q\\ r_x(l)=r_x(-l), & -q\leqslant l\leqslant -1\end{cases}\tag{3.2.6}$$

或

$$\rho_x(l)=\begin{cases}\dfrac{\sum_{k=l}^{q}b_kb_{k-l}}{\sum_{k=0}^{q}b_k^2}, & 0\leqslant l\leqslant q\\ 0, & |l|>q\end{cases}\tag{3.2.7}$$

因此，MA(q)过程的自相关函数为有限长序列，其长度等于$2q+1$。与 AR(p)过程不同的是自相关函数$r_x(l)$与模型参数之间的关系不再是线性的。

由式(3.2.2)，滑动平均过程MA(q)的功率谱密度可写成

$$S_x(\omega)=\sigma_w^2\left|H(\mathrm{e}^{\mathrm{j}\omega})\right|^2=\sigma_w^2\left|\sum_{k=0}^{q}b_k\mathrm{e}^{-\mathrm{j}\omega k}\right|^2\tag{3.2.8}$$

或

$$S_x(\omega)=\sigma_w^2\left|\prod_{k=1}^{q}(z-q_k)\right|^2_{z=\mathrm{e}^{\mathrm{j}\omega}}\tag{3.2.9}$$

显然，该功率谱密度的形状完全取决于其零点在z平面的分布。

3.3 ARMA 过 程

将上述AR(p)过程和MA(q)过程结合起来，就可得到自回归滑动平均过程ARMA(p, q)，它满足如下形式的差分方程：

$$\sum_{k=0}^{p}a_kx(n-k)=\sum_{k=0}^{q}b_kw(n-k)\tag{3.3.1}$$

其中，$a_0,a_1,\cdots,a_p$，$b_0,b_1,\cdots,b_q$是实常数，且$a_0=b_0=1$，$a_p\neq 0$，$b_q\neq 0$；$w(n)$是均值为零和方差为σ_w^2的平稳白噪声序列。显然，此过程也可以看成白噪声序列$w(n)$通过一个传递函数为

$$H(z)=\frac{1+b_1z^{-1}+b_2z^{-2}+\cdots+b_qz^{-q}}{1+a_1z^{-1}+a_2z^{-2}+\cdots+a_pz^{-p}}\tag{3.3.2}$$

的零极型滤波器所产生的。令z_k，$k=1,2,\cdots,q$，为多项式：

$$z^q+b_1z^{q-1}+b_2z^{q-2}+\cdots+b_q=0\tag{3.3.3}$$

的q个根，即q个零点。又令p_k，$k=1,2,\cdots,p$，为多项式：

$$z^p+a_1z^{p-1}+a_2z^{p-2}+\cdots+a_p=0\tag{3.3.4}$$

的p个根，即p个极点，式(3.3.2)也可写成

$$H(z)=\frac{(1-z_1z^{-1})(1-z_2z^{-1})\cdots(1-z_qz^{-1})}{(1-p_1z^{-1})(1-p_2z^{-1})\cdots(1-p_pz^{-1})} \tag{3.3.5}$$

若系统函数 $H(z)$ 的 p 个极点都在单位圆内，即

$$|p_k|<1,\quad k=1,2,\cdots,p \tag{3.3.6}$$

则系统具有 BIBO 稳定性。此时，ARMA (p, q) 也具有渐近平稳的特性。

下面推导 ARMA 过程的自相关函数与模型系数之间的关系。将式(3.3.1)写成如下形式：

$$x(n)=-\sum_{k=1}^{p}a_kx(n-k)+\sum_{k=0}^{q}b_kw(n-k) \tag{3.3.7}$$

将式(3.3.7)两边同时乘以 $x(n-l)$ 并取期望值，得

$$E[x(n)x(n-l)]=-\sum_{k=1}^{p}a_kE[x(n-k)x(n-l)]+\sum_{k=0}^{q}b_kE[w(n-k)x(n-l)] \tag{3.3.8}$$

或

$$r_x(l)=-\sum_{k=1}^{p}a_kr_x(l-k)+\sum_{k=0}^{q}b_kr_{wx}(l-k) \tag{3.3.9}$$

其中

$$r_{wx}(m)=E[w(n+m)x(n)] \tag{3.3.10}$$

考虑模型的因果性以及输入序列 $w(n)$ 为零均值白噪声，有

$$r_{wx}(m)=0,\quad m>0 \tag{3.3.11}$$

因此

$$r_x(l)=\begin{cases}-\sum_{k=1}^{p}a_kr_x(l-k)+\sum_{k=l}^{q}b_kr_{wx}(l-k), & 0\leqslant l\leqslant q\\ -\sum_{k=1}^{p}a_kr_x(l-k), & l>q\end{cases} \tag{3.3.12}$$

与 AR (p) 过程的表示式(3.1.30)以及 MA (q) 过程的表示式(3.2.6)相比较，ARMA (p, q) 过程的自相关函数与模型参数之间的关系要复杂得多。以下考虑将式(3.3.12)改写成另一种形式，考虑到模型具有因果性，$x(n)$ 可以不失一般性地写成线性卷积和的形式：

$$x(n)=\sum_{k=0}^{\infty}h(k)w(n-k) \tag{3.3.13}$$

其中，$h(n)$ $(h(n)=0, n<0)$ 为模型的冲激响应序列，由式(3.3.4)确定的所有极点均在单位圆内，因此

$$\sum_{n=0}^{\infty}|h(n)|<+\infty \tag{3.3.14}$$

将式(3.3.13)代入式(3.3.10)，得

$$\begin{aligned}r_{wx}(m)&=E\left[w(n+m)\sum_{k=0}^{+\infty}h(k)w(n-k)\right]\\&=\sum_{k=0}^{\infty}h(k)\sigma_w^2\delta(m+k)=\sigma_w^2h(-m)\end{aligned} \tag{3.3.15}$$

将式(3.3.15)代入式(3.3.12)，得

$$r_x(l)=\begin{cases}-\sum_{k=1}^{p}a_k r_x(l-k)+\sigma_w^2\sum_{k=l}^{q}b_k h(k-l), & 0\leqslant l\leqslant q\\ -\sum_{k=1}^{p}a_k r_x(l-k), & l>q\end{cases} \tag{3.3.16}$$

这组方程式表示了 ARMA(p,q)过程的自相关函数与模型参数间的关系，称为修正 Yule-Walker 方程。由于模型冲激响应序列 $h(n)$ 对于模型参数 $\{a_k\}$ 和 $\{b_k\}$ 有着高度复杂的依赖关系，因此，式(3.3.16)以隐含的方式表示出 ARMA(p, q)过程的自相关函数与模型参数间的高度非线性关系。

根据式(3.3.2)，ARMA(p, q)过程的功率谱密度 $S_x(\omega)$ 可写成

$$S_x(\omega)=\sigma_w^2\left|\frac{1+\sum_{k=1}^{q}b_k z^{-k}}{1+\sum_{k=1}^{p}a_k z^{-k}}\right|_{z=\mathrm{e}^{\mathrm{j}\omega}}^2 \tag{3.3.17}$$

或表示成

$$S_x(\omega)=\sigma_w^2\left|\frac{\prod_{k=1}^{q}(1-z_k z^{-1})}{\prod_{k=1}^{p}(1-p_k z^{-1})}\right|_{z=\mathrm{e}^{\mathrm{j}\omega}}^2 \tag{3.3.18}$$

其中，z_k 和 p_k 分别表示 ARMA(p, q)模型的零点和极点。

图 3.3.1 给出了一个 ARMA(2,2)过程的样本序列和功率谱(用分贝表示)的实例。这个模型有一对共轭极点 $0.9\mathrm{e}^{\pm 0.25\pi}$ 和一对共轭零点 $0.95\mathrm{e}^{\pm 0.4\pi}$。在 0～π 范围内，功率谱在 0.25π 处有一个峰值，在 0.4π 处有一个谷值。程序 3_3_1 为实现该实例的程序，改变零、极点的位置可进一步观察到功率谱的变化情况。

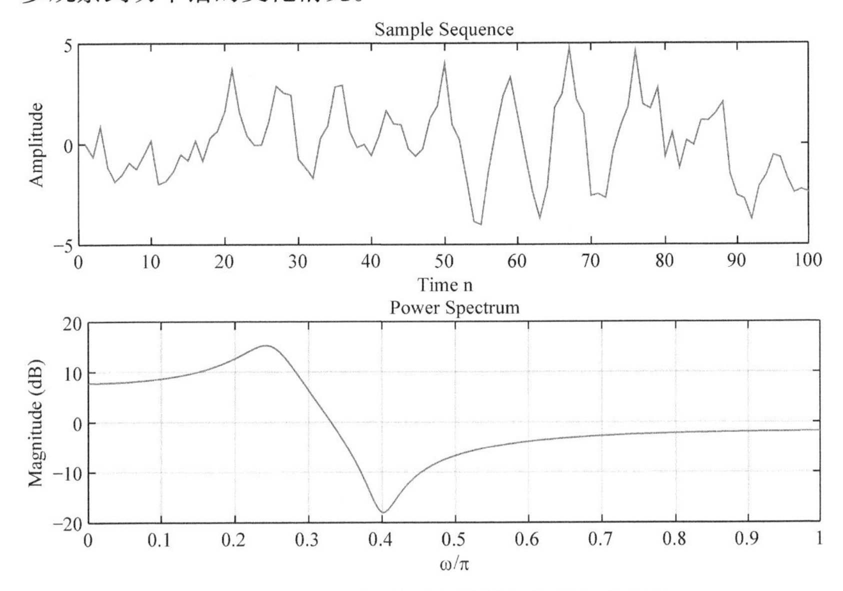

图 3.3.1　ARMA(2,2)过程的样本序列和功率谱

程序 3_3_1　ARMA(2, 2)模型实例。

```
%程序 3_3_1: AR(2,2)模型实例
clc, clear;
rp=0.9; sp=0.25*pi;
p1=rp*exp(1i*sp); p2=rp*exp(-1i*sp);
a1=-(p1+p2);a2=p1*p2;
rz=0.95; sz=0.4*pi;
z1=rz*exp(1i*sz); z2=rz*exp(-1i*sz);
b1=-(z1+z2); b2=z1*z2;
N=100;
w=randn(1,N);
x=filter([1 b1 b2], [1 a1 a2], w);
amg=0 : pi/512 : pi;
Sx=(1-2*rz*cos(amg+sz)+rz*rz).*(1-2*rz*cos(amg-sz)+rz*rz);
Sx=Sx ./ ((1-2*rp*cos(amg+sp)+rp*rp).*(1-2*rp*cos(amg-sp)+rp*rp));
Sx=10*log10(Sx);
subplot(2,1,1)
plot(x);
title('Sample Sequence');
xlabel('Time n'); ylabel('Amplitude');
subplot(2,1,2)
plot(amg/pi, Sx); grid
title('Power Spectrum')
xlabel('\omega/\pi'); ylabel('Magnitude (dB)');
```

3.4　三种模型间的关系

前面讨论了平稳随机过程的三种典型模型，在一定条件下，这些模型是可以互相转换的。例如，无限阶滑动平均模型 MA(∞)：

$$x(n)=\sum_{k=0}^{\infty}b_k w(n-k)=\sum_{k=0}^{\infty}h(k)w(n-k) \tag{3.4.1}$$

其中，b_k 为模型系数；$h(n)$ 为冲激响应序列，对于 MA(∞)，有 $b_k=h(k)$ 。如果 $b_k=a^k,\ k=0,1,2,\cdots$，$|a|<1$，对上式两边求 z 变换，得

$$X(z)=\sum_{k=0}^{\infty}b_k z^{-k}W(z)=\frac{1}{1-az^{-1}}W(z) \tag{3.4.2}$$

或

$$X(z)(1-az^{-1})=W(z) \tag{3.4.3}$$

再做逆 z 变换，得

$$x(n)-ax(n-1)=w(n) \tag{3.4.4}$$

因此，式(3.4.1)表示的无限阶 MA(∞)模型可转换成式(3.4.4)表示的一阶 AR(1)模型。

同样，如果在式(3.4.1)中，令

$$b_k = \frac{p_1^{k+1} - p_2^{k+1}}{p_1 - p_2}, \quad k = 0,1,2,3,\cdots \tag{3.4.5}$$

其中，p_1、p_2是多项式$z^2 + a_1 z + a_2 = 0$的根，则

$$\begin{aligned} B(z) &= \sum_{k=0}^{\infty} b_k z^{-k} = \sum_{k=0}^{\infty} \frac{1}{p_1 - p_2}(p_1^{k+1} - p_2^{k+1}) z^{-k} \\ &= \frac{1}{1 - (p_1 + p_2) z^{-1} + p_1 p_2 z^{-2}} \end{aligned} \tag{3.4.6}$$

利用一元二次方程的根与多项式系数之间的关系，得

$$B(z) = \frac{1}{1 - (p_1 + p_2) z^{-1} + p_1 p_2 z^{-2}} = \frac{1}{1 - a_1 z^{-1} + a_2 z^{-2}} \tag{3.4.7}$$

因此，按式(3.4.5)求取系数的无限阶 MA 模型可转换成 AR(2)模型：

$$x(n) + a_1 x(n-1) + a_2 x(n-2) = w(n) \tag{3.4.8}$$

通过上述两个例子可以看出，AR 模型和 MA 模型在一定的条件下是可以互相转换的。一般来说，任意的有限阶 MA 模型可用无限阶的 AR 模型表示；而任意的有限阶 AR 模型也可用无限阶的 MA 模型来表示。由于任意的 ARMA 模型实际上是由有限阶 AR 模型和有限阶 MA 模型的和组成的，因此经过转换之后，它同样可用无限阶的 AR 模型或无限阶的 MA 模型来表示。

例 3.4.1　用 AR(∞)表示 ARMA(1,1)模型。

解：ARMA(1,1)模型的系统函数为

$$H_{\text{ARMA}}(z) = \frac{1 + b_1 z^{-1}}{1 + a_1 z^{-1}} \tag{3.4.9}$$

AR(∞)模型的系统函数为

$$H_{\text{AR}}(z) = \frac{1}{1 + \sum_{k=1}^{\infty} c_k z^{-k}} \tag{3.4.10}$$

为了使两个模型等效，必须使它们的系统函数相等。令$H_{\text{ARMA}}(z) = H_{\text{AR}}(z)$，得

$$1 + \sum_{k=1}^{\infty} c_k z^{-k} = \frac{1 + a_1 z^{-1}}{1 + b_1 z^{-1}} = (1 + a_1 z^{-1})\left(1 + \sum_{k=1}^{\infty} (-b_1)^k z^{-k}\right) \tag{3.4.11}$$

比较等号两边多项式中相同阶的系数，得到

$$c_k = \begin{cases} 1, & k = 0 \\ (a_1 - b_1)(-b_1)^{k-1}, & k > 0 \end{cases} \tag{3.4.12}$$

本 章 小 结

本章讨论随机信号的线性模型：AR、MA 和 ARMA 模型，以及三种模型间的关系。我

们着重讨论模型系数、极点、零点、自相关以及功率谱之间的关系。由以上的分析可以看出，AR 模型和 MA 模型都是 ARMA 模型的特例。Yule-Walker 方程以线性方程组的形式描述了 AR 模型参数与其自相关函数之间的关系，而 MA 和 ARMA 模型参数与其自相关函数之间是非线性关系，因此，在后续的内容中 AR 模型的应用最为成熟、广泛。

习　题

3.1　一个均值为零、方差为 1 的白噪声序列 $w(n)$，通过一个线性时不变系统，已知该线性系统的两个极点分别为 $p_{1,2}=r\mathrm{e}^{\pm\mathrm{j}\theta}$，$0\leqslant r\leqslant 1$，并在原点有两个零点，线性系统的输出为 $x(n)$。

(1) $x(n)$应由 AR、MA、ARMA 的哪一个模型来描述，且模型阶数为多少？

(2) 试求出描述模型的各参数值。

(3) 试求出 $x(n)$的功率谱密度表达式。

(4) 求出 $x(n)$的自相关序列的前三个值，即 $r_x(0)$、$r_x(1)$、$r_x(2)$。

3.2　我们希望产生自相关函数为 $r_x(k)=0.9^{|k|}+(-0.9)^{|k|}$ 的高斯随机过程 $x(n)$。

(1) 当激励是零均值单位方差高斯白噪声过程时，求出产生该随机过程的差分方程。

(2) 用差分方程产生随机过程 $x(n)$的 1000 个样本点，用样本序列估计 $x(n)$的自相关函数，然后与理论值进行比较。

提示：先求出自相关的 z 变换，即复功率谱，然后参照式(2.5.8)对复功率谱进行分解，即可得到用于产生该随机信号的线性系统。自相关函数的估计方法参见 4.1 节。

3.3　一个 AR(2) 过程满足如下的差分方程：

$$x(n)=x(n-1)-0.5x(n-2)+w(n)$$

其中，$w(n)$ 是一个均值为 0、方差为 0.5 的白噪声。

(1) 写出该过程的 Yule-Walker 方程。

(2) 求解自相关函数值 $r_x(1)$ 和 $r_x(2)$。

(3) 求出 $x(n)$的方差。

3.4　对于 MA(2) 过程：

$$x(n)=w(n)-1.7w(n-1)+0.72w(n-2)$$

求出另外三个不同的 MA(2) 过程，使它们具有相同的功率谱。

3.5　证明一个实 AR(1) 过程加白噪声在功率谱相等的意义下可模型化为一个 ARMA(1,1) 过程，其 MA 参数由下式求解：

$$\frac{1+b_1^2}{b_1}=\frac{\sigma_w^2+\sigma_v^2(1+a_1^2)}{a_1\sigma_v^2}$$

其中，σ_w^2 为 AR(1) 过程的驱动白噪声的方差；σ_v^2 为附加白噪声方差。

提示：按题意，可先画出如题 3.5 图所示框图。然后分别求出随机过程 $s(n)$ 和 $y(n)$ 的功率谱，令它们相等即可得证。

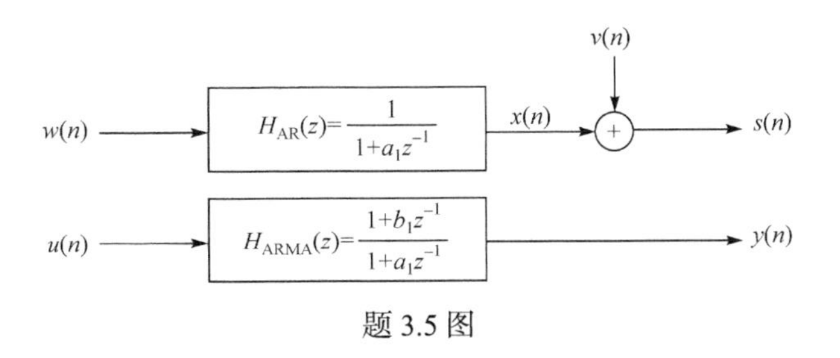

题 3.5 图

3.6　一个 AR(2)过程，满足下列差分方程：

$$x(n)-1.5x(n-1)+0.56x(n-2)=w(n)$$

其中，$w(n)$是一个均值为 0、方差为 1 的白噪声。现用一个 MA(q)过程 $y(n)$来近似这个 AR 过程 $x(n)$。

(1)分别取 $q=2$、$q=5$ 和 $q=10$，求出 MA 过程的系数。

(2)在问题(1)的基础上，分别用式(3.1.34)和式(3.2.8)计算 AR、MA 过程的功率谱，比较功率谱的近似程度。

提示：在 MATLAB 中，用函数 freqz 计算数字滤波器的频率响应，再利用功率谱与幅度响应间的关系，即可计算并画出功率谱。

第 4 章　非参数谱估计

功率谱估计是随机信号分析的重要内容，估计方法有很多种，一般分成两大类，一类是经典谱估计，也称为非参数谱估计；另一类是现代谱估计，也称为参数谱估计。经典谱估计是建立在传统的傅里叶变换基础之上的。经典谱估计又可以分为两种，一种是相关图法，另一种是周期图法。1958 年，Ralph Beebe Blackman (1904—1990) 和 John Tukey (1915—2000) 首先提出相关图法。在相关图法中，先由有限个观测数据估计自相关序列，然后计算自相关序列的傅里叶变换以得到功率谱。在 FFT 未出现以前，相关图法一直是最常用的方法。1898 年，德国出生的英国物理学家 Arthur Schuster (舒斯特，1851—1934) 在寻找太阳黑子数据中隐藏的周期性的研究工作中，提出了周期图法，但直到 1965 年提出 FFT 以后，周期图法才受到人们的重视。这种方法是直接对观测数据进行傅里叶变换，取模的平方，再除以 N 得到功率谱。比较两种方法，周期图法简单，不用估计自相关函数，且可以用 FFT 进行计算。因此，周期图法得到了更广泛的应用。

本章首先讨论平稳随机信号的自相关估计，然后讨论相关图法、周期图法，以及周期图法的两种改进方法，最后介绍语音信号的非参数谱估计。

4.1　平稳随机信号的自相关估计

一个平稳随机序列的自相关函数 $r_x(l)$ 以及功率谱密度 $S_x(\omega)$ 在信号分析和信号建模中扮演了至关重要的角色。本节讨论如何利用平稳随机过程的数据记录进行自相关函数估计。

设 $\{x(n)\}_0^{N-1}$ 为实平稳随机过程 $\{x(n)\}$ 的某次实现中的一段有限长数据记录，用时间平均代替集平均，得到自相关函数 $r_x(l)$ 的第一种估计方法：

$$\hat{r}_x(l)=\begin{cases}\dfrac{1}{N}\sum\limits_{n=0}^{N-1-l}x(n+l)x(n), & 0\leqslant l\leqslant N-1\\ \hat{r}_x(-l), & -(N-l)\leqslant l<0\\ 0, & \text{其他}\end{cases}\tag{4.1.1}$$

或等价于：

$$\hat{r}_x(l)=\begin{cases}\dfrac{1}{N}\sum\limits_{n=l}^{N-1}x(n)x(n-l), & 0\leqslant l\leqslant N-1\\ \hat{r}_x(-l), & -(N-l)\leqslant l<0\\ 0, & \text{其他}\end{cases}\tag{4.1.2}$$

在这里，由于数据记录是随机的，因此基于数据记录的自相关估计也是随机的序列。

需要注意的是数据记录为有限长，观察区间以外没有更进一步的信息，因此当$|l| \geqslant N$时，$r_x(l)$的合理估计是不可能得到的。甚至当l接近于N时，由于只有很少的数据对用于求和平均，所以在这种情况下自相关估计是不可靠的。由 George E. P. Box 和 Gwilym Jenkins 提出来的一个有效的估计准则是：N至少为 50，并且$|l| \leqslant N/4$。由式(4.1.1)给出的自相关估计$\hat{r}_x(l)$有一个十分有用的属性，即由估计值构成的自相关矩阵：

$$\hat{\boldsymbol{R}}_x = \begin{bmatrix} \hat{r}_x(0) & \hat{r}_x(1) & \cdots & \hat{r}_x(N-1) \\ \hat{r}_x(1) & \hat{r}_x(0) & \cdots & \hat{r}_x(N-2) \\ \vdots & \vdots & \ddots & \vdots \\ \hat{r}_x(N-1) & \hat{r}_x(N-2) & \cdots & \hat{r}_x(0) \end{bmatrix} \tag{4.1.3}$$

一定是非负定的。

程序 4_1_1 用一个实例说明了如何编程实现上述自相关估计。在程序中，首先产生正弦过程加白噪声过程，即

$$x(n) = A\cos(\omega_0 n + \varphi) + v(n) \tag{4.1.4}$$

其中，A 为常数；φ为在区间$[0,2\pi)$均匀分布的随机变量；$v(n)$是方差为σ_v^2的零均值白噪声。设正弦过程与白噪声过程不相关，则可推导出随机过程$\{x(n)\}$的自相关函数为

$$r_x(l) = \frac{1}{2}A^2\cos(l\omega_0) + \sigma_v^2\delta(l) \tag{4.1.5}$$

在程序中，我们取$\omega_0 = 0.05\pi$（正弦序列的周期取 40），然后用一段长度为 200 的样本序列进行自相关函数估计。图 4.1.1 为程序的运行结果，从图中可以很容易观察到随机过程的样本序列有准周期性，但也有很明显的随机性，然而在自相关估计序列中已没有明显的随机性。此外，在该程序中我们没有直接应用 MATLAB 提供的计算自相关函数 corr，而是用了自行编写的程序，有兴趣的读者可进一步了解该函数的调用方法。

程序 4_1_1　估计随机过程的自相关函数

```
% 程序 4_1_1:  估计随机过程的自相关函数
N=200;  L=N/4;
n=0: N-1;
phi=2*pi*rand();
x=cos(0.05*pi*n+phi)+0.5*randn(size(n));

% Estimation of the autocorrelation sequence
r=zeros(L, 1);
for k=1:L
    x1=x(k:N);
    x2=x(1:N+1-k);
   r(k)=x1*x2';
end
r=r/N;
```

```
subplot(2,1,1); plot([0:N-1], x);
title('Sample Sequence');
xlabel('Time n'); ylabel('Amplitude');
subplot(2,1,2); stem([0:L-1], r);
title('Autocorellation Sequence')
xlabel('Time l'); ylabel('Amplitude');
```

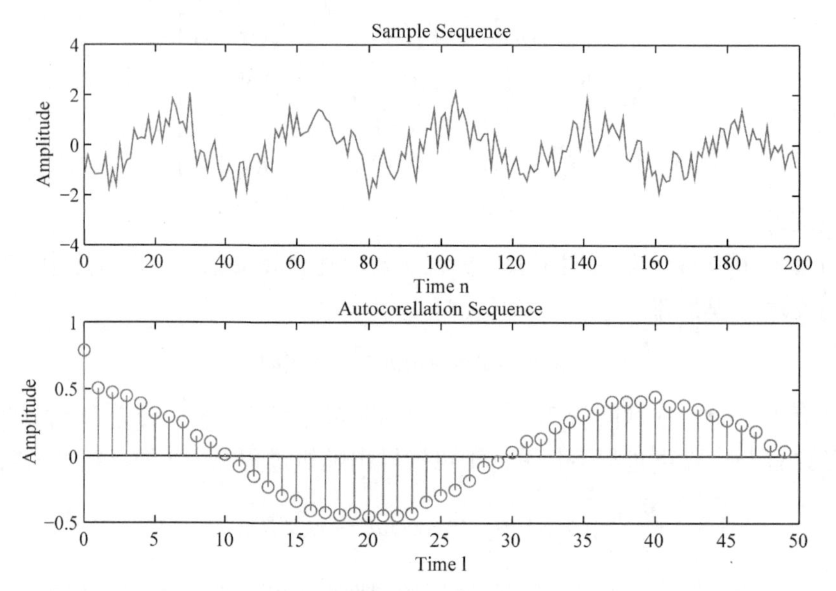

图 4.1.1　正弦过程加白噪声的样本序列及其自相关函数的估计

给定数据记录 $\{x(n)\}_0^{N-1}$，其协方差函数 $c_x(l)$ 的估计算法为

$$\hat{c}_x(l)=\begin{cases}\dfrac{1}{N}\sum\limits_{n=0}^{N-l-1}[x(n+l)-\hat{\mu}_x][x(n)-\hat{\mu}_x], & 0\leqslant l\leqslant N-1\\ \hat{c}_x(-l), & -(N-l)\leqslant l<0\\ 0, & 其他\end{cases}\tag{4.1.6}$$

其中，$\hat{\mu}_x=\dfrac{1}{N}\sum\limits_{n=0}^{N-1}x(n)$，为均值的估计值。当平稳随机过程 $\{x(n)\}$ 的均值为零时，协方差等于自相关。考虑到基于样本序列的协方差估计和自相关估计均具有随机性，因此即使在零均值的条件下，式(4.1.1)和式(4.1.6)的估计结果也未必相同。在本书中，一般假设随机过程为零均值过程，为了保证数据样本也有零均值的特性，在进行自相关估计时可先去除数据样本的均值，即用式(4.1.6)代替式(4.1.1)。

下面讨论用式(4.1.1)进行自相关估计的统计特性。引入矩形窗函数：

$$w(n)=w_R(n)=\begin{cases}1, & 0\leqslant n\leqslant N-1\\ 0, & 其他\end{cases}\tag{4.1.7}$$

则式(4.1.1)可写为

$$\hat{r}_x(l)=\frac{1}{N}\sum_{n=-\infty}^{\infty}x(n+l)w(n+l)x(n)w(n),\quad |l|\geqslant 0 \tag{4.1.8}$$

$\hat{r}_x(l)$ 的期望值为

$$E[\hat{r}_x(l)]=\begin{cases}\dfrac{1}{N}\sum\limits_{n=-\infty}^{\infty}E[x(n+l)x(n)]w(n+l)w(n), & l\geqslant 0\\ E[\hat{r}_x(-l)], & l<0\end{cases} \tag{4.1.9}$$

式(4.1.9)可改写为

$$\begin{aligned}&E[\hat{r}_x(l)]=\frac{1}{N}r_x(l)r_w(l)\\ &r_w(l)=w(l)*w(-l)=\sum_{n=-\infty}^{\infty}w(n)w(n+l)=\begin{cases}N-|l|, & |l|\leqslant N-1\\ 0 & 其他\end{cases}\end{aligned} \tag{4.1.10}$$

这样，有

$$E[\hat{r}_x(l)]=\frac{1}{N}r_x(l)r_w(l)=r_x(l)\left(1-\frac{|l|}{N}\right),\quad |l|<N \tag{4.1.11}$$

显然，估计值 $\hat{r}_x(l)$ 的期望值不等于理论值 $r_x(l)$，所以式(4.1.1)给出的是 $r_x(l)$ 的一个有偏估计。但是，$\hat{r}_x(l)$ 是一个渐近无偏估计量，因为当 $N\to\infty$ 时，$E[\hat{r}_x(l)]\to r_x(l)$。如果 $\hat{r}_x(l)$ 是 $|l|\leqslant L$ 时的估计，那么误差是足够小的，这里 L 是可接受的最大时延，并且 $L\ll N$。

自相关估计 $\hat{r}_x(l)$ 的方差的推导过程比较复杂，这里直接给出由 Gwilym Jenkins 和 Donald Watts 于 1968 年给出的协方差近似表示式：

$$\mathrm{Cov}[\hat{r}_x(l_1),\hat{r}_x(l_2)]\simeq\frac{1}{N}\sum_{l=-\infty}^{\infty}[r_x(l)r_x(l+l_2-l_1)+r_x(l+l_2)r_x(l-l_1)] \tag{4.1.12}$$

在式(4.1.12)中设 $l_1=l_2$ 即可得到 $\hat{r}_x(l)$ 的方差。当 $N\to\infty$ 时，$\hat{r}_x(l)$ 的方差趋于 0。所以，如果时延 $|l|$ 相对于 N 足够小，则 $\hat{r}_x(l)$ 是 $r_x(l)$ 的一个很好的估计。但是，当 $|l|$ 接近 N 时，越来越少的 $x(n)$ 采样点被用来计算 $\hat{r}_x(l)$，结果是估计质量变差、方差增大。

我们注意到在式(4.1.1)中，无论求和的项少还是多，都除以 N，这不同于常规的平均。为此，调整式(4.1.1)，可得 $r_x(l)$ 的另一个估计式：

$$\tilde{r}_x(l)\triangleq\begin{cases}\dfrac{1}{N-l}\sum\limits_{n=0}^{N-l-1}x(n+l)x(n), & 0\leqslant l\leqslant L<N\\ \tilde{r}_x(-l), & -N<-L\leqslant l<0\\ 0, & 其他\end{cases} \tag{4.1.13}$$

尽管这个估计量是无偏的，但是由它组成的自相关矩阵不保证非负定，所以不用于谱估计。此外，Gwilym Jenkins 和 Donald Watts 证明了估计量 $\hat{r}_x(l)$ 比估计量 $\tilde{r}_x(l)$ 有更小的方差和均方误差。所以，在信号处理中大多数情况下还是采用由式(4.1.1)描述的自相关估计方法。

4.2 相关图法

根据维纳-欣钦定理，平稳随机过程的功率谱等于自相关序列的 DTFT。在相关图(correlogram)法中，先采用 4.1 节讨论的方法估计自相关函数，然后计算傅里叶变换以得到功率谱估计。对于给定的数据记录$\{x(n)\}_0^{N-1}$，自相关估计$\hat{r}_x(l)$的可取值范围为$-(N-1)\leqslant l\leqslant N-1$，定义相关图法功率谱估计为

$$\hat{S}_x^{(\mathrm{Cor})}(\omega)=\sum_{l=-(N-1)}^{N-1}\hat{r}_x(l)\,\mathrm{e}^{-\mathrm{j}\omega l} \tag{4.2.1}$$

为了减少谱估计的方差，可采用窗函数$w_a(l)$对自相关函数进行截取，此时谱估计公式变为

$$\hat{S}_x^{(\mathrm{CW})}(\omega)=\sum_{l=-(M-1)}^{M-1}\hat{r}_x(l)w_a(l)\,\mathrm{e}^{-\mathrm{j}\omega l} \tag{4.2.2}$$

其中，上标 CW 表示加窗相关图；$w_a(l)$也称为相关窗函数，由于自相关函数具有以原点(l=0)为中心的偶对称性，因此要求相关窗函数也具有类似的偶对称性。根据傅里叶变换的性质，设$W_a(\omega)=\mathrm{DTFT}\{w_a(l)\}$，并且$\hat{S}_x^{(\mathrm{Cor})}(\omega)\geqslant 0$(对所有$\omega$成立)，则$\hat{S}_x^{(\mathrm{CW})}(\omega)\geqslant 0$(对所有$\omega$成立)的充分(但非必要)条件为$W_a(\omega)\geqslant 0$(对所有$\omega$成立)。在常见的窗函数中，只有 Bartlett 窗(三角窗)具有傅里叶变换非负性，而矩形窗、Hanning 窗、Hamming 窗和 Kaiser 窗等都没有此特性。

设矩形窗的长度为$2M+1$，其中，$M<N$，则其表达式为

$$w_{\mathrm{R}}(l)=\begin{cases}1, & -(M-1)\leqslant l\leqslant M-1\\ 0, & \text{其他}\end{cases} \tag{4.2.3}$$

Bartlett 窗(三角窗)的表达式为

$$w_{\mathrm{B}}(l)=\begin{cases}1-\dfrac{|l|}{M}, & -(M-1)\leqslant l\leqslant M-1\\ 0, & \text{其他}\end{cases} \tag{4.2.4}$$

在式(4.2.1)中，角频率ω取连续值，为了采用数值计算，必须使ω离散化。在实际应用中，我们先估计自相关序列，然后对自相关序列加合适的窗函数，最后用 DFT/FFT 计算功率谱。这样，相关图法功率谱估计由下列三个步骤组成。

(1) 估计自相关序列$\hat{r}_x(l)$：

$$\hat{r}_x(l)=\hat{r}_x(-l)=\frac{1}{N}\sum_{n=0}^{N-l-1}x(n+l)x(n),\quad l=0,1,\cdots,L-1 \tag{4.2.5}$$

当$L>100$时，用 DFT/FFT 间接计算$\hat{r}_x(l)$，比直接计算更有效。

(2) 构成加窗自相关序列：

$$f(l)=\begin{cases}\hat{r}_x(l)w_a(l), & 0\leqslant |l|\leqslant L-1\\ 0, & |l|>L-1\end{cases} \tag{4.2.6}$$

（3）计算序列 $f(l)$ 的 N_{FFT} 点 DFT/FFT，即功率谱估计的采样值：

$$\hat{S}_x^{(\mathrm{CW})}(k)=\hat{S}_x^{(\mathrm{CW})}(\omega_k)\Big|_{\omega_k=\frac{2\pi}{N_{\mathrm{FFT}}}k}=F(k)=\mathrm{DFT}\{f(l)\},\quad 0\leqslant k\leqslant N_{\mathrm{FFT}}-1 \tag{4.2.7}$$

一般地，取 N_{FFT} 大于 L，为了提高 FFT 运算的效率，取 N_{FFT} 等于 2 的幂。离散平稳随机过程的功率谱具有对称性和周期性，因此，在显示估计结果时我们仅画出 $0\leqslant\omega<\pi$ 范围的估计值。

例 4.2.1　用相关图法估计下列随机过程的功率谱：

$$x(n)=\cos(0.35\pi n+\varphi_1)+2\cos(0.4\pi n+\varphi_2)+0.5\cos(0.8\pi n+\varphi_3)+v(n)$$

其中，φ_1、φ_2、φ_3 为均匀分布的随机初始相位；$v(n)$ 是方差为 1 的零均值白噪声。

我们用程序 4_2_1 实现该功率谱估计。自相关序列具有偶对称性，即 $\hat{r}_x(l)=\hat{r}_x(-l)$，$l=0,\pm1,\cdots,\pm(L-1)$，因此，用式(4.2.1)计算的功率谱一定是实的。为了使用 fft 函数计算功率谱，我们对自相关序列进行左移 $L-1$ 点运算，使该序列没有负的下标。根据 DTFT 的性质，时域移位只影响相位谱，而不影响幅度谱。程序的运行结果如图 4.2.1 所示，图中分别给出了采用矩形窗和三角窗的功率谱估计结果。显然，与矩形窗相比，采用三角窗有利于降低估计方差，减小频谱泄漏，但也降低了谱分辨率。

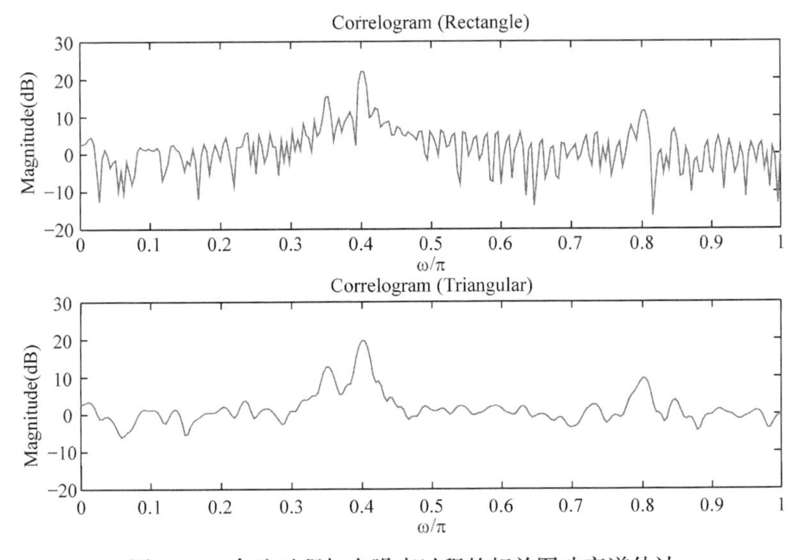

图 4.2.1　余弦过程加白噪声过程的相关图功率谱估计

程序 4_2_1　相关图法谱估计。

```
% 程序 4_2_1：相关图法谱估计
clc, clear;
N=256;
L=N/2;
Nfft=512;
n=0: N-1;
```

```
ph=2*pi*rand(1,3);
x=cos(0.35*pi*n+ph(1))+2*cos(0.4*pi*n+ph(2))+0.5*cos(0.8*pi* n+ph(3));
x=x+randn(1,N);

% Estimation of the autocorrelation sequence
r=zeros(2*L-1,1);
for k=1:L
    x1=x(k:N);
    x2=x(1:N+1-k);
    r(L+k-1)=x1*x2'/N;
    r(L-k+1)=r(L+k-1);
end

% Rectangle windowing and estimation PSD
rx=r;
Sx=fft(rx, Nfft);
Sxdb=10*log10(abs(Sx(1 : Nfft/2)));
f=[0:Nfft/2-1]/(Nfft/2-1);
subplot(2,1,1);
plot(f,Sxdb);
ylabel('Magnitude (dB)'); xlabel('\omega/\pi');
axis([0 1 -20 30]); title('Correlogram (Rectangle)');

% Bartlett (triangular) windowing and estimation PSD
w=triang(2*L-1)';
rx=r.* w';
Sx=fft(rx, Nfft);
Sxdb=10*log10(abs(Sx(1:Nfft/2)));
f=[0:Nfft/2-1]/(Nfft/2-1);
subplot(2,1,2);
plot(f, Sxdb);
ylabel('Magnitude (dB)');  xlabel('\omega/\pi');
axis([0 1 -20 30]); title('Correlogram (Triangular)');
```

4.3 周期图法

周期图(periodogram)法是功率谱的另一种估计方法。如上所述,该方法由舒斯特于 1898 年在研究太阳黑子数据中隐藏的周期性时提出。给定平稳随机过程的样本序列 $\{x(n)\}_0^{N-1}$,定义周期图为

$$\hat{S}_x^{(\mathrm{Per})}(\omega)=\frac{1}{N}\left|X(\mathrm{e}^{\mathrm{j}\omega})\right|^2=\frac{1}{N}\left|\sum_{n=0}^{N-1}x(n)\mathrm{e}^{-\mathrm{j}\omega n}\right|^2 \tag{4.3.1}$$

以下讨论由式(4.2.1)定义的相关图与由式(4.3.1)定义的周期图之间的关系。设样本序

列 $\{x(n)\}$ 在数据区间 $[0, N-1]$ 之外取零值，则有

$$x(n)*x(-n)=\sum_{m=-\infty}^{\infty}x(-m)x(n-m)=\sum_{m=-\infty}^{\infty}x(m)x(n+m)$$

$$=\begin{cases}\sum_{m=0}^{N-1-|n|}x(m)x(n+m), & |n|\leqslant N-1\\ 0, & \text{其他}\end{cases} \tag{4.3.2}$$

因此，代入式(4.1.1)，得

$$\hat{r}_x(l)=\frac{1}{N}x(l)*x(-l) \tag{4.3.3}$$

将式(4.3.3)代入式(4.2.1)，再利用 DTFT 的性质，得

$$\hat{S}_x^{(\text{Cor})}(\omega)=\frac{1}{N}\left|X(\mathrm{e}^{\mathrm{j}\omega})\right|^2=\hat{S}_x^{(\text{Per})}(\omega) \tag{4.3.4}$$

因此，由式(4.3.1)定义的周期图谱估计和由式(4.2.1)定义的相关图谱估计的计算过程不相同，但从理论上可证明两者的计算结果是相等的。在实际应用中，考虑到估计的效果和运算量，我们用式(4.2.2)计算相关图谱，并且 $M<N$，此时，这两种谱估计的结果是不相同的。

在周期图谱估计中，我们取一段有限长的数据进行傅里叶变换，相当于对原始信号做了加窗运算。除采用矩形窗为数据窗外，还可以采用其他形式的窗函数。此外，为了采用数值计算，还必须用 DFT/FFT 代替式(4.3.1)中的 DTFT。因此，在实际应用中，周期图谱估计变为

$$\hat{S}_x^{(\text{PW})}(k)=\frac{1}{N}\left|\sum_{n=0}^{N-1}x(n)w(n)\mathrm{e}^{-\mathrm{j}\frac{2\pi}{N}kn}\right|^2,\quad k=0,1,\cdots,N-1 \tag{4.3.5}$$

其中，$w(n)$ 为数据窗函数；上标 PW 表示加窗周期图。

进一步讨论周期图谱估计的性能是必要的但也是复杂的，这里直接给出结论。首先，我们可以证明式(4.3.1)定义的周期图具有渐近无偏性，即

$$\lim_{N\to\infty}E[\hat{S}_x^{(\text{Per})}(\omega)]=S_x(\omega) \tag{4.3.6}$$

证明周期图方差的过程比较复杂，以下是 Gwilym Jenkins 和 Donald Watts 于 1968 给出的结论：

$$\text{Var}[\hat{S}_x^{(\text{per})}(\omega)]\simeq S_x^2(\omega)\left[1+\left(\frac{\sin\omega N}{N\sin\omega}\right)^2\right] \tag{4.3.7}$$

当 N 较大时，可进一步近似为

$$\text{Var}[\hat{S}_x^{(\text{per})}(\omega)]\simeq\begin{cases}\hat{S}_x^2(\omega), & 0<\omega<\pi\\ 2\hat{S}_x^2(\omega), & \omega=0,\pi\end{cases} \tag{4.3.8}$$

由式(4.3.8)可看出，周期图谱估计的方差不随数据记录长度 N 的增大而减小，而是近似于功率谱理论值的平方。周期图谱估计不是一致估计，这是一个令人失望的结果。

在实际应用中，为了提高周期图谱估计的性能，减小估计方差，可以采用平滑或平均方法。4.4 节分别介绍周期图谱估计的两种改进算法。

4.4 周期图法的改进

4.4.1 平滑单一周期图

P. J. Daniel 于 1946 年提出了在频域中利用一个滑动平均滤波器平滑周期图谱的估计值以减小估计方差的方法。设滑动平均滤波器的长度为 $2M+1$，并具有零相位特性，则平滑周期图估计定义为

$$\hat{S}_x^{(\mathrm{PS})}(k) \triangleq \frac{1}{2M+1}\sum_{j=-M}^{M}\hat{S}_x^{(\mathrm{Per})}(k-j) \triangleq \sum_{j=-M}^{M} W(j)\hat{S}_x^{(\mathrm{Per})}(k-j) \tag{4.4.1}$$

其中，$W(j)=1/(2M+1)$；$\hat{S}_x^{(\mathrm{Per})}(k)=\hat{S}_x^{(\mathrm{Per})}(\omega)\Big|_{\omega=\omega_k}$，$\omega_k=2\pi k/N$；上标 PS 表示周期图平滑。假设在式(4.3.5)中，数据窗 $w(n)$ 为矩形窗，则 $\hat{S}_x^{(\mathrm{Per})}(k)=\hat{S}_x^{(\mathrm{PW})}(k)$。

设周期图谱的估计值之间互不相关，则平滑周期图的方差为

$$\mathrm{Var}[\hat{S}_x^{(\mathrm{PS})}(k)] \approx \frac{1}{2M+1}\mathrm{Var}[\hat{S}_x^{(\mathrm{Per})}(k)] \tag{4.4.2}$$

因此，对 $2M+1$ 个相邻的估计值进行平均后，估计方差减少为原方差的 $(2M+1)$ 分之一。然而，在减小方差的同时，功率谱估计的最小可分辨频率 $\Delta\omega$ 将近似地由 $2\pi/N$ 增大为 $(2M+1)(2\pi/N)$。最小可分辨频率是指任何在 $\Delta\omega$ 范围内的谱峰将被平滑成一个峰，而难以分辨。所以，平滑周期图中降低方差是以减小频谱的分辨率为代价的，这在实际的谱分析中是一个必要的折中。

式(4.4.1)描述的滑动平均运算是在频域进行的。这里的滑动平均运算也可表示为卷积运算，利用傅里叶变换的性质，频域卷积等效于时域相乘。因此，通过对自相关序列的时域加窗即可达到频域滑动平均的目的，这就是 Blackman-Tukey 方法的基本思想。这种由 Blackman 和 Tukey 于 1959 年提出的功率谱估计方法，包括下列三个步骤。

(1) 用未加窗的数据样本估计自相关序列。

(2) 对获得的自相关序列加合适的窗。

(3) 计算加窗后自相关函数的 DTFT。

显然，这就是由式(4.2.2)定义的相关图谱估计方法。Blackman-Tukey 功率谱估计的分辨率由所引入的窗函数的持续时间决定，设窗函数的持续时间是 $[-L+1, L-1]$，则其频率分辨率近似为 $2\pi/L$。

在本节的开头，解释了在频域中对功率谱求滑动平均可用来减少方差，进一步解释了对自相关函数的加窗等效于频域中的滑动平均。如 4.1 节所述，随着$|l|$接近于 N，由于越来越少的采样点用来计算这些估计值，自相关估计的方差将增大。由于 $\hat{r}_x(l)$ 的每一个值对所有频率的估计值都有影响，因此，在自相关估计中存在可靠性差的点将在整个频率范围内降低周期图的估计质量。显然，通过恰当地加窗，最大限度地减少较大方差的自相关项的影响(时延接近于 N 的项)，就可以降低周期图的方差。

4.2 节中用程序 4_2_1 举例说明了相关图法谱估计的 MATLAB 实现，Blackman-Tukey 功率谱估计的实现方法也与该程序相同。有兴趣的读者可在该程序中改变窗函数、窗长，以及 N_{FFT} 的取值，以比较对功率谱估计效果的影响。

4.4.2　多个周期图求平均

一般而言，K 个 IID 随机变量和的方差是其中单个随机变量方差的 K 分之一。所以，为了减少周期图的方差，可以对同一个平稳随机信号的 K 个不同实现的周期图求平均。但是，在大多数实际应用中，只能得到一个实现。在这种情况下，可以把数据记录 $\{x(n),0\leqslant n\leqslant N-1\}$ 切分为 K 个分段，令

$$x_i(n)=x(iD+n)w(n),\quad 0\leqslant n\leqslant L-1,0\leqslant i\leqslant K-1 \tag{4.4.3}$$

其中，$w(n)$ 是一个长度为 L 的窗函数；D 是偏移长度。第 i 段的周期图定义为

$$\hat{S}_{x,i}(\omega)\triangleq\frac{1}{L}\left|X_i(\mathrm{e}^{\mathrm{j}\omega})\right|^2=\frac{1}{L}\left|\sum_{n=0}^{L-1}x_i(n)\mathrm{e}^{-\mathrm{j}\omega n}\right|^2 \tag{4.4.4}$$

通过对 K 个周期图求平均，可以得到谱估计 $\hat{S}_x^{(\mathrm{PA})}(\omega)$，即

$$\hat{S}_x^{(\mathrm{PA})}(\omega)\triangleq\frac{1}{K}\sum_{i=0}^{K-1}\hat{S}_{x,i}(\omega)=\frac{1}{KL}\sum_{i=0}^{K-1}\left|X_i(\mathrm{e}^{\mathrm{j}\omega})\right|^2 \tag{4.4.5}$$

其中，上标 PA 表示周期图平均。在数据分段过程中，若 $D=L$，则相邻段之间没有数据点重叠并且是连续的，这种周期图平均方法称为 Bartlett 方法，于 1953 年由 M. S. Bartlett 提出。若 $D=L/2$，则相邻段之间有一半的数据点重叠，这种周期图平均方法称为 Welch 方法，于 1967 年由 P. W. Welch 提出。因此，周期图平均又称为 Welch-Bartlett 方法。在式(4.4.3)中 $w(n)$ 直接应用于数据，称为数据窗。数据窗函数区别于相关窗函数，不要求满足以原点为中心的偶对称性，使用数据窗的目的是控制频谱泄漏，以及减少数据分段的端点效应。在功率谱估计中，常用的数据窗包括 Hanning 窗、Hamming 窗和 Kaiser 窗等。

Hanning 窗的表达式为

$$w_{\mathrm{Hn}}(n)=\begin{cases}0.5-0.5\cos\dfrac{2\pi n}{N-1}, & 0\leqslant n\leqslant N-1\\ 0, & \text{其他}\end{cases} \tag{4.4.6}$$

Hamming 窗的表达式为

$$w_{\mathrm{Hm}}(n)=\begin{cases}0.54-0.46\cos\dfrac{2\pi n}{N-1}, & 0\leqslant n\leqslant N-1\\ 0, & \text{其他}\end{cases} \tag{4.4.7}$$

设 K 个数据分段之间互不相关，则平均周期图估计的方差为

$$\mathrm{Var}[\hat{S}_x^{(\mathrm{PA})}(\omega)]=\frac{1}{K}\mathrm{Var}[\hat{S}_x^{(\mathrm{Per})}(\omega)] \tag{4.4.8}$$

将周期图估计的方差式(4.3.8)代入式(4.4.8)，得

$$\mathrm{Var}[\hat{S}_x^{(\mathrm{PA})}(\omega)] \approx \frac{1}{K} S_x^2(\mathrm{e}^{\mathrm{j}\omega}) \tag{4.4.9}$$

很显然，随着 K 的增加，方差将趋近于零。所以，$\hat{S}_x^{(\mathrm{PA})}(\omega)$ 给出了 $S_x(\omega)$ 的一个渐近无偏估计和一致性估计。如果 N 固定，且 $N = KL$，则可以看到，为了降低方差(或等价地为了获得更平滑的估计)而增加 K，会导致 L 的减少，也就是分辨率的下降。

在实际应用中，我们用 DFT/FFT 计算 DTFT，设 FFT 的点数为 N_{FFT}，则平均周期图的采样值为

$$\hat{S}_x^{(\mathrm{PA})}(k) \triangleq \hat{S}_x^{(\mathrm{PA})}(\omega_k) = \frac{1}{K}\sum_{i=0}^{K-1} \hat{S}_{x,i}(\omega_k) = \frac{1}{KL}\sum_{i=0}^{K-1} \left|X_i(k)\right|^2 \tag{4.4.10}$$

其中，$\omega_k = 2\pi k / N_{\mathrm{FFT}}$；$X_i(k) = \mathrm{DFT}\{x_i(n)\}$，$k = 0,1,\cdots,N_{\mathrm{FFT}}$。图 4.4.1 给出了采用周期图平均法进行功率谱估计的框图。

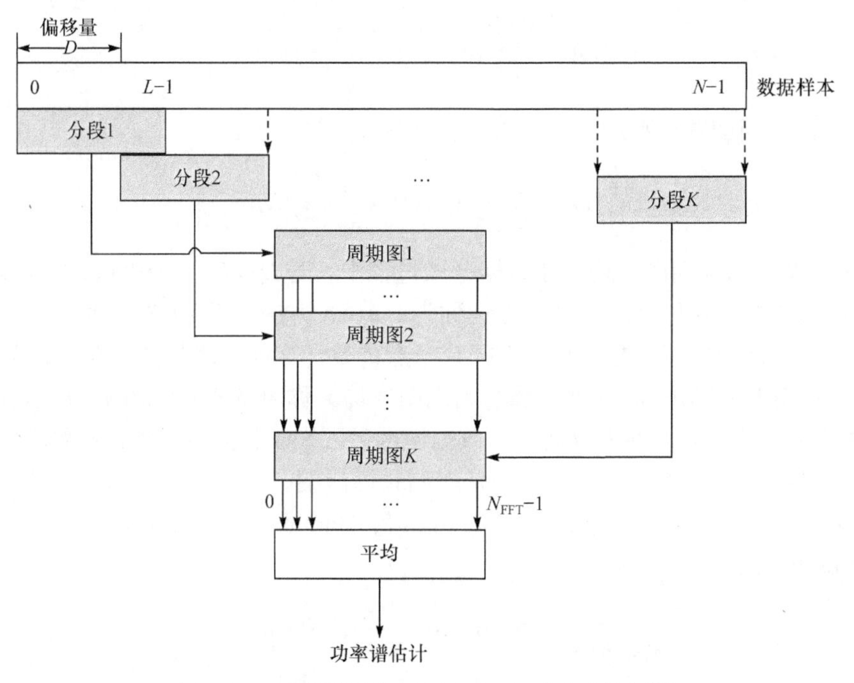

图 4.4.1　周期图平均(Welch-Bartlett)方法的框图

例 4.4.1　用周期图平均法估计下列随机过程的功率谱：

$$x(n) = \cos(0.35\pi n + \varphi_1) + 2\cos(0.4\pi n + \varphi_2) + 0.5\cos(0.8\pi n + \varphi_3) + v(n)$$

其中，φ_1、φ_2、φ_3 为均匀分布的随机初始相位；$v(n)$ 是方差为 1 的零均值白噪声。

解： 我们用程序 4_4_1 来实现该功率谱估计。在该程序中，分别实现 Bartlett 方法和 Welch 方法。其中，在 Welch 方法中采用了 Hamming 窗为数据窗，而在 Bartlett 方法中没有使用数据窗(也可认为使用了矩形窗)。该程序的单次运行结果如图 4.4.2 所示，图 4.4.3 为该程序重复运行 32 次的结果。这种重复统计试验方法称为蒙特卡罗(Monte Carlo)方法或蒙特卡罗模拟，该方法以摩纳哥公国的蒙特卡罗城命名。

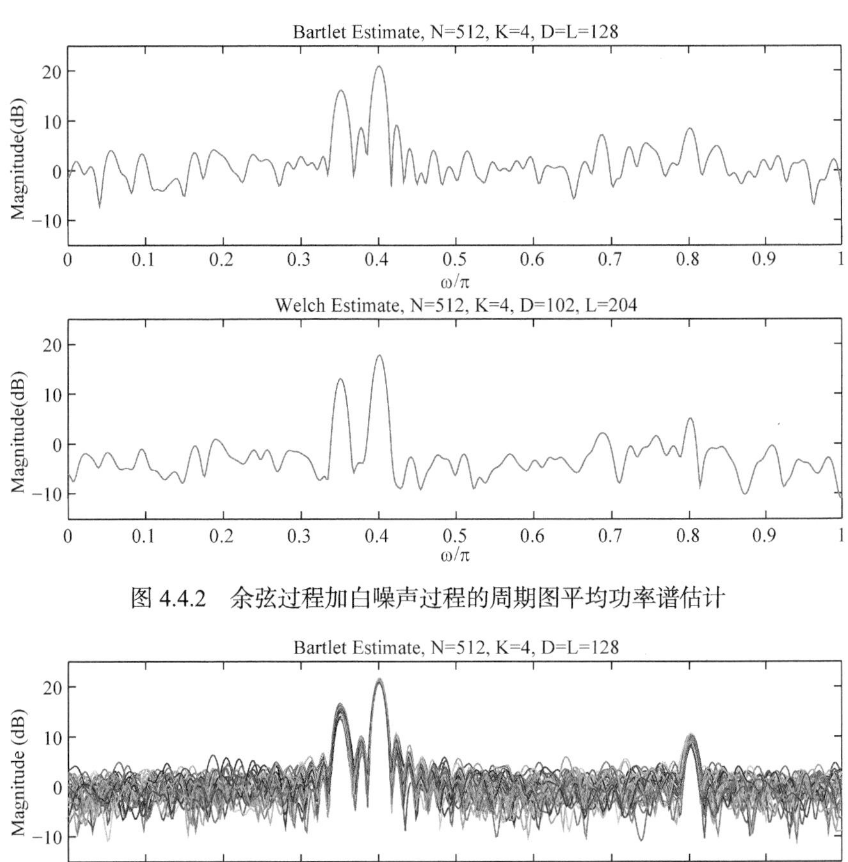

图 4.4.2　余弦过程加白噪声过程的周期图平均功率谱估计

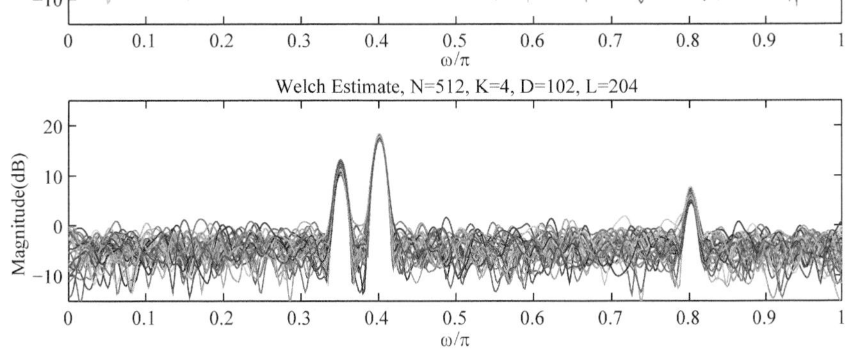

图 4.4.3　程序 4_4_1 的重复运行结果

程序 4_4_1　平均周期图法谱估计。

```
% 程序 4_4_1:  平均周期图法谱估计
clc, clear;
% Generating signal
N=512;
n=0:N-1;
ph=rand(1,3)*2*pi;
x=cos(0.35*pi*n+ph(1))+2*cos(0.4*pi*n+ph(2)) ...
     +0.5*cos(0.8*pi*n+ph(3))+randn(1,N);
```

```
% Bartlet Estimate
Nfft=1024; K=4; L=N/K;
Sx=zeros(1,Nfft/2);
for k=1:K
    ks=(k-1)*L+1;
    ke=ks + L-1;
    X=fft(x(ks:ke), Nfft);
    X=(abs(X)).^2;
    for i=1 : Nfft/2
        Sx(i)=Sx(i)+X(i);
    end
end
for i=1:Nfft/2
    Sx(i)=10*log10(Sx(i)/(K*L));
end
f=[0:Nfft/2-1]/(Nfft/2-1);
subplot(2,1,1);  plot(f,Sx);
axis([0 1 -15 25]);
ylabel('Magnitude (dB)'); xlabel('\omega/\pi');
title('Bartlet Estimate,N=512,K=4,D=L=128');

% Welch Estimate
Nfft=1024;
K=4;
D=fix(N/(K+1));
L=2*D;
Sx=zeros(1,Nfft/2);
w=(window('hamming', L))';
for k=1:K
    ks=(k-1)*D+1;
    ke=ks+L-1;
    xk=x(ks:ke) .* w;
    X=fft(xk,Nfft);
    X=(abs(X)).^2;
    for i=1:Nfft/2
        Sx(i)=Sx(i)+X(i);
    end
end
for i=1:Nfft/2
    Sx(i)=10*log10(Sx(i)/(K*L));
end
f=[0 : Nfft/2-1]/(Nfft/2-1);
subplot(2,1,2);  plot(f, Sx);
axis([0 1 -15 25]);
ylabel('Magnitude (dB)'); xlabel('\omega/\pi');
```

```
title('Welch Estimate, N=512, K=4, D=102, L=204');
```

MATLAB 中提供了 psd、pwelch、spectrum、periodogram 等可用于非参数功率谱估计的函数。关于这些函数的具体调用方法，请读者参考 MATLAB 帮助文档。

4.5 应用举例

4.5.1 语音频谱分析

语言是人类最重要的沟通工具，而语音信号是语言的一种最自然的载体。相关研究结果表明，语音的感知过程依赖于人类听觉系统所具有的频谱分析功能。因而，对语音信号进行频谱分析是研究语音信号的重要手段。基于傅里叶变换的非参数谱估计是语音频谱分析的经典方法。

由于在说话时，舌位、口型等发音器官应根据所说的内容做出合适的调整，因而语音信号是一种典型的非平稳信号。但是相比于声波振动的速度，发音器官的运动速度就显得缓慢了。因此，通常认为长度为 10～30ms 的时间段中，语音信号是平稳信号。这种方法称为短时分析方法(也称为分帧分析方法)。短时分析的基本手段是对语音信号进行加窗，即用一个有限长的窗函数截取一段语音信号，然后对其进行频谱分析。该窗函数可以按时间方向滑动，以便分析任何时刻的频谱。

设待分析的语音信号为 $s(n)$，令 n 时刻的短时语音段为

$$x_n(n)=s(m)w(n-m) \tag{4.5.1}$$

其中，$w(n)$ 为窗函数，常用的窗函数有矩形窗、Hamming 窗和 Hanning 窗等，窗函数的时长通常取 10～30ms。定义短时语音段的傅里叶变换为短时傅里叶变换，即

$$X_n(\mathrm{e}^{\mathrm{j}\omega})=\mathrm{DTFT}\{x_w(n)\}=\sum_{m=-\infty}^{\infty}x(m)w(n-m)\mathrm{e}^{-\mathrm{j}\omega m} \tag{4.5.2}$$

此外，通过对语音产生模型的研究表明，语音信号的平均功率谱受声门激励和口鼻辐射的影响，存在 6dB/oct(分贝/倍频程)的跌落(陈永彬　等，1990)。为了使语音信号的频谱变得平坦，通常先用一个一阶的 FIR 数字滤波器对语音信号进行预加重。预加重滤波器的传递函数为

$$H(z)=1-az^{-1} \tag{4.5.3}$$

其中，a 值接近于 1，典型取值为 0.97。该预加重滤波器的作用是对语音信号频谱进行 6dB/oct 的提升。

考虑到短时语音段 $x_w(n)$ 为有限长的随机信号，采用本章讨论的非参数谱估计方法对其进行功率谱估计。

例 4.5.1　用周期图法估计元音[a]的功率谱。

解：我们用程序 4_5_1 实现元音[a]的功率谱估计，同理，该程序也可用于对其他元音的功率谱估计，只要输入相应的语音波形文件即可。该程序从本书所附电子资源的 wave 目录中读入元音[a]的波形文件，在 n_0=2000 开始截取一段长度为 20ms(当采样频率为 16kHz

时，相当于 320 点）的短时语音段，对该短时语音段进行预加重、加 Hamming 窗，然后用 FFT 求功率谱密度。

程序 4_5_1 用周期图法估计语音信号的功率谱。

```
% 程序 4_5_1 用周期图法估计语音信号的功率谱
clc,clear;
% read speech waveform from a file
[s,fs]=audioread('wave\a.wav');
% set analysis parameters, pre-emphasise and windowing
N=20*fs/1000;
Nfft=512;
n0=2000;
x=s(n0:n0+N-1);
x1=filter([1 -0.97],1,x);
w=(window('hamming',N));
xw=x1.* w;

% Estimate PSD of the short-time segment
Sxw=fft(xw,Nfft);
Sxdb=20*log10(abs(Sxw(1:Nfft/2+1)))-10*log10(N);
subplot(4,1,1);
plot(s);  xlim([0 length(s)]); ylim([-0.65 0.65]);
ylabel('Amplitude');  xlabel('Time n');
subplot(4,1,2);
plot(xw);xlim([0 length(x)]);ylim([-0.225 0.225]);
ylabel('Amplitude');xlabel('Time m');
f=(0:Nfft/2)*fs/Nfft/1000;
subplot(2,1,2);
plot(f,Sxdb);
ylabel('Magnitude (dB)');  xlabel('Frequency (kHz)');
```

图4.5.1为该程序的运行结果，由上到下分别对应于：(a)元音[a]的波形图；(b)从 n_0=2000 开始截取的一段长度为 320 点的短时语音段，经预加重、加 Hamming 窗以后的波形图；(c)用该短时语音段估计的功率谱。元音属于浊音，从时域波形图可以明显看出具有准周期性。在该短时语音段中大概包含了 3 个基音周期，此周期性同样也在功率谱图中表现出来了，具体表现为基频及谐波在功率谱中表现为等频率间隔的窄峰。此外，该语音功率谱还表现出了共振的特性，分别在 1.0kHz、2.7kHz 和 6.2kHz 附近有明显的谱峰（或能量集中区），这与元音[a]的共振峰的分布有关。实验语音学研究结果表明，共振峰(formant)频率是听辨元音的主要特征。标准元音[a]的前三个共振峰频率的典型取值为 F_1=0.9kHz，F_2=1.2kHz，F_3=2.9kHz。由于元音[a]的 F_1 和 F_2 比较接近，因而在功率谱图中，这两个共振峰合并为一个能量很强的谱峰。

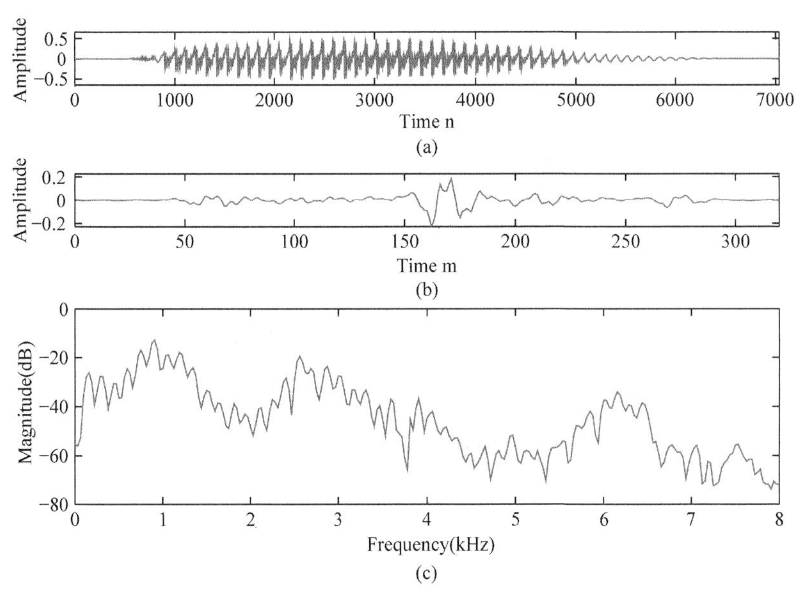

图 4.5.1　元音[a]的波形、短时语音段和功率谱

例 4.5.2　用周期图法估计辅音[s]的功率谱。

解：在程序 4_5_1 中，修改语音波形文件名，以从本书所附的 wave 目录中读入辅音[s]的波形文件，并在 n_0=3500 开始截取一段长度为 20ms 的短时语音段，对该短时语音段进行预加重、加 Hamming 窗，再估计功率谱，其结果如图 4.5.2 所示。

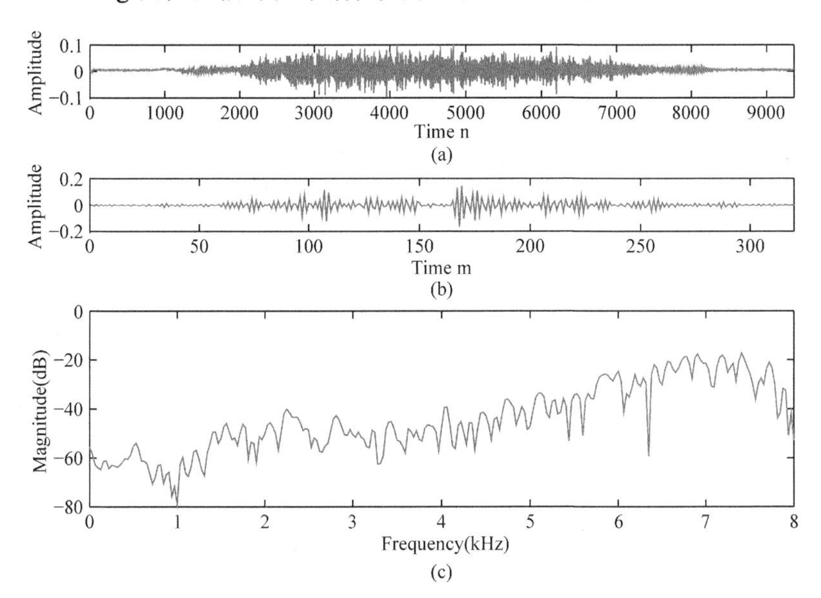

图 4.5.2　辅音[s]的波形、短时语音段和功率谱

从图 4.5.2 可看出，辅音[s]为清音，因而区别于浊音，它不具有任何周期性，而表现出明显的随机性。功率具有慢变化的趋势，并叠加有一系列的尖峰与谷点，清音语音的随机性也体现在功率谱的估计结果中。实验语音学研究结果表明，辅音的听辨特征表现在频谱中的能量集中区以及对后续元音的影响方面。

4.5.2 语谱图

如前所述，语音信号属于时变信号，采用短时傅里叶变换可以得到语音信号的时频分布 $X_n(\mathrm{e}^{\mathrm{j}\omega})$。时频分布 $X_n(\mathrm{e}^{\mathrm{j}\omega})$ 为定义在二维空间的函数，把时频分布 $X_n(\mathrm{e}^{\mathrm{j}\omega})$ 画成二维灰度图像的形式，即为语谱图(spectrogram)。最早的语图仪是利用模拟的带通滤波器组和一个精巧的电机系统实现的。带通滤波器组用于频谱分析，而频谱值的大小由纸上的黑白度来表示。如果带通滤波器的频带比较宽(300Hz)，这时语谱图有良好的时间分辨率以及较差的频率分辨率。反之，如果带通滤波器的频带很窄(45Hz)，则语谱图有良好的频率分辨率以及较差的时间分辨率。语谱图是语音分析的重要工具，语谱图问世后，很多研究语音的工作者都用测量语谱图的方法来确定语音参数，如共振峰频率及基频。语谱图还可用于动物叫声、音乐、声呐、雷达、地震信号分析等。

用 DFT 代替 DTFT，并仅取幅度谱，即可用 FFT 计算出语音信号的语谱图。在 MATLAB 的早期版本中，函数 specgram 用于计算并显示语谱图。在新版本中，specgram 还可以工作，但已被函数 spectrogram 代替。函数 spectrogram 的典型调用格式为：

```
[S, f, t, P]=spectrogram(x, window, noverlap, nfft, fs)
```

其中，x 为输入数据矢量，window 为窗函数。当 window 为一个矢量时，数据矢量 x 将被切分为与 window 等长的数据段，并用矢量 window 逐点相乘，即加窗。当 window 为一个整数时，x 将被切分为长度为 window 的数据段，并将引入等长的 Hamming 窗。noverlap 为相邻数据帧之间的重叠点数，相邻数据帧之间的帧移为 window − noverlap，因而 noverlap 必须为小于 window(或 window 的长度)的整数。如果 noverlap 的值没有指定，则将取默认值 noverlap = window / 2，此时相邻帧之间将有 50%的数据点重叠。nfft 为 FFT 的点数，要求取 2 的幂，并大于 window(或 window 的长度)。fs 为采样频率，单位为 Hz。

在 4 个返回参数中，矩阵 S 包含数据 x 的时频分布，为复矩阵，第一列对应于第一帧的短时傅里叶变换，第二列对应于第二帧，以此类推。同一行具有相同的频率下标，频率下标从 0 开始，由上向下增长。矩阵 S 的列数由序列 x 的长度和输入参数确定，其计算公式为：

```
ncol=fix((legnth(x)-noverlap)/(length(window)-noverlap))
```

对于实序列 x，如果 nfft 为偶数，则矩阵 S 有 nfft/2 + 1 行，如果 nfft 为奇数，则 S 有 (nfft + 1)/2 行。f 为频率向量，单位为 Hz，用于表示频域的采样位置，其维数与矩阵 S 的行数相同。t 为时间向量，单位为秒，其值依次对应于每一分析帧的中点，其维数也与矩阵 S 的列数相同。矩阵 P 包含数据 x 的短时功率谱，为实矩阵，其元素的含义类似于矩阵 S。对于实序列 x，矩阵 P 返回单边周期图以作为功率谱的估计；对于复序列 x，矩阵 P 返回双边功率谱。

函数 spectrogram 有多种调用格式，如果忽略返回参数，则可直接显示计算结果。然而，在其默认的显示方式中，横轴为频率，纵轴为时间，这区别于常规的语谱图。为了以我们熟悉的方式显示语谱图，可以先用函数 spectrogram 计算语谱图，然后用函数 surf 显示。

例 4.5.3　计算并显示宽带语谱图。

解：如上所述，令带通滤波器的频带为 300Hz，则可得到宽带语谱图。这里，我们采用 DFT/FFT 计算语谱图，设分析帧长为 nwin 点(先假设加矩形窗)，根据 DFT 与 DTFT 之间的关系，每一个频域采样点的等效带宽为 bw = fs / nwin。因而，在短时傅里叶分析中，改变分析帧长等效于改变带通滤波器的带宽。在实际应用中，为了减小由旁瓣引起的频谱泄漏，也为了减小相邻帧之间的频谱跳变，通常对数据加 Hamming 窗。根据数字信号处理的相关知识，我们知道 Hamming 窗的主瓣宽度为矩形窗的两倍，另外，加 Hamming 窗后数据的利用率大概为矩形窗的一半。因此，加 Hamming 窗后，每一个频域采样点的等效带宽为 bw = 2 fs / nwin。

程序 4_5_2 用于计算并显示宽带语谱图，图 4.5.3 为程序的运行结果，其中，所读入的波形文件内容为女声语句“理解什么是爱国”。从程序可看出，对于宽带语谱图 bw = 300 Hz，与之对应的分析帧时长为 6.7ms，该波形的采样频率为 16kHz，因此分析帧的采样点数 nwin = 107。根据时间依赖 DFT 的要求，DFT/FFT 的点数必须大于等于分析帧的采样点数，即 nfft > nwin。为了提高频率方向的抽样密度，可以适当提高 FFT 的点数，在该程序中，设 nfft=512。此外，在程序中，为了提升语谱图的显示效果，以在时间方向取 500 个(左右)分析帧为目的，用公式确定 noverlap 的值，然后把它代入函数 spectrogram。

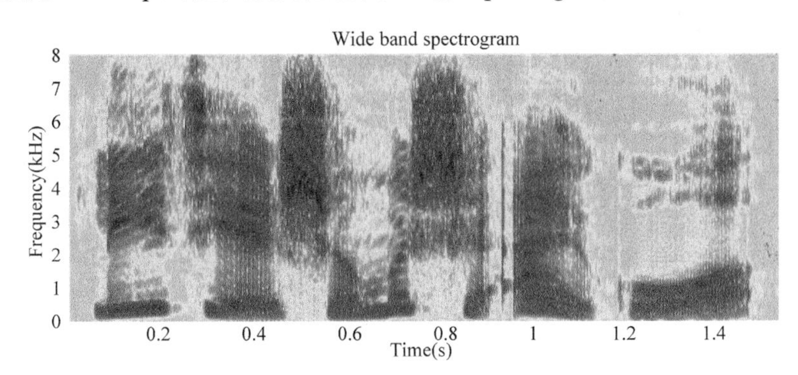

图 4.5.3　语句“理解什么是爱国”的宽带语谱图

程序 4_5_2　计算并显示宽带(窄带)语谱图。

```
% 程序 4_5_2 计算并显示宽带(窄带)语谱图
clc,clear;
% read speech waveform from a file
[s,fs]=audioread('wave\sentence.wav');

% set analysis parameters and pre-emphasise
bw=300;
%bw=45;
nwin=round(2*fs/bw);
nfft=512;
%nfft=1024;
x=filter([1 -0.97],1,s);
noverlap=nwin-round(length(s)/500);
```

```
% compute and show
[S,f,t,P]=spectrogram(x,nwin,noverlap,nfft,fs);
surf(t,f/1000, 10*log10(abs(P)),'EdgeColor','none');
axis xy; axis tight; colormap(jet); view(0, 90);
xlabel('Time (s)'); ylabel('Frequency (kHz)');
title('Wideband spectrogram');
%title('Narrowband spectrogram');
```

例 4.5.4 计算并显示窄带语谱图。

解：窄带语谱图的带通滤波器带宽为 45Hz，与之对应的分析帧时长为 44.4ms，当采样频率为 16kHz 时，分析帧的采样点数 nwin = 711。在程序 4_5_2 中，设 bw = 45，nfft = 1024，则可用来计算并显示窄带语谱图，图 4.5.4 为程序的运行结果。

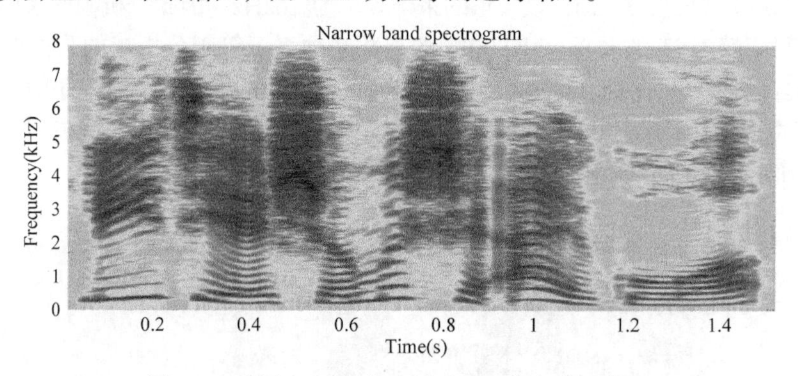

图 4.5.4 语句“理解什么是爱国”的窄带语谱图

从图 4.5.3 和图 4.5.4 可以明显看出宽带语谱图和窄带语谱图的特性。当时间等于某个值时，语谱图随频率变化的情况与 4.5.1 节给出的语音谱分析结果类似，即在此频谱中有与共振峰频率对应的宽峰。此外，在宽带语谱图中，还能明显地看出共振峰频率随时间而变化。宽带语谱图另一个有趣的特征是在浊音语音区出现了沟纹，这是由于分析帧的长度与基音周期相当，因此当分析数据窗的中点与基音周期峰值相遇时功率谱的能量最大，而在其余时间上，输出能量显著变小。对于清音语音来说，它不是周期信号，因此在语谱图中不会出现垂直沟纹，其图形变得较为支离破碎。在窄带语谱图中，能在浊音区分辨出每个谐波，共振峰的分布情况也还明显。由于分析帧横跨了几个基音周期，窄带语谱图中的浊音内不再有沟纹，而在频率维中的基频及其谐波却变得很明显。此外，由于清音区在频率维中不做周期性变化，我们很容易把它区分出来。

总之，宽带语谱图体现了较好的时间分辨率，但频率分辨率较差；而窄带语谱图体现了较好的频率分辨率，但时间分辨率较差。根据短时傅里叶变换的原理，我们不可能指望同一张语谱图既有高的频率分辨率，也有高的时间分辨率。

本 章 小 结

本章讨论了自相关函数的两种估计算法及其估计性能，还给出了自相关估计的 MATLAB 实现。自相关及其估计是贯穿本课程的一个重要知识点，我们也会看到本章给出的自相关估计算法将多次被后续仿真实验引用。

周期图和相关图是经典谱估计的两种方法。在一定的条件下，可以证明两种方法是等效的。也可以注意到，加窗相关图法等效于平滑周期图法。由于周期图谱估计不是一致估计，在实际应用中，必须探讨在数据样本点序列足够长的前提下如何减小估计方差的问题，为此本章介绍了周期图谱估计的两种改进算法。

作为非参数谱估计的典型应用，本章介绍了语音信号的频谱分析，通过详细介绍语谱图的计算和显示，还延伸出了非平稳信号的时频分析。

习　题

4.1　为什么说经典谱估计有隐含加窗作用？它会产生什么不利后果？

4.2　既然隐含加窗有不利作用，为什么在改进周期图谱估计时还要引入各种窗？

4.3　修改程序 4_1_1，产生随机序列的 32 次实现，以重叠的方式画出多次自相关估计的结果，然后计算这些估计的平均值和方差。试分析 $\hat{r}_x(l)$ 的估计方差与偏移量 l 间的关系。

4.4　设

$$y(n)=\cos\omega_1 n+\cos(\omega_2 n+\varphi),\qquad x(n)=y(n)w(n)$$

其中，$w(n)$ 是长度为 N 的数据窗。用 MATLAB 计算 $\left|X(\mathrm{e}^{\mathrm{j}\omega})\right|^2$ 并在区间 $[0,\pi]$ 画出。

(1) 当 $w(n)$ 为矩形窗，并且 $\omega_1=0.25\pi,\ \omega_2=0.3\pi$ 时，试确定对于任意的初始相位 $\varphi\in[-\pi,\pi]$ 均能在 $\left|X(\mathrm{e}^{\mathrm{j}\omega})\right|^2$ 中区分出两个频率分量的最小数据窗长 N。

(2) 对于 Hamming 窗重做问题 (1)。

(3) 对于 Blackman 窗重做问题 (1)。

提示：可以考虑选几个最不利的初始相位值完成实验。

4.5　在本题中我们将证明由式 (4.1.1) 和式 (4.1.3) 定义的自相关矩阵 $\hat{\boldsymbol{R}}_x$ 是非负定的。

(1) 证明自相关矩阵可以表示为 $\hat{\boldsymbol{R}}_x=\boldsymbol{X}^{\mathrm{T}}\boldsymbol{X}$，其中，$\boldsymbol{X}$ 为数据矩阵，试确定矩阵 $\boldsymbol{X}$。

(2) 利用上述分解式证明对于任意的非全零矢量 $\boldsymbol{y}$，有 $\boldsymbol{y}^{\mathrm{T}}\hat{\boldsymbol{R}}_x\boldsymbol{y}\geqslant 0$。

4.6　如式 (4.4.5) 所示，Welch-Bartlett 功率谱估计由下式给出：

$$\hat{S}_x^{(\mathrm{PA})}(k)=\frac{1}{KL}\sum_{i=0}^{K-1}\left|X_i(k)\right|^2$$

如果 $x(n)$ 是实信号，则可以采用效率更高的方法计算该谱估计。设 K 为偶数，我们可以把两个实序列合并为一个复序列，然后计算一次 FFT。具体算法如下，令

$$g_r(n)\triangleq x_{2r}(n)+\mathrm{j}x_{2r+1}(n),\quad n=0,1,\cdots,L-1;\ r=0,1,\cdots,\frac{K}{2}-1 \tag{1}$$

那么，$g_r(n)$ 的 L 点 DFT 由下式给出：

$$G_r(k)=X_{2r}(k)+\mathrm{j}X_{2r+1}(k),\quad k=0,1,\cdots,L-1;\ r=0,1,\cdots,\frac{K}{2}-1 \tag{2}$$

(1) 证明：

$$|G_r(k)|^2+|G_r(L-k)|^2=2[|X_{2r}(k)|^2+|X_{2r+1}(k)|^2],\quad k=0,1,\cdots,L-1;\ r=0,1,\cdots,\frac{K}{2}-1 \tag{3}$$

(2) 用 $G_r(k)$ 表示 $\hat{S}_x^{(\mathrm{PA})}(k)$ 。

(3) 如果 K 为奇数，应如何修改式(1)和式(2)？

4.7 考虑随机过程：

$$x(n)=\sum_{k=1}^{4}A_k\sin(\omega_k n+\varphi_k)+v(n)$$

其中

$$\begin{aligned}&A_1=1,\quad &&A_2=0.5,\quad &&A_3=0.5,\quad &&A_4=0.25\\ &\omega_1=0.1\pi,\quad &&\omega_2=0.6\pi,\quad &&\omega_3=0.65\pi,\quad &&\omega_4=0.8\pi\end{aligned}$$

初始相位 $\{\varphi_k\}_{k=1}^4$ 为在区间 $[-\pi,\pi]$ 均匀分布的 IID 随机变量。试产生序列 $x(n)$ (其中，$0\leqslant n\leqslant 256$)的 50 次实现。

(1) 对于 $L=16, 32, 64$ ，分别采用三角窗计算 Blackman-Tukey 谱估计。以重叠的方式画出多次估计的结果，然后计算这些估计的平均值。

(2) 对于 $L=8, 16, 32$ ，分别采用矩形窗，重做问题(1)。

4.8 利用本书所附的波形文件，比较分析元音[a]、[i]和[u]的功率谱。

第 5 章　最优线性滤波器

本章讨论最优线性滤波器和预测器，这里的“最优”指的是均方误差最小。最小均方误差(minimum MSE，MMSE)准则引出了线性最优滤波器理论，这一理论简洁而完美，仅涉及随机过程统计特性的二阶统计量，已获得广泛应用。维纳滤波器和卡尔曼滤波器是最具有代表性的最优线性滤波器。

5.1　最优信号估计

在许多实际应用中，人们往往无法直接获得所需的有用信号，能够得到的是退化了或失真了的有用信号。例如，在传输或测量信号 $s(n)$ 时，由于存在信道噪声或测量噪声 $v(n)$，接收或测量到的数据 $x(n)$ 将与 $s(n)$ 不同。为了从 $x(n)$ 中提取或恢复原始信号 $s(n)$，需要设计一种滤波器，对 $x(n)$ 进行滤波，使它的输出 $y(n)$ 尽可能逼近 $s(n)$，成为 $s(n)$ 的最佳估计，即 $y(n)=\hat{s}(n)$。这种滤波器称为最优滤波器。

在线性预测问题中，我们用信号的 M 个过去的样本值：$x(n-1),x(n-2),\cdots,x(n-M)$ 估计当前时刻的样本值 $x(n)$。在阵列信号处理中，数据是通过 M 个不同的传感器得到的，即 $x_k(n),\ 1\leqslant k\leqslant M$，利用这些值估计感兴趣的信号。

最优信号估计的问题可归纳为：给定一组数据 $x_k(n),\ 1\leqslant k\leqslant M$，通过以下估计函数

$$y(n)\triangleq H\{x_k(n),1\leqslant k\leqslant M\}=H\{\boldsymbol{x}(n)\} \tag{5.1.1}$$

得到期望响应 $d(n)$ 的估计 $\hat{d}(n)$，即 $y(n)=\hat{d}(n)$。在式(5.1.1)中：

$$\boldsymbol{x}(n)=\begin{bmatrix}x_1(n) & x_2(n) & \cdots & x_M(n)\end{bmatrix}^{\mathrm{T}} \tag{5.1.2}$$

称为数据矢量，如图 5.1.1 所示。对于单个传感器的情况，$\boldsymbol{x}(n)$ 由相邻的 M 个样本点组合而成，即 $x_k(n)=x(n-k),\ 1\leqslant k\leqslant M$。估计函数的形式可以是线性的或非线性的、时变的或非时变的、有限冲激响应或无限冲激响应。若为线性滤波器，则可用直接型、并联型、级联型或格型结构来实现。

估计信号 $y(n)$ 和期望响应 $d(n)$ 之间的差信号 $e(n)$ 称为误差信号，即

$$e(n)=d(n)-y(n)=d(n)-\hat{d}(n) \tag{5.1.3}$$

我们希望找到这样一种估计器：它的输出在一定性能准则下最接近于期望响应。把这样的估计器称为最优估计器或最优信号处理器。需要强调的是，这里的“最优”并不是“最好”的同义词，它仅意味着在给定的一系列假设和条件下是最好的。如果性能准则或待处理信号的统计特性改变了，相应的最优滤波器也要改变。因此，在某个性能准则和一组假设下，设计的最优滤波器在其他的准则下，或是要处理的信号的实际统计特性与设计时所假设的特性不同时，最优滤波器的性能可能很差。所以，当实际信号与假设的统计特性发

生偏离时，滤波器性能对这种偏离的敏感性是最优滤波器在实际应用中面临的重要问题。

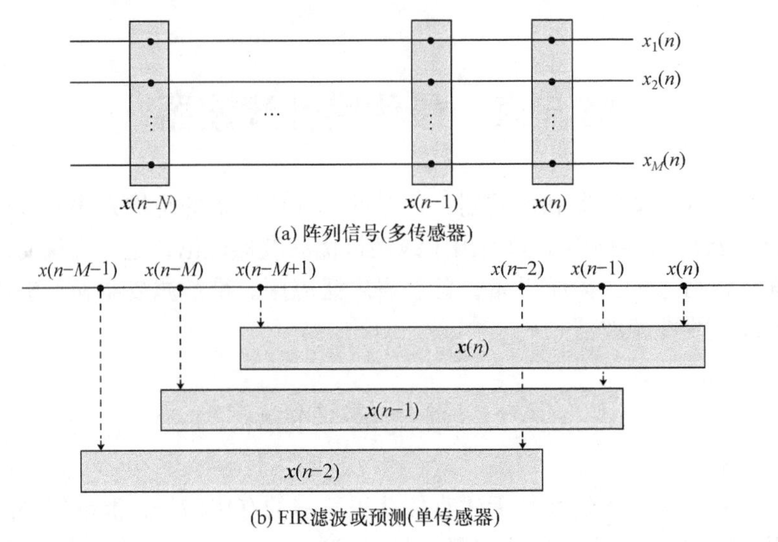

图 5.1.1　数据矢量

设计一个最优滤波器，应包括以下步骤。

(1) 选择滤波器结构。

(2) 对待处理信号的统计特性做出假设后，选择一个性能准则或代价函数来测定估计器的性能。

(3) 以性能最优或代价最小为准则，求解最优估计器的参数。

(4) 对最优参数值进行评价，确定最优估计器是否满足设计要求。

5.2　线性均方估计

本节介绍线性均方估计的理论，这里主要讨论线性估计有诸多原因，包括其数学推导简单、易于实现，以及足以解决一大类实际应用等。此外，为了易于理解，也为了简化数学推导，在后续的讨论中，均假设随机信号为实的，因而所采用的滤波器也是实系数的。

问题可描述为：采用数据 $x_k(n),\ 1\leqslant k\leqslant M$ 的线性组合，即

$$y(n)=\sum_{k=1}^{M}w_k(n)x_k(n) \tag{5.2.1}$$

对期望响应 $d(n)$ 进行估计，确定最优权系数 $w_k(n),\ 1\leqslant k\leqslant M$ ，以使 $E\left[\left|d(n)-y(n)\right|^2\right]$ 最小。

一般来说，在每个时刻 n 都要计算新的最优权系数，因为我们假设所需的响应和数据是随机过程的实现， $d(n), x_1(n),\cdots,x_M(n)$ 是随机变量。为方便起见，先考虑在固定时刻 n 如何构建和解决估计问题。为了使问题简洁，去掉时间下标 n，并把问题重述如下：使用线性估计器通过一些相关的随机变量 $x_1,x_2,\cdots,x_M$ (数据) 估计另外一个随机变量 d (期望响应)，即

$$y=\sum_{k=1}^{M} w_k x_k = \boldsymbol{w}^{\mathrm{T}}\boldsymbol{x} \tag{5.2.2}$$

其中

$$\boldsymbol{x}=[x_1, x_2,\cdots, x_M]^{\mathrm{T}} \tag{5.2.3}$$

是输入数据矢量；

$$\boldsymbol{w}=[w_1, w_2,\cdots, w_M]^{\mathrm{T}} \tag{5.2.4}$$

是估计器的参数矢量或权系数矢量。

除非另外说明，所有的随机变量都假设是零均值的。线性估计器式(5.2.2)可用图 5.2.1 来表示。显然，滤波器的输出是通过对输入数据进行线性组合得到的，数据的个数 M 称为估计器的阶数。均方误差为

$$J=E[|e|^2] \tag{5.2.5}$$

其中

$$e=d-y \tag{5.2.6}$$

是权系数矢量 $\boldsymbol{w}$ 的函数。建立并求解使均方误差 J 最小的权系数方程，可得在 MMSE 意义下的最优权系数矢量 $\boldsymbol{w}_{\mathrm{opt}}$。$\boldsymbol{w}_{\mathrm{opt}}$ 称为线性(linear) MMSE (LMMSE) 估计器，而 y_{opt} 为 LMMSE 估计器给出的最优估计值。

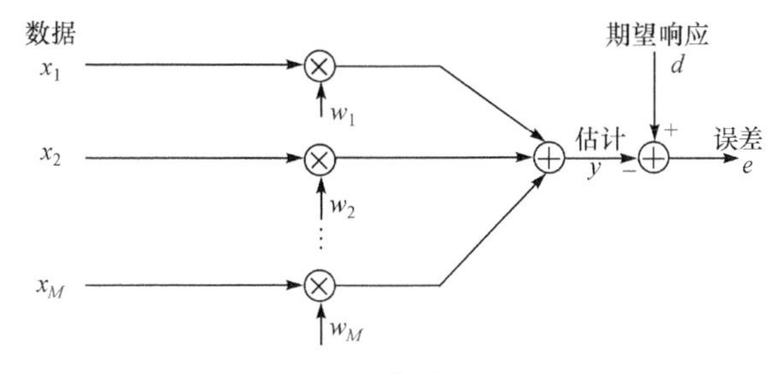

图 5.2.1　线性估计器的原理图

5.2.1　误差性能曲面

为了确定 LMMSE 估计器，我们寻找使函数式(5.2.5)达到最小值的权系数矢量 $\boldsymbol{w}$。为达到这个目标，把均方误差表示为权系数矢量 $\boldsymbol{w}$ 的函数。

由式(5.2.5)、式(5.2.6)和式(5.2.2)并根据数学期望的线性性质，MSE 可表示为

$$\begin{aligned} J(\boldsymbol{w}) &= E[|e|^2]=E[(d-\boldsymbol{w}^{\mathrm{T}}\boldsymbol{x})(d-\boldsymbol{x}^{\mathrm{T}}\boldsymbol{w})] \\ &= E[|d|^2]-\boldsymbol{w}^{\mathrm{T}}E[\boldsymbol{x}d]-E[d\boldsymbol{x}^{\mathrm{T}}]\boldsymbol{w}+\boldsymbol{w}^{\mathrm{T}}E[\boldsymbol{x}\boldsymbol{x}^{\mathrm{T}}]\boldsymbol{w} \end{aligned}$$

或以更简洁的方式表示为

$$J(\boldsymbol{w})=J_d-\boldsymbol{w}^{\mathrm{T}}\boldsymbol{r}_{xd}-\boldsymbol{r}_{xd}^{\mathrm{T}}\boldsymbol{w}+\boldsymbol{w}^{\mathrm{T}}\boldsymbol{R}_x\boldsymbol{w} \tag{5.2.7}$$

其中

$$J_d=\sigma_d^2=E\left[|d|^2\right] \tag{5.2.8}$$

是期望响应的功率；

$$\boldsymbol{r}_{xd} = E[\boldsymbol{x}d] \tag{5.2.9}$$

是数据矢量 $\boldsymbol{x}$ 和期望响应 d 的互相关矢量。而

$$\boldsymbol{R}_x = E[\boldsymbol{x}\boldsymbol{x}^{\mathrm{T}}] \tag{5.2.10}$$

是数据矢量 $\boldsymbol{x}$ 的自相关矩阵。根据自相关矩阵的性质，我们知道矩阵 $\boldsymbol{R}_x$ 一定是埃尔米特(Hermitian)矩阵(共轭对称矩阵)，并且非负定。对于实信号，矩阵 $\boldsymbol{R}_x$ 为非负定的对称矩阵。

函数 $J(\boldsymbol{w})$ 称为估计器的“误差性能曲面”。式(5.2.7)表明均方误差 $J(\boldsymbol{w})$ 只取决于期望响应和输入数据的二阶矩；它是估计器权系数的二次函数，为定义在 M+1 维空间的超平面。我们将会看到，如果矩阵 $\boldsymbol{R}_x$ 是正定的，二次函数 $J(\boldsymbol{w})$ 就是碗状的，有一个最小值与最优权系数相对应。下面以二维矢量为例，说明均方误差函数的这个性质。

例 5.2.1 如果 $M=2$，并且 d、x_1、x_2 为实的随机变量，则均方误差为

$$J(w_1,w_2) = J_d - 2r_1w_1 - 2r_2w_2 + r_{11}w_1^2 + 2r_{12}w_1w_2 + r_{22}w_2^2$$

其中，输入数据的自相关矩阵满足对称性，即 $r_{12}=r_{21}$。显然，$J(w_1,w_2)$ 是系数 w_1、w_2 的二次函数，图 5.2.2 和图 5.2.3 分别展示了函数 $J(w_1,w_2)$ 两幅形状不同的曲面。图 5.2.2 中的曲面呈碗状，有一个最小值，该曲面的等高线为同心的椭圆。与该误差曲面对应的参数值为

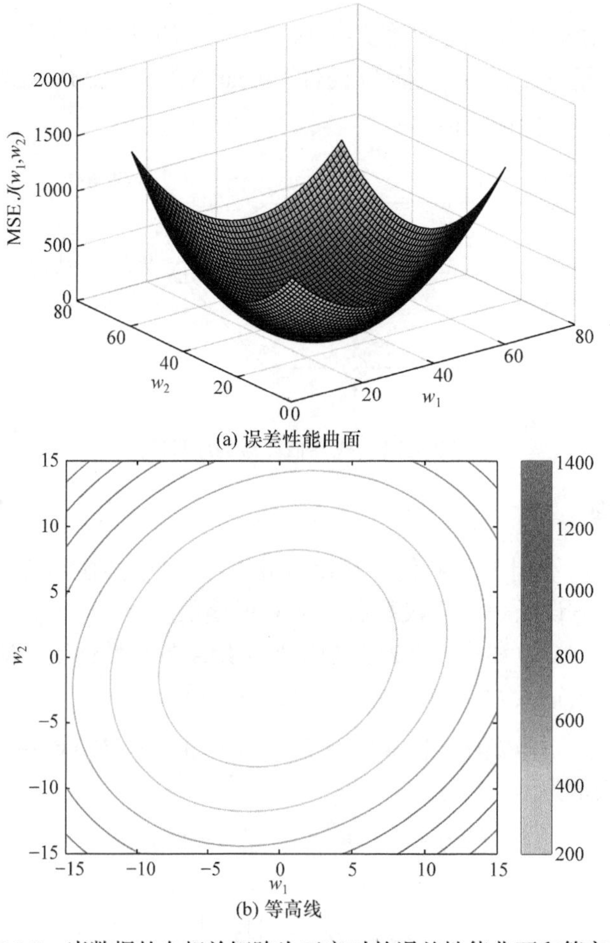

图 5.2.2 当数据的自相关矩阵为正定时的误差性能曲面和等高线

$$J_d = 0.5, \quad r_{11} = r_{22} = 3, \quad r_{12} = r_{21} = -0.5, \quad r_1 = -0.5, \quad r_2 = -0.1$$

此时，自相关矩阵 $\boldsymbol{R}_x$ 的行列式值为 8.75，$\boldsymbol{R}_x$ 为正定矩阵。

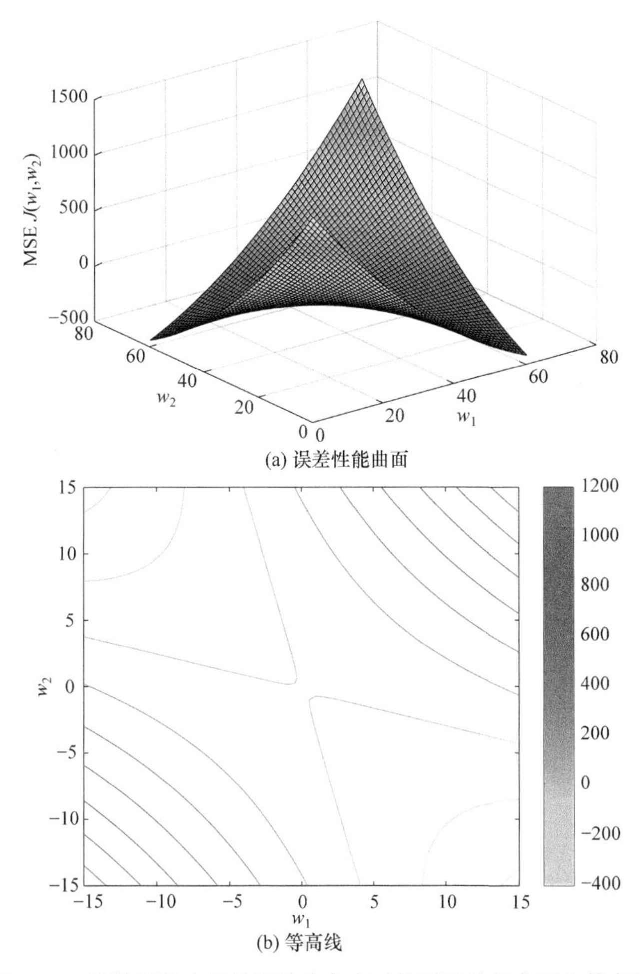

图 5.2.3 当数据的自相关矩阵为负定时的误差性能曲面和等高线

在图 5.2.3 所示曲面中有一个马鞍点，既不是最大值也不是最小值，该曲面的等高线不构成同心的椭圆。与该误差曲面对应的参数值为

$$J_d = 0.5, \quad r_{11} = r_{22} = 1, \quad r_{12} = r_{21} = 2, \quad r_1 = -0.5, \quad r_2 = -0.1$$

此时，自相关矩阵 $\boldsymbol{R}_x$ 的行列式值为 -3，$\boldsymbol{R}_x$ 为负定矩阵。

可以证明，误差性能曲面只有在矩阵 $\boldsymbol{R}_x$ 是正定时才是碗状的。只有在这种情况下，才能得到使 MSE 最小的权系数，等高线也才是同心的椭圆，它们的圆心与最优权系数矢量 $\boldsymbol{w}_{\text{opt}}$ 相对应。找到“碗底”的方法是：对函数 $J(w_1, w_2)$ 分别求 w_1、w_2 的偏导数，然后令其为零，即

$$\begin{cases} \dfrac{\partial J(w_1, w_2)}{\partial w_1} = 0, & \text{从而 } r_{11}w_1 + r_{12}w_2 = r_1 \\ \dfrac{\partial J(w_1, w_2)}{\partial w_2} = 0, & \text{从而 } r_{12}w_1 + r_{22}w_2 = r_2 \end{cases}$$

求解该线性方程组，即可得到使 MSE 函数 $J(w_1,w_2)$ 取最小值的最优权系数矢量 $\boldsymbol{w}_{\text{opt}}$ 。

5.2.2 线性最小均方误差估计器

例 5.2.1 的方法可推广为确定线性 MMSE 估计器的充分必要条件。下面介绍一个较简单的基于矩阵的方法。

首先，可把式(5.2.7)写成下列形式：

$$J(\boldsymbol{w})=J_d-\boldsymbol{r}_{xd}^{\mathrm{T}}\boldsymbol{R}_x^{-1}\boldsymbol{r}_{xd}+(\boldsymbol{R}_x\boldsymbol{w}-\boldsymbol{r}_{xd})^{\mathrm{T}}\boldsymbol{R}_x^{-1}(\boldsymbol{R}_x\boldsymbol{w}-\boldsymbol{r}_{xd}) \tag{5.2.11}$$

式(5.2.11)中只有第三项与 $\boldsymbol{w}$ 有关。如果 $\boldsymbol{R}_x$ 是正定的，则 $\boldsymbol{R}_x$ 的逆矩阵存在并且也是正定的，也就是说，对于所有的 $\boldsymbol{w}\neq 0$, $\boldsymbol{w}^{\mathrm{T}}\boldsymbol{R}_x^{-1}\boldsymbol{w}>0$ 。因而，$(\boldsymbol{R}_x\boldsymbol{w}-\boldsymbol{r}_{xd})^{\mathrm{T}}\boldsymbol{R}_x^{-1}(\boldsymbol{R}_x\boldsymbol{w}-\boldsymbol{r}_{xd})>0$ ，即这一项只会增加代价函数的值，除非令 $\boldsymbol{R}_x\boldsymbol{w}-\boldsymbol{r}_{xd}=0$ 。

所以，线性估计器具有最小均方误差的充分必要条件是：$\boldsymbol{R}_x$ 为正定矩阵，并且

$$\boldsymbol{R}_x\boldsymbol{w}=\boldsymbol{r}_{xd} \tag{5.2.12}$$

求解式(5.2.12)，即可得到最优权系数矢量 $\boldsymbol{w}_{\text{opt}}$ 。式(5.2.12)也可写成矩阵形式：

$$\begin{bmatrix} r_{11} & r_{12} & \cdots & r_{1M} \\ r_{21} & r_{22} & \cdots & r_{2M} \\ \vdots & \vdots & \ddots & \vdots \\ r_{M1} & r_{M2} & \cdots & r_{MM} \end{bmatrix}\begin{bmatrix} w_1 \\ w_2 \\ \vdots \\ w_M \end{bmatrix}=\begin{bmatrix} r_1 \\ r_2 \\ \vdots \\ r_M \end{bmatrix} \tag{5.2.13}$$

其中

$$r_{ij}=E\{x_ix_j\},\quad \boldsymbol{R}_x=\{r_{ij}\},\quad 1\leqslant i,j\leqslant M \tag{5.2.14}$$

$$r_i=E\{x_id\},\quad \boldsymbol{r}_{xd}=[r_1\ \ r_2\ \ \cdots\ \ r_M]^{\mathrm{T}} \tag{5.2.15}$$

式(5.2.13)称为正则方程。如果自相关矩阵 $\boldsymbol{R}_x$ 是正定的，其逆矩阵以及线性估计器的最优权系数矢量存在。因为 $\boldsymbol{R}_x$ 是自相关矩阵，在理论上可保证是非负定矩阵；在实际应用中，它总是正定的。上述正则方程可采用求解线性方程组的一般方法求解。

当估计器的权系数取最优解时，由式(5.2.11)和式(5.2.12)可得线性估计器的最小均方误差为

$$J_{\min}=J(\boldsymbol{w}_{\text{opt}})=J_d-\boldsymbol{r}_{xd}^{\mathrm{T}}\boldsymbol{R}_x^{-1}\boldsymbol{r}_{xd}=J_d-\boldsymbol{r}_{xd}^{\mathrm{T}}\boldsymbol{w}_{\text{opt}} \tag{5.2.16}$$

另外，当估计器的权系数取最优解时，最优估计的均方误差为

$$\begin{aligned} J_{y,\text{opt}} &= E[|\,y_{\text{opt}}\,|^2]=E[\boldsymbol{w}_{\text{opt}}^{\mathrm{T}}\boldsymbol{x}\boldsymbol{x}^{\mathrm{T}}\boldsymbol{w}_{\text{opt}}] \\ &= \boldsymbol{w}_{\text{opt}}^{\mathrm{T}}\boldsymbol{R}_x\boldsymbol{w}_{\text{opt}}=\boldsymbol{w}_{\text{opt}}^{\mathrm{T}}\boldsymbol{r}_{xd}=\boldsymbol{r}_{xd}^{\mathrm{T}}\boldsymbol{w}_{\text{opt}} \end{aligned} \tag{5.2.17}$$

因此

$$J_{\min}=J_d-J_{y,\text{opt}} \tag{5.2.18}$$

在最坏情况下，数据 $\boldsymbol{x}$ 与期望响应 d 无关，即 $\boldsymbol{r}_{xd}=0$ ，因而 $J_{\min}=J_d=\sigma_d^2$ ，即引入线性估计器没有减少均方误差。如果 $\boldsymbol{r}_{xd}\neq 0$ ，并且 $\boldsymbol{R}_x$ 为正定矩阵，则由于数据矢量 $\boldsymbol{x}$ 和期望响应 d 之间存在相关性，线性估计器总是能带来均方误差的减小。在最理想的情况下，

$y=d$，则 $J_{\min}=0$。为了便于比较，我们引入归一化的均方误差：

$$\varepsilon=\frac{J_{\min}}{J_d}=1-\frac{J_{y,\mathrm{opt}}}{J_d} \tag{5.2.19}$$

归一化均方误差的值总是在 0～1 范围内，即 $0\leqslant\varepsilon\leqslant 1$。

设 $\tilde{\boldsymbol{w}}$ 是估计器权系数与最优权系数之间的偏差，即 $\boldsymbol{w}=\boldsymbol{w}_{\mathrm{opt}}+\tilde{\boldsymbol{w}}$，代入式(5.2.11)，并利用式(5.2.16)，得

$$J(\boldsymbol{w}_{\mathrm{opt}}+\tilde{\boldsymbol{w}})=J(\boldsymbol{w}_{\mathrm{opt}})+\tilde{\boldsymbol{w}}^{\mathrm{T}}\boldsymbol{R}_x\tilde{\boldsymbol{w}} \tag{5.2.20}$$

式(5.2.20)表明，如果 $\boldsymbol{R}_x$ 是正定的，则当权系数与最优权系数 $\boldsymbol{w}_{\mathrm{opt}}$ 之间存在任何偏差 $\tilde{\boldsymbol{w}}$ 时，都将引起均方误差的增加，我们把所增加的值称为超量均方误差(Excess MSE)，即

$$\text{Excess MSE}=J(\boldsymbol{w}_{\mathrm{opt}}+\tilde{\boldsymbol{w}})-J(\boldsymbol{w}_{\mathrm{opt}})=\tilde{\boldsymbol{w}}^{\mathrm{T}}\boldsymbol{R}_x\tilde{\boldsymbol{w}} \tag{5.2.21}$$

需要强调的是，超量均方误差仅取决于输入数据的自相关矩阵，而与期望响应无关。

5.2.3　正交原理

为了用我们熟悉并非常直观的几何概念解释最优线性滤波器，可以把均值为零的随机变量看成抽象空间中的矢量，并且定义随机变量的相关矩为所对应矢量的内积，即

$$<x,y>\triangleq E[xy] \tag{5.2.22}$$

其中，x、y 为零均值随机变量，即可看成抽象空间中的矢量。矢量的长度定义为

$$\|x\|^2\triangleq<x,x>=E[|x|^2]=\sigma_x^2<\infty \tag{5.2.23}$$

如果两个随机变量满足：

$$<x,y>=E[xy]=0 \tag{5.2.24}$$

就说这两个随机变量是正交的，记作 $x\perp y$。同时也说明这两个随机变量是不相关的，因为这两个随机变量的积的均值为零。

下面讨论最优线性滤波器的几何解释。对于最优线性滤波器，权系数满足式(5.2.12)，即 $\boldsymbol{w}=\boldsymbol{w}_{\mathrm{opt}}$，因而 $e=e_{\mathrm{opt}}=y-\boldsymbol{x}^{\mathrm{T}}\boldsymbol{w}_{\mathrm{opt}}$，由式(5.2.9)、式(5.2.10)和式(5.2.12)，可得

$$E[\boldsymbol{x}e_{\mathrm{opt}}]=E[\boldsymbol{x}(y-\boldsymbol{x}^{\mathrm{T}}\boldsymbol{w}_{\mathrm{opt}})]=E[\boldsymbol{x}y]-E[\boldsymbol{x}\boldsymbol{x}^{\mathrm{T}}]\boldsymbol{w}_{\mathrm{opt}}=\boldsymbol{r}_{xd}-\boldsymbol{R}_x\boldsymbol{w}_{\mathrm{opt}}=0 \tag{5.2.25}$$

把向量写成分量的形式，得

$$E[x_m e_{\mathrm{opt}}]=0,\quad 1\leqslant m\leqslant M \tag{5.2.26}$$

也就是说，最优线性滤波器的估计误差与所用的数据是正交的，式(5.2.25)或式(5.2.26)被称为“正交原理”。

为了进一步说明正交原理的几何意义，我们注意到 M 个矢量的任意线性组合 $w_1x_1+\cdots+w_Mx_M$ 一定位于由矢量 $x_1,\cdots,x_M$ 张成的子空间内。因此，使均方误差最小的估计值 y 是由从矢量 d 的顶端到由矢量 $x_1,\cdots,x_M$ 决定的超平面所作的垂线与平面的交点决定的，

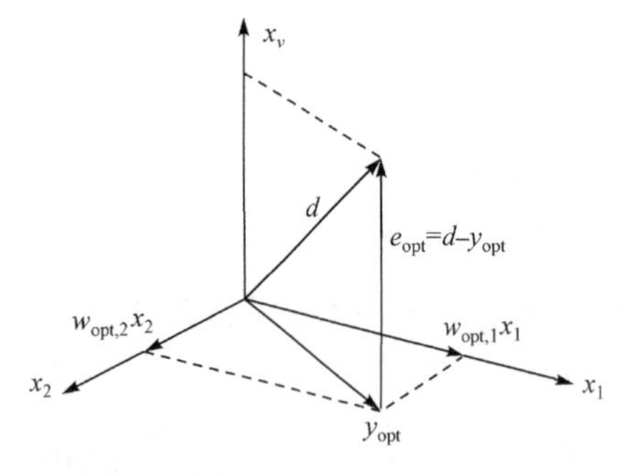

图 5.2.4　正交原理的几何解释图

它使误差矢量 e 的长度的平方最小。图 5.2.4 以 M=2 为例给出了正交原理的几何解释，其中 x_v 为矢量 x_1 和矢量 x_2 正交的矢量。矢量 y 等于矢量 x_1 和矢量 x_2 的线性组合，一定位于由矢量 x_1 和矢量 x_2 张成的平面内，根据立体几何的知识，当矢量 y 等于矢量 d 在该平面的投影时，矢量 y 到矢量 d 的距离最短。该投影矢量对应于最优线性滤波器的输出，即 $y_{opt}=w_{opt,1}x_1+w_{opt,2}x_2$，与之对应的误差为 $e_{opt}=d-y_{opt}$。此时，e_{opt} 与 y_{opt} 正交，e_{opt} 也与由矢量 x_1 和矢量 x_2 张成的平面内的任意矢量正交，因此 $x_m\perp e_{opt}$，$1\leqslant m\leqslant M$。

我们也可从由式(5.2.25)或式(5.2.26)所示的正交原理出发，推出最优线性滤波器系数满足的正则方程。如上所述，矢量 y、e_{opt} 和 d 构成一个直角三角形，其中，d 为斜边，根据我们熟知的勾股定理，得

$$\|d\|^2=\|y_{opt}\|^2+\|e_{opt}\|^2 \tag{5.2.27}$$

或

$$E\left[|d|^2\right]=E\left[|y_{opt}|^2\right]+E\left[|e_{opt}|^2\right] \tag{5.2.28}$$

显然，式(5.2.27)和式(5.2.28)的结论与式(5.2.18)的结论相同。

5.3　维纳滤波器

在学术及工程领域，Norbert Wiener(维纳，1894—1964)非常著名，其原因更有可能是他命名并创立了控制论(cybernetics)，而不是提出了维纳滤波器。他在数学领域也有多项重要成就，知名度也非常高，他还是信息论的创始人之一。他有一句名言：信息是信息，不是物质或能量(Information is information, not matter or energy.)。

在第二次世界大战前几年，维纳参与了一个军方项目，需要基于雷达回波信号设计一个自动控制器以控制防空火力(如高射炮)。因为飞机的速度与炮弹速度相比是不能忽略的，当炮弹到达目标附近时，目标已经移动，还有可能已经稍微改变了方向。因此要求这个系统“射向将来”，也就是说，控制器必须能够利用含噪声的雷达回波信号，对其目标的运动轨迹进行预测。维纳在美国麻省理工学院的辐射实验室(Radiation Laboratory)开发了维纳滤波器，以期滤除信号中的噪声。他根据信号和噪声的自相关函数，推导出了最小均方预测误差的解。这个解的形式是一个积分算子，如果对自相关函数或其傅里叶变换的特性方面施加某些约束，则它可以用模拟电路来实现。在他的方法中，用功率谱密度表征了随机信号的统计特征。

科尔莫戈罗夫于 1941 年针对离散时间信号的最优线性预测也发表了类似的推导结果，此时，维纳正好完成了连续时间线性预测器的推导工作。因此，有的学者坚持把维纳滤波器称为 Wiener-Kolmogorov 滤波器。

直到 20 世纪 40 年代末期，维纳的相关工作才在论文《平稳时间序列的外推、内插和平滑》(*Extrapolation, interpolation and smoothing of stationary time series*)(写于 1942 年、公开出版于 1949 年)中被解密。

归纳而言，维纳滤波器的特征如下。

(1)假设：信号和(加性)噪声为平稳随机过程，已知功率谱或自相关和互相关。

(2)要求：滤波器必须是物理上可实现的，即因果的(这个要求可以放弃，从而产生非因果的解决方案)。

(3)性能指标：最小均方误差。

维纳滤波器既可以设计成连续时间系统，也可以设计成离散时间系统，本节仅讨论离散时间维纳滤波器。

5.3.1 Wiener-Hopf 方程

维纳滤波器是一个线性时不变系统，设其冲激响应为 $h(n)$ 。我们希望被干扰的信号 $x(n)=s(n)+v(n)$ 通过该系统后，在最小均方误差准则下给出信号 $s(n)$ 的尽可能逼近，即 $y(n)=\hat{s}(n)$ ，而 $d(n)=s(n)$ 为期望输出。

根据线性时不变系统的性质，得

$$y(n)=h(n)*x(n)=\sum_{k}h(k)x(n-k) \tag{5.3.1}$$

其中，不事先对 $h(n)$ 的取值区间做具体假设，而按最小均方误差准则确定冲激响应 $h(n)$ ，该准则表示为

$$J(n)=E[e^2(n)]\to\min \tag{5.3.2}$$

其中，$e(n)$ 是估计误差，定义为

$$e(n)=s(n)-\hat{s}(n)=s(n)-y(n)=s(n)-\sum_{k}h(k)x(n-k) \tag{5.3.3}$$

为了按式(5.3.2)所示的最小均方误差准则来确定维纳滤波器的冲激响应，令 $J(n)$ 对 $h(l)$ 的导数等于零，即

$$\frac{\partial J(n)}{\partial h(l)}=2E\left[e(n)\frac{\partial e(n)}{\partial h(l)}\right]=-2E\big[e(n)x(n-l)\big]=0$$

由此得到

$$E\big[e(n)x(n-l)\big]=0,\quad \forall\, l \tag{5.3.4}$$

式(5.3.4)即为正交原理，表明当满足最小均方误差准则时，估计误差与所用到的滤波器输入数据满足正交关系。

将式(5.3.3)和式(5.3.1)代入式(5.3.4)，得

$$E\left[(s(n)-\sum_{k}h(k)x(n-k))x(n-l)\right]=0,\quad \forall l$$

交换求和与求期望值顺序，并考虑到 $x(n)$ 和 $s(n)$ 为实的平稳、联合平稳随机信号，得

$$r_{sx}(l)=\sum_{k}h(k)r_x(l-k),\quad \forall\, l \tag{5.3.5}$$

其中，$r_{sx}(l)$ 是 $s(n)$ 与 $x(n)$ 的互相关函数；$r_x(l)$ 是 $x(n)$ 的自相关函数，分别定义为

$$r_{sx}(l)=E\left[s(n)x(n-l)\right],\quad r_x(l)=E\left[x(n)x(n-l)\right]$$

式(5.3.5)称为维纳滤波器的标准方程或维纳-霍普夫(Wiener-Hopf)方程，这里，Hopf 指 Eberhard Hopf(霍普夫，1902—1983)，奥地利数学家，遍历理论的奠基人之一。如果已知 $r_{sx}(l)$ 和 $r_x(l)$，那么解此方程即可求出维纳滤波器的冲激响应。

式(5.3.5)所示标准方程右端的求和范围，即 k 的取值范围没有具体标明，实际上有三种情况。

(1) FIR 维纳滤波器，k 从 0 到 M–1 取有限个整数值。

(2) 非因果 IIR 维纳滤波器，k 从 $-\infty$ 到 $+\infty$ 取所有整数值。

(3) 因果 IIR 维纳滤波器，k 从 0 到 $+\infty$ 取正整数值。

上述三种情况下标准方程的求解方法不同，本书仅讨论 FIR 维纳滤波器，对非因果、因果 IIR 维纳滤波器感兴趣的读者请阅读相关文献(Manolakis et al.，2003；姚天任和孙洪, 1999)。

5.3.2　FIR 维纳滤波器

设滤波器冲激响应序列的长度为 M，用冲激响应构成系数矢量：

$$\boldsymbol{h}=\left[h(0)\quad h(1)\quad\cdots\quad h(M-1)\right]^{\mathrm{T}}\tag{5.3.6}$$

输入滤波器的数据矢量为

$$\boldsymbol{x}(n)=\left[x(n)\quad x(n-1)\quad\cdots\quad x(n-M+1)\right]^{\mathrm{T}}\tag{5.3.7}$$

则滤波器的输出为

$$y(n)=\boldsymbol{x}^{\mathrm{T}}(n)\boldsymbol{h}=\boldsymbol{h}^{\mathrm{T}}\boldsymbol{x}(n)\tag{5.3.8}$$

这样，在式(5.3.5)所示的 Wiener-Hopf 方程中，令 $l=0,1,\cdots,M-1$，并考虑到 $\boldsymbol{x}(n)$ 和 $s(n)$ 为实的平稳、联合平稳随机信号，得

$$r_{sx}(l)=\sum_{k=0}^{M-1}h(k)r_x(l-k),\quad l=0,1,2,\cdots,M-1\tag{5.3.9}$$

写成矩阵的形式，有

$$\boldsymbol{R}_x\boldsymbol{h}=\boldsymbol{r}_{sx}\tag{5.3.10}$$

其中

$$\boldsymbol{r}_{sx}=E\left[s(n)\boldsymbol{x}(n)\right]=\left[r_{sx}(0)\quad r_{sx}(1)\quad\cdots\quad r_{sx}(M-1)\right]^{\mathrm{T}}\tag{5.3.11}$$

是 $s(n)$ 和 $\boldsymbol{x}(n)$ 的互相关函数，它是一个 M 维列向量；$\boldsymbol{R}_x$ 是 $\boldsymbol{x}(n)$ 的自相关矩阵，为 M 阶方阵，即

$$\boldsymbol{R}_x=E\left[\boldsymbol{x}(n)\boldsymbol{x}^{\mathrm{T}}(n)\right]=\begin{bmatrix}r_x(0)&r_x(1)&\cdots&r_x(M-1)\\r_x(1)&r_x(0)&\cdots&r_x(M-2)\\\vdots&\vdots&\ddots&\vdots\\r_x(M-1)&r_x(M-2)&\cdots&r_x(0)\end{bmatrix}\tag{5.3.12}$$

该自相关矩阵具有对称和 Toeplitz 性质，仅有 M 个自由变量。由式(5.3.10)得

$$\boldsymbol{h}_{\text{opt}} = \boldsymbol{R}_x^{-1}\boldsymbol{r}_{sx} \tag{5.3.13}$$

其中，下标 opt 表示“最优”，这就是 FIR 维纳滤波器的冲激响应。实际上，如果令 $d(n)=s(n)$，以及 $w_k = h(k-1),\ k=1,2,\cdots,M$，用 5.2 节中讨论的线性最小均方误差估计器或正交原理，我们可以直接给出维纳滤波器的冲激响应。另外，我们也可以把 5.2 节中讨论的一些结论应用在维纳滤波器中。

对于维纳滤波器，根据式(5.2.18)或式(5.2.28)得

$$E[|e_{\text{opt}}(n)|^2] = E[|s(n)|^2] - E[|y_{\text{opt}}(n)|^2] \tag{5.3.14}$$

考虑到这些信号均为零均值随机信号，可以写成方差的形式，即

$$\sigma_{e,\text{opt}}^2 = \sigma_s^2 - \sigma_{y,\text{opt}}^2 \tag{5.3.15}$$

例 5.3.1　有一个信号 $s(n)$，它的自相关序列为 $r_s(l)=0.9^{|l|}$，被均值为零的加性白噪声 $v(n)$ 干扰，噪声方差为 1.5，白噪声与信号不相关。试用维纳滤波器从被污染的信号 $x(n)=s(n)+v(n)$ 中尽可能恢复 $s(n)$，求出 2 阶 FIR 维纳滤波器的系数，并计算滤波前后的信噪比。

解：由给定的条件，得维纳滤波器输入为

$$x(n) = s(n) + v(n)$$

期望响应为

$$d(n) = s(n)$$

白噪声与信号不相关，因此：

$$r_x(l) = r_s(l) + r_v(l) = 0.9^{|l|} + 1.5\delta(l)$$

并且

$$r_{xd}(l) = E[x(n)s(n-l)] = r_s(l) = 0.9^{|l|}$$

对于 2 阶 FIR 维纳滤波器，自相关矩阵和互相关向量分别为

$$\boldsymbol{R}_x = \begin{bmatrix} r_x(0) & r_x(1) \\ r_x(1) & r_x(0) \end{bmatrix} = \begin{bmatrix} 2.5 & 0.9 \\ 0.9 & 2.5 \end{bmatrix},\quad \boldsymbol{r}_{xd} = \begin{bmatrix} r_{xd}(0) \\ r_{xd}(1) \end{bmatrix} = \begin{bmatrix} 1 \\ 0.9 \end{bmatrix}$$

解 Wiener-Hopf 方程，得

$$\boldsymbol{h}_{\text{opt}} = \boldsymbol{R}_x^{-1}\boldsymbol{r}_{xd} \simeq \begin{bmatrix} 0.3107 \\ 0.2482 \end{bmatrix}$$

根据式(5.2.16)，维纳滤波器的最小均方误差为

$$J_{\min} = \sigma_d^2 - \boldsymbol{r}_{xd}^{\mathrm{T}}\boldsymbol{h}_{\text{opt}} = 1 - \begin{bmatrix} 1 & 0.9 \end{bmatrix}\begin{bmatrix} 0.3107 \\ 0.2482 \end{bmatrix} = 0.4660$$

滤波前，$x(n)=s(n)+v(n)$，利用随机信号信噪比的计算公式，得该信号的信噪比为

$$\text{SNR}_x = 10\lg\frac{\sigma_s^2}{\sigma_v^2} = 10\lg\frac{1}{1.5} = -1.761\ (\text{dB})$$

滤波后，$y(n)=\hat{s}(n)=s(n)-e_{\text{opt}}(n)$，因此，该信号的信噪比为

$$\text{SNR}_y = 10\lg\frac{\sigma_s^2}{\sigma_{e,\text{opt}}^2} = 10\lg\frac{\sigma_s^2}{J_{\min}} = 10\lg\frac{1}{0.4660} = 3.316\ (\text{dB})$$

显然，2 阶 FIR 维纳滤波器的作用是把信号的信噪比提高了 5.077dB。

为了便于读者进一步加深对该例子的理解，以下给出用 MATLAB 仿真实现该维纳滤波器的方法和结果。首先讨论怎样产生随机信号 $s(n)$，根据 3.1 节的内容，我们知道一个差分方程为$s(n)=as(n-1)+w(n)$的 AR(1)过程，其自相关函数由式(3.1.11)给出，即

$$r_s(l)=\sigma_w^2\frac{a^{|l|}}{1-a^2},\quad l=0,\ \pm1,\ \pm2,\ \cdots$$

如果令 $a=0.9,\ \sigma_w^2=1-a^2=0.19$，则该 AR(1)过程的自相关函数为$r_s(l)=0.9^{|l|}$。这样，我们就可采用如图 5.3.1 所示的原理图对该维纳滤波器进行 MATLAB 仿真。程序 5_3_1 用于实现该原理图，图 5.3.2 为该程序的某次运行结果。从图中可明显看出，$y(n)$比$x(n)$更接近于$s(n)$。

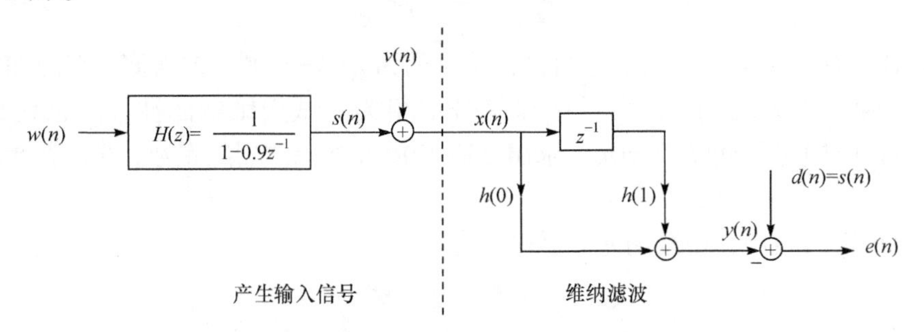

图 5.3.1　例 5.3.1 的仿真原理图

程序 5_3_1　FIR 维纳滤波器。

```
% Generate signal s(n)
N=64;
w=sqrt(0.19)*randn(N,1);
A=[1 -0.9];
s=filter(1,A,w);
%  Add a noise
v=sqrt(1.5)*randn(N,1);
x=s+v;
% Wiener Filtering
y=filter([0.3107  0.2482],1,x);
% plot the waveforms
n=[0:N-1];
subplot(211);
plot(n, s, 'b-x',n,x,'r-o');
legend('s(n)', 'x(n)'); axis tight;
ylabel('Amplitude');
xlabel('Time n');
title('Desired Response/Input Signal');
V1=axis;
```

```
subplot(212);
plot(n,s,'b-x',n,y,'r-o');
legend('s(n)','y(n)'); axis(V1);
ylabel('Amplitude'); xlabel('Time n');
title('Desired Response/Output Signal');
```

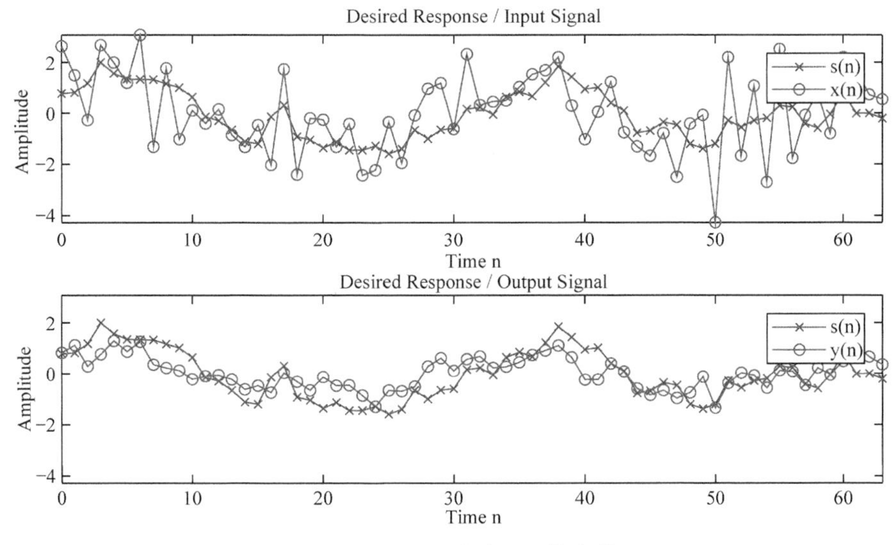

图 5.3.2　FIR 维纳滤波器的仿真结果

为了理解维纳滤波器与传统的频率选择滤波器之间的区别，我们在频域进一步分析例 5.3.1。在图 5.3.3 中，我们用 MATLAB 程序分别给出了该例中的信号 $s(n)$ (即期

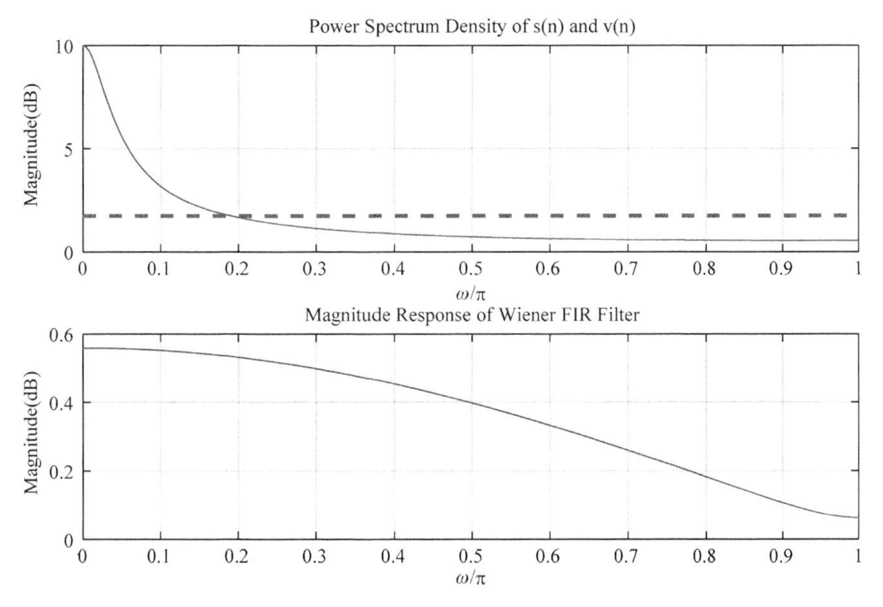

图 5.3.3　例 5.3.1 的信号、噪声功率谱以及维纳滤波器的幅度响应

望输出）和白噪声 $v(n)$ 的功率谱，以及维纳滤波器的幅度响应。由于白噪声为宽带信号，不可能与信号的功率谱没有重叠。如果采用传统的频率选择滤波器滤除噪声，我们难以选择合适的通带和阻带，以及合适的边缘频率。然而，维纳滤波器在预先设定滤波器结构和阶数的前提下，根据信号和噪声的功率谱（或者说是利用了信号相邻点之间的相关性），以均方误差最小为准则，设计出了一个最优的滤波器。因而，维纳滤波器的降噪性能是最优的。

5.4　最优线性预测

最优线性预测（或简称为线性预测）是维纳滤波的一种特殊形式，将 M 个“过去”的数据构成数据矢量，把当前的输入作为期望响应，代入 Wiener-Hopf 方程，则可得到最优线性预测系数满足的方程。最优线性预测分为前向预测和后向预测两种情况，我们将会发现解前向预测系数的方程与解 AR 模型系数的方程是完全等价的。通过讨论前向和后向线性预测滤波器结构，可导出求解线性预测正则方程的一种快速算法，即 Levinson-Durbin 递推算法。如不做特别说明，本节均指一步预测。

5.4.1　前向线性预测

用 M 个“过去”的数据点 $\{x(n-1),x(n-2),\cdots,x(n-M)\}$ 预测“当前”数据点 $x(n)$ 的值，是一步前向预测问题。在所有可能的线性预测器中，存在一个使预测误差的均方值最小的预测器，称这样的预测为最优前向线性预测。设预测器的系数为 $w_{f,1},w_{f,2},\cdots,w_{f,M}$，则 $x(n)$ 的预测值为

$$\hat{x}(n)=\sum_{k=1}^{M}w_{f,k}x(n-k) \tag{5.4.1}$$

显然，最优前向线性预测相当于一个维纳滤波器，与维纳滤波器的理论相对应，线性预测的期望响应为

$$d(n)=x(n) \tag{5.4.2}$$

前向预测误差为

$$f_M(n)=x(n)-\hat{x}(n)=x(n)-\sum_{k=1}^{M}w_{f,k}x(n-k) \tag{5.4.3}$$

当预测器系数取最优解时，前向预测误差的均方误差最小，设其为

$$P_M^f=E\left[\left|f_M(n)\right|^2\right] \tag{5.4.4}$$

为了把最优线性滤波器的结论直接应用到线性预测中，我们引入下列变量和参数。

首先，令输入数据矢量为

$$\boldsymbol{x}(n-1)=[x(n-1),x(n-2),\cdots,x(n-M)]^{\mathrm{T}} \tag{5.4.5}$$

由于 $x(n)$ 为实平稳随机信号，因而输入数据的自相关矩阵为

$$\boldsymbol{R}_x = E[\boldsymbol{x}(n-1)\boldsymbol{x}^{\mathrm{T}}(n-1)] = \begin{bmatrix} r_x(0) & r_x(1) & \cdots & r_x(M-1) \\ r_x(1) & r_x(0) & \cdots & r_x(M-2) \\ \vdots & \vdots & \ddots & \vdots \\ r_x(M-1) & r_x(M-2) & \cdots & r_x(0) \end{bmatrix} \tag{5.4.6}$$

输入数据与期望响应的互相关矢量为

$$\boldsymbol{r}_{xd} = E[\boldsymbol{x}(n-1)\boldsymbol{x}(n)] = \begin{bmatrix} r_x(-1) \\ r_x(-2) \\ \vdots \\ r_x(-M) \end{bmatrix} = \begin{bmatrix} r_x(1) \\ r_x(2) \\ \vdots \\ r_x(M) \end{bmatrix} = \boldsymbol{r}_x \tag{5.4.7}$$

这里利用了实平稳随机信号自相关函数的偶对称性。相应地，求解前向最优线性预测的 Wiener-Hopf 方程为

$$\boldsymbol{R}_x \boldsymbol{w}_f = \boldsymbol{r}_x \tag{5.4.8}$$

其中，$\boldsymbol{w}_f = [w_{f,1}, w_{f,2}, \cdots, w_{f,M}]^{\mathrm{T}}$，为最优线性预测系数矢量。

当采用最优线性预测系数时，预测误差的均方值达到最小，利用式(5.2.16)得该最小均方误差为

$$P_M^f = \sigma_x^2 - \boldsymbol{r}_x^{\mathrm{T}} \boldsymbol{w}_f = r_x(0) - \boldsymbol{r}_x^{\mathrm{T}} \boldsymbol{w}_f \tag{5.4.9}$$

在以下的内容中，我们从三个方面进一步讨论前向线性预测。

1. 前向线性预测误差滤波器

如果将预测误差作为一个滤波器的输出，由输入数据 $x(n)$ 到输出误差 $f_M(n)$ 构成前向线性预测误差滤波器，如图 5.4.1 所示，该滤波器的输入与输出之间的关系为

$$f_M(n) = x(n) - \sum_{k=1}^{M} w_{f,k} x(n-k) = \sum_{k=0}^{M} a_{M,k} x(n-k) = \boldsymbol{a}_M^{\mathrm{T}} \boldsymbol{x}_{M+1}(n) \tag{5.4.10}$$

显然，前向预测误差滤波器系数与线性预测系数之间的关系为

$$a_{M,k} = \begin{cases} 1, & k = 0 \\ -w_{f,k}, & k = 1, 2, \cdots, M \end{cases} \tag{5.4.11}$$

并且

$$\left.\begin{aligned} \boldsymbol{a}_M &= [1, a_{M,1}, a_{M,2}, \cdots, a_{M,M}]^{\mathrm{T}} \\ \boldsymbol{x}_{M+1}(n) &= [x(n), x(n-1), \cdots, x(n-M+1), x(n-M)]^{\mathrm{T}} \end{aligned}\right\} \tag{5.4.12}$$

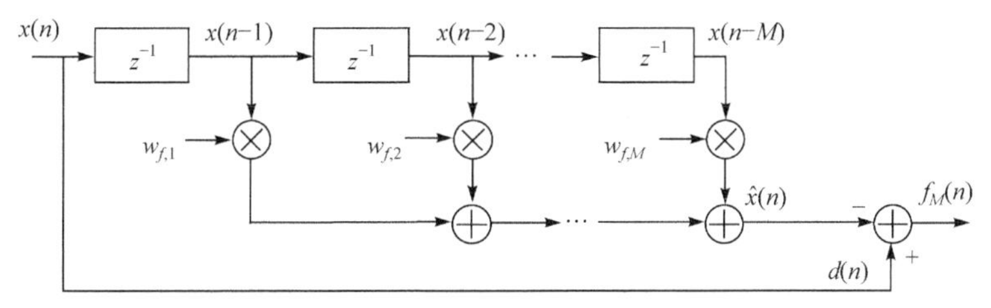

图 5.4.1　前向线性预测误差滤波器

分别为前向预测误差滤波器系数矢量和经扩张的数据矢量。

2. 前向线性预测的增广 Wiener-Hopf 方程

将前向线性预测的 Wiener-Hopf 方程式(5.4.8)与最小预测误差功率式(5.4.9)写在一起，则有

$$\begin{bmatrix} r_x(0) & \boldsymbol{r}_x^{\mathrm{T}} \\ \boldsymbol{r}_x & \boldsymbol{R}_x \end{bmatrix}\begin{bmatrix} 1 \\ -\boldsymbol{w}_f \end{bmatrix}=\begin{bmatrix} P_M^f \\ 0 \end{bmatrix} \tag{5.4.13}$$

或等价为

$$\begin{bmatrix} r_x(0) & \boldsymbol{r}_x^{\mathrm{T}} \\ \boldsymbol{r}_x & \boldsymbol{R}_x \end{bmatrix}\boldsymbol{a}_M=\begin{bmatrix} P_M^f \\ 0 \end{bmatrix} \tag{5.4.14}$$

式(5.4.13)和式(5.4.14)是线性预测的增广 Wiener-Hopf 方程。

3. 前向线性预测误差滤波器与 AR 模型的关系

如 3.1.3 节所述，M 阶 AR 模型满足如下差分方程：

$$\sum_{k=0}^{M} a_k x(n-k)=w(n) \tag{5.4.15}$$

显然，如果我们建立如下所示的参数和信号的对应关系：

$$a_k \leftrightarrow a_{M,k},\quad w(n)\leftrightarrow f_M(n) \tag{5.4.16}$$

则 AR 模型与前向线性预测误差滤波器满足相同的差分方程。

此外，如果 $M=p,\ P_M^f=\sigma_w^2$，则 AR 模型参数满足的 Yule-Walker 方程式(3.1.32)与线性预测误差系数满足的增广 Wiener-Hopf 方程式(5.4.14)，具有完全相同的数学形式。

上述结论说明：如果 $x(n)$ 为一个 AR(p)过程，用阶数 M=p 的前向线性预测器对该随机过程进行线性预测，则模型参数即为最优预测器系数(除相差符号外)，即 $w_{f,k}=-a_k$，$k=1,2,\cdots,M$。并且，前向(最优)线性预测误差滤波器的输出为白噪声信号，该白噪声信号的方差与驱动 AR 模型的白噪声相同，即 $P_M^f=\sigma_w^2$。该结论也说明，我们可以采用线性预测的方法对 AR 模型进行系统辨识。

5.4.2 后向线性预测

用 M 个数据点 $\{x(n),x(n-1),\cdots,x(n-M+1)\}$ 预测“以前”的数据点 $x(n-M)$ 的值，称为后向预测。设后向线性预测器的系数为 $w_{b,1},w_{b,2},\cdots,w_{b,M}$，则后向预测值为

$$\hat{x}(n-M)=\sum_{k=1}^{M} w_{b,k}x(n-k+1) \tag{5.4.17}$$

显然，最优后向线性预测也相当于一个维纳滤波器，与维纳滤波器的理论相对应，线性预测的期望响应为

$$d(n)=x(n-M) \tag{5.4.18}$$

后向预测误差为

$$b_M(n)=x(n-M)-\hat{x}(n-M) \tag{5.4.19}$$

注意：在式(5.4.19)中，预测误差的时间点区别于信号的时间点。当预测器系数取最优

解时，后向预测误差的均方差最小，设其为

$$P_M^b = E[|b_M(n)|^2] \tag{5.4.20}$$

为了把最优线性滤波器的结论直接应用到线性预测中，我们引入下列变量和参数。

首先，设输入数据矢量为

$$\boldsymbol{x}(n) = [x(n), x(n-1), \cdots, x(n-M+1)]^{\mathrm{T}} \tag{5.4.21}$$

同样，由于 $x(n)$ 为实平稳随机信号，因而输入数据的自相关矩阵为

$$\boldsymbol{R}_x = E[\boldsymbol{x}(n)\boldsymbol{x}^{\mathrm{T}}(n)] = \begin{bmatrix} r_x(0) & r_x(1) & \cdots & r_x(M-1) \\ r_x(1) & r_x(0) & \cdots & r_x(M-2) \\ \vdots & \vdots & \ddots & \vdots \\ r_x(M-1) & r_x(M-2) & \cdots & r_x(0) \end{bmatrix} \tag{5.4.22}$$

输入数据与期望响应的互相关矢量为

$$\boldsymbol{r}_{xd} = E[\boldsymbol{x}(n)x(n-M)] = \begin{bmatrix} r_x(M) \\ r_x(M-1) \\ \vdots \\ r_x(1) \end{bmatrix} = \boldsymbol{r}_x^{\mathrm{B}} = \begin{bmatrix} r_x(1) \\ r_x(2) \\ \vdots \\ r_x(M) \end{bmatrix}^{\mathrm{B}} \tag{5.4.23}$$

$\boldsymbol{r}_x$ 为在式(5.4.7)中定义的自相关矢量，B 为矢量倒置运算符。这样，我们可以把求解最优后向线性预测器系数的 Wiener-Hopf 方程写为

$$\boldsymbol{R}_x \boldsymbol{w}_b = \boldsymbol{r}_x^{\mathrm{B}} \tag{5.4.24}$$

其中，$\boldsymbol{w}_b = [w_{b,1}, w_{b,2}, \cdots, w_{b,M}]^{\mathrm{T}}$。当采用最优线性预测系数时，预测误差的均方值达到最小，同样利用式(5.2.16)得最小均方误差为

$$P_M^b = r_x(0) - \boldsymbol{r}_x^{\mathrm{BT}} \boldsymbol{w}_b \tag{5.4.25}$$

当 $x(n)$ 为实平稳随机信号时，前向和后向最优预测系数之间满足如下关系：

$$\boldsymbol{w}_b = \boldsymbol{w}_f^{\mathrm{B}} \tag{5.4.26}$$

证明：设 M=3，由前向预测的 Wiener-Hopf 方程式(5.4.8)得

$$\begin{bmatrix} r_x(0) & r_x(1) & r_x(2) \\ r_x(1) & r_x(0) & r_x(1) \\ r_x(2) & r_x(1) & r_x(0) \end{bmatrix} \begin{bmatrix} w_{f,1} \\ w_{f,2} \\ w_{f,3} \end{bmatrix} = \begin{bmatrix} r_x(1) \\ r_x(2) \\ r_x(3) \end{bmatrix}$$

把上式写成方程组，有

$$\begin{cases} r_x(0)w_{f,1} + r_x(1)w_{f,2} + r_x(2)w_{f,3} = r_x(1) \\ r_x(1)w_{f,1} + r_x(0)w_{f,2} + r_x(1)w_{f,3} = r_x(2) \\ r_x(2)w_{f,1} + r_x(1)w_{f,2} + r_x(0)w_{f,3} = r_x(3) \end{cases}$$

交换方程顺序和求和顺序，得

$$\begin{cases} r_x(0)w_{f,3}+r_x(1)w_{f,2}+r_x(2)w_{f,1}=r_x(3) \\ r_x(1)w_{f,3}+r_x(0)w_{f,2}+r_x(1)w_{f,1}=r_x(2) \\ r_x(2)w_{f,3}+r_x(1)w_{f,2}+r_x(0)w_{f,1}=r_x(1) \end{cases}$$

即

$$\begin{bmatrix} r_x(0) & r_x(1) & r_x(2) \\ r_x(1) & r_x(0) & r_x(1) \\ r_x(2) & r_x(1) & r_x(0) \end{bmatrix}\begin{bmatrix} w_{f,3} \\ w_{f,2} \\ w_{f,1} \end{bmatrix}=\begin{bmatrix} r_x(3) \\ r_x(2) \\ r_x(1) \end{bmatrix}$$

另外，由后向预测的 Wiener-Hopf 方程式(5.4.24)得

$$\begin{bmatrix} r_x(0) & r_x(1) & r_x(2) \\ r_x(1) & r_x(0) & r_x(1) \\ r_x(2) & r_x(1) & r_x(0) \end{bmatrix}\begin{bmatrix} w_{b,1} \\ w_{b,2} \\ w_{b,3} \end{bmatrix}=\begin{bmatrix} r_x(3) \\ r_x(2) \\ r_x(1) \end{bmatrix}$$

因此

$$\begin{bmatrix} w_{b,1} \\ w_{b,2} \\ w_{b,3} \end{bmatrix}=\begin{bmatrix} w_{f,3} \\ w_{f,2} \\ w_{f,1} \end{bmatrix}$$

以上证明不失一般性，当 M 取其他值时也成立。

以上结论说明：对于实平稳随机过程，前向最优线性预测系数向量经倒置后等于后向最优线性预测系数向量。式(5.4.26)也可写成如下的形式：

$$\left.\begin{aligned} w_{b,M-k+1}=w_{f,k}, \quad k=1,2,\cdots,M \\ w_{b,k}=w_{f,M-k+1}, \quad k=1,2,\cdots,M \end{aligned}\right\} \tag{5.4.27}$$

此外，把式(5.4.26)代入式(5.4.25)得

$$P_M^b=r_x(0)-\boldsymbol{r}_x^{\mathrm{BT}}\boldsymbol{w}_b=r_x(0)-\boldsymbol{r}_x^{\mathrm{BT}}\boldsymbol{w}_f^{\mathrm{B}}=r_x(0)-\boldsymbol{r}_x^{\mathrm{T}}\boldsymbol{w}_f=P_M^f$$

上式说明前向最优线性预测误差与后向最优线性预测误差功率也相等，因此在后续内容中，我们都用同一个符号 P_M 表示预测误差功率(均方值、方差)。

1. 后向线性预测误差滤波器

与前向预测类似，定义后向预测误差滤波器为

$$b_M(n)=x(n-M)-\sum_{k=1}^{M}w_{b,k}x(n-k+1)=\sum_{k=0}^{M}c_{M,k}x(n-k) \tag{5.4.28}$$

其中

$$c_{M,k}=\begin{cases} 1, & k=M \\ -w_{b,k+1}, & k=0,1,2,\cdots,M-1 \end{cases} \tag{5.4.29}$$

容易验证，对于实平稳随机过程，最优后向预测误差滤波器系数与最优前向预测误差滤波器系数之间存在下列关系：

$$c_{M,k} = a_{M,M-k}, \quad k = 0,1,2,\cdots,M \tag{5.4.30}$$

这样，参照式(5.4.10)，可以把式(5.4.28)写成

$$b_M(n) = \sum_{k=0}^{M} a_{M,M-k} x(n-k) = \boldsymbol{a}_M^{\mathrm{BT}} \boldsymbol{x}_{M+1}(n) \tag{5.4.31}$$

2. 后向线性预测的增广 Wiener-Hopf 方程

合并式(5.4.24)和式(5.4.25)，得后向线性预测的增广方程：

$$\begin{bmatrix} \boldsymbol{R}_x & \boldsymbol{r}_x^{\mathrm{B}} \\ \boldsymbol{r}_x^{\mathrm{BT}} & r_x(0) \end{bmatrix} \begin{bmatrix} -\boldsymbol{w}_b \\ 1 \end{bmatrix} = \begin{bmatrix} 0 \\ P_M^b \end{bmatrix} \tag{5.4.32}$$

或等价地写成

$$\begin{bmatrix} r_x(0) & \boldsymbol{r}_x^{\mathrm{T}} \\ \boldsymbol{r}_x & \boldsymbol{R}_x \end{bmatrix} \boldsymbol{a}_M^{\mathrm{B}} = \begin{bmatrix} 0 \\ P_M \end{bmatrix} \tag{5.4.33}$$

3. 小结

为了便于理解，我们可以把前述的计算前、后向线性预测及其误差的过程表示为图 5.4.2，无论是前向线性预测、前向线性预测误差滤波器、后向线性预测还是后向线性预测误差滤波器，均可看成一个滑动窗函数作用于输入数据的结果。

如上所述，对于实平稳随机过程，前向最优线性预测系数向量经倒置后等于后向最优线性预测系数向量，即 $w_{b,M-k+1} = w_{f,k}$，$k=1,2,\cdots,M$。参照图 5.4.2，我们可以得到对后向最优线性预测的另外一种解释，即后向最优线性预测是对经过时间翻转的数据序列的前向最优线性预测。此外，对于实平稳随机过程，对输入数据进行时间翻转，不会影响(前、后向)最优预测器系数的取值。

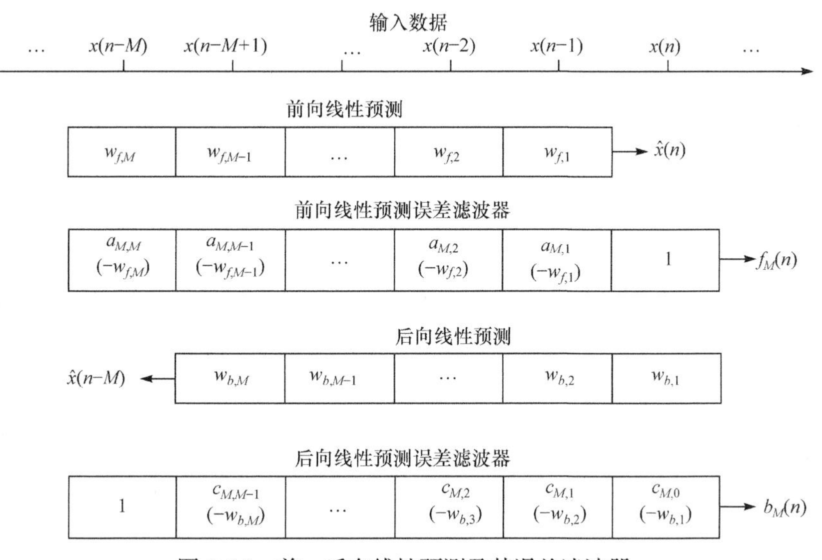

图 5.4.2　前、后向线性预测及其误差滤波器

5.4.3　Levinson-Durbin 算法

如上所述，线性预测 Wiener-Hopf 方程与 AR 模型的 Yule-Walker 方程具有相同的数学形

式。在实际应用中，无论是求解 AR 模型问题还是求解线性预测问题，都需要求解如式(5.4.8)或式(5.4.13)所示的线性方程组。如果不考虑系数矩阵的特殊性，而把该方程当作一般的线性方程组，并用高斯消元法求解，则其运算复杂程度为 $O(M^3)$，其中，M 为阶数。显然，随着 M 的增加，求解方程的运算量将急剧增加。

线性预测 Wiener-Hopf 方程的系数矩阵 $\boldsymbol{R}_x$ 具有对称和 Toeplitz 性质，根据线性代数理论，一定存在求解该方程的快速算法。Levinson-Durbin 递推算法就是求解该方程的一种快速算法，分别由 Norman Levinson(莱文森，1912—1975，美国数学家，曾师从维纳)于 1947 年、J. Durbin 于 1960 年独立提出。该递推算法的基本思想是：在已知 M–1 阶的系数和最小均方误差的条件下，用递推关系得到 M 阶的系数与均方误差值。在教材(Manolakis et al.，2003；张贤达，2002；张旭东和陆明泉，2005)中均详细给出了 Levinson-Durbin 递推算法的推导过程，在此从略，而直接给出该算法。

Levinson-Durbin 递推算法介绍如下。

(1)输入：$r_x(0), r_x(1), r_x(2),\cdots, r_x(M)$。

(2)初始化。

① $P_0 = r_x(0)$

② $a_{m,0} = 1,\ m = 0, 1,\cdots, M$

(3) 对于 $m = 1, 2,\cdots, M$，逐项计算以下各项。

① $\Delta_{m-1} = r_x(m) + \sum\limits_{l=1}^{m-1} a_{m-1,l} r_x(m-l)$

② $k_m = -\dfrac{\Delta_{m-1}}{P_{m-1}}$

③ $a_{m,m} = k_m$

④ $a_{m,l} = a_{m-1,l} + k_m a_{m-1,m-l}$，$l = 1, 2,\cdots, m-1$

⑤ $P_m = P_{m-1}(1 - |k_m|^2)$

(4)输出：$\boldsymbol{a}_M = [1, a_{M,1}, a_{M,2},\cdots, a_{M,M}]^{\mathrm{T}}$，$\{k_m\}_{m=1}^{M}$，$\{P_m\}_{m=1}^{M}$。

注意在该算法中，因为零阶预测的全部预测系数为零，所以预测误差等于信号本身。Levinson-Durbin 算法的运算复杂程度为 $O(M^2)$，并且该算法还可以得到从 1 阶到 M 阶的各阶系数和最小均方误差值。由 Levinson-Durbin 算法可以看到，如果给定随机信号自相关函数的 $M+1$ 个值 $\{r_x(l)\}_{l=0}^{M}$，则可递推得到各阶反射系数 $\{k_m\}_{m=1}^{M}$ 和各阶预测滤波器系数 $\{a_{m,k}\}_{k=1}^{m}$，$m = 1, 2, \cdots, M$，可最终确定第 M 阶系数 $\{a_{M,k}\}_{k=1}^{M}$。进一步注意到，在每增加 1 阶的递推过程中，除计算 Δ_{m-1} 外，其他参数计算不需要自相关函数的值。如果可以用其他方法获得反射系数，则只要给定 M 个反射系数，就可以递推得到 M 阶预测误差滤波器的系数。

例 5.4.1 写出实信号用 k_m 表示的 Levinson-Durbin 算法前三阶的系数递推公式。

解： 由 $a_{0,0} = 1$ 作为初始条件，各阶系数的递推公式为

1 阶：$a_{1,1} = k_1$

2 阶：$a_{2,1} = a_{1,1} + k_2 a_{1,1} = k_1 + k_2 k_1$

$a_{2,2} = k_2$

3 阶：$a_{3,1} = a_{2,1} + k_3 a_{2,2} = k_1 + k_2 k_1 + k_3 k_2$

$a_{3,2} = a_{2,2} + k_3 a_{2,1} = k_2 + k_3 (k_1 + k_2 k_1)$

$a_{3,3} = k_3$

例 5.4.2　设随机信号 $x(n)$ 为 AR(1) 过程，即满足 $x(n) = -a_1 x(n-1) + v(n)$, 其中，$v(n)$ 是方差为 σ_v^2 的白噪声，用 Levinson-Durbin 算法求解 $x(n)$ 的各阶最优线性预测误差滤波器的系数。

解：由式(3.1.11)得 $x(n)$ 的自相关序列为

$$r_x(l) = \frac{\sigma_v^2}{1 - a_1^2} (-a_1)^{|l|}$$

用 Levinson-Durbin 算法可以获得各阶预测误差滤波器的系数。

初始的参数：

$$a_{0,0} = 1, \quad P_0 = r_x(0) = \frac{\sigma_v^2}{1 - a_1^2}, \quad \Delta_0 = r_x(1) = \frac{-a_1 \sigma_v^2}{1 - a_1^2}$$

一阶参数：

$$k_1 = -\frac{\Delta_0}{P_0} = -\frac{r_x(1)}{r_x(0)} = a_1$$

$$a_{1,0} = 1$$

$$a_{1,1} = k_1 = a_1$$

$$P_1 = P_0 (1 - |k_1|^2) = \sigma_v^2$$

二阶参数：

$$\Delta_1 = r_x(2) + a_{1,1} r_x(1) = 0$$

$$k_2 = 0$$

$$P_2 = P_1 = \sigma_v^2$$

$$a_{2,0} = 1, \quad a_{2,1} = a_{1,1} = a_1, \quad a_{2,2} = 0$$

类似地，容易验证 M 阶预测误差滤波器的系数为

$$a_{M,0} = 1, \quad a_{M,1} = a_1, \quad a_{M,2} = \cdots = a_{M,M} = 0$$

该结果说明，对于 AR(1) 过程，用 1 阶线性预测即可实现均方误差最小，如果预测器的阶数 $M>1$，则后续的系数将取零。类似的结论推广到 AR(p) 过程也是成立的。

5.4.4　格型预测误差滤波器

对于平稳随机过程，由 m 阶前向预测误差滤波器的输出 $f_m(n) = \boldsymbol{a}_m^{\mathrm{T}} \boldsymbol{x}_{m+1}(n)$ 和 m 阶后向预测误差滤波器输出 $b_m(n) = \boldsymbol{a}_m^{\mathrm{BT}} \boldsymbol{x}_{m+1}(n)$，利用 Levinson 系数递推公式，整理得到

$$f_m(n) = f_{m-1}(n) + k_m b_{m-1}(n-1) \tag{5.4.34}$$

$$b_m(n)=b_{m-1}(n-1)+k_m f_{m-1}(n) \tag{5.4.35}$$

注意，$b_{m-1}(n-1)$为后向预测误差$b_{m-1}(n)$的一步延迟，而0阶预测误差信号为

$$f_0(n)=b_0(n)=x(n) \tag{5.4.36}$$

由式(5.4.34)～式(5.4.36)得到的格型预测误差滤波器结构如图5.4.3所示。图5.4.3(a)是一阶格型模块，实现了式(5.4.34)和式(5.4.35)的运算关系，通过M阶级联，同时实现了M阶的前向预测误差和后向预测误差滤波器，第m级格型单元的反射系数为k_m。

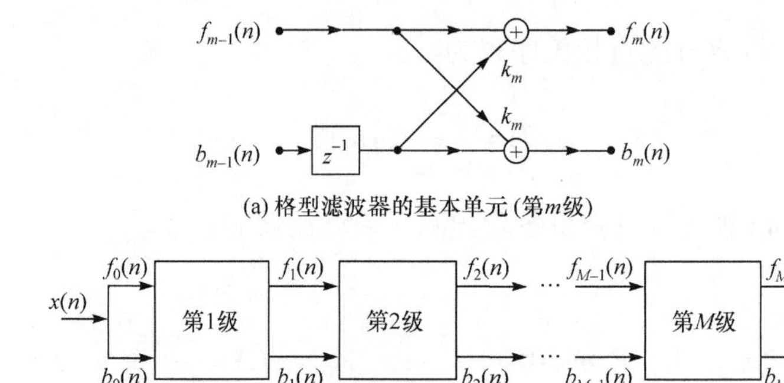

(a) 格型滤波器的基本单元(第m级)

(b) M级格型预测误差滤波器

图5.4.3　预测误差滤波器的格型结构

下面证明前向预测误差滤波器的递推关系式(5.4.34)，后向预测误差滤波器的递推关系式(5.4.35)的证明很相似，此处从略。

对于平稳随机过程，有

$$f_m(n)=\sum_{k=0}^{m}a_{m,k}x(n-k) \tag{5.4.37}$$

$$b_m(n)=\sum_{k=0}^{m}a_{m,m-k}x(n-k) \tag{5.4.38}$$

把Levinson系数递推公式(1.5.19)代入式(5.4.37)得

$$\begin{aligned}f_m(n)&=\sum_{k=0}^{m}a_{m,k}x(n-k)=\sum_{k=0}^{m}(a_{m-1,k}+k_m a_{m-1,m-k})x(n-k)\\&=\sum_{k=0}^{m}a_{m-1,k}x(n-k)+k_m\sum_{k=0}^{m}a_{m-1,m-k}x(n-k)\end{aligned} \tag{5.4.39}$$

利用$a_{m-1,m}=0$，并将它代入式(5.4.39)得

$$\begin{aligned}f_m(n)&=\sum_{k=0}^{m-1}a_{m-1,k}x(n-k)+k_m\sum_{k=1}^{m}a_{m-1,m-k}x(n-k)\\&=\sum_{k=0}^{m-1}a_{m-1,k}x(n-k)+k_m\sum_{k=0}^{m-1}a_{m-1,m-1-k}x(n-1-k)\\&=f_{m-1}(n)+k_m b_{m-1}(n-1)\end{aligned} \tag{5.4.40}$$

因此，式(5.3.34)成立。

预测误差滤波器的格型结构有下列特点。

(1)模块化结构。格型滤波器的每一级结构完全相同，只有唯一的参数——反射系数的取值不同，这便于硬件模块的复用。

(2)增加阶数后不改变前级的参数。对于格型结构，由 M 阶增加到 $M+1$ 阶只需要在最后增加一个反射系数为 k_{M+1} 的模块，不需要改变前 M 级的参数。

(3)格型结构可以同时计算前向和后向预测误差。

例 5.4.3　一个平稳随机过程，已知它的 4 个自相关值为

$$r_x(0)=2,\quad r_x(1)=1,\quad r_x(2)=1,\quad r_x(3)=0.5$$

求它的三阶前向预测误差滤波器的格型结构和横向结构的参数，并分别画出结构图。

解： 用 Levinson-Durbin 递推算法，初始条件为 $P_0=r_x(0)=2$，$\Delta_0=r_x(1)=1$，$a_{0,0}=1$。

第 1 阶递推：

$$k_1=-\frac{\Delta_0}{P_0}=-0.5,\quad P_1=P_0(1-k_1^2)=1.5$$

$$a_{1,0}=1$$

$$a_{1,1}=k_1=-0.5$$

第 2 阶递推：

$$\Delta_1=r_x(2)+a_{1,1}r_x(1)=0.5$$

$$k_2=-\frac{\Delta_1}{P_1}=-\frac{1}{3},\quad P_2=P_1(1-k_2^2)=\frac{4}{3}$$

$$a_{2,0}=1$$

$$a_{2,1}=a_{1,1}+k_2a_{1,1}=-\frac{1}{3}$$

$$a_{2,2}=k_2=-\frac{1}{3}$$

第 3 阶递推：

$$\Delta_2=r_x(3)+a_{2,1}r_x(2)+a_{2,2}r_x(1)=-\frac{1}{6}$$

$$k_3=-\frac{\Delta_2}{P_2}=\frac{1}{8},\quad P_3=P_2(1-k_3^2)=\frac{21}{16}$$

$$a_{3,0}=1$$

$$a_{3,1}=a_{2,1}+k_3a_{2,2}=-\frac{3}{8}$$

$$a_{3,2}=a_{2,2}+k_3a_{2,1}=-\frac{3}{8}$$

$$a_{3,3}=k_3=\frac{1}{8}$$

由以上参数，可以画出前向预测误差滤波器的横向结构和格型结构图，见图 5.4.4。

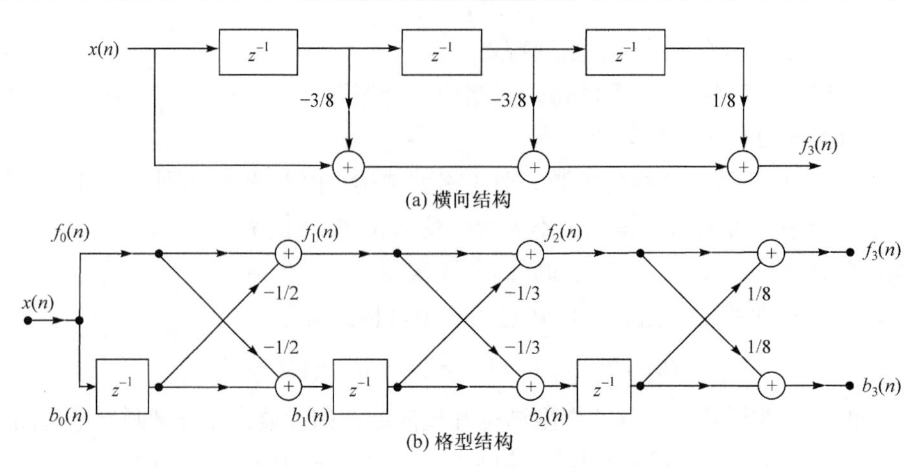

图 5.4.4　例 5.4.3 的预测误差滤波器结构

5.5　卡尔曼滤波器

5.5.1　引言

卡尔曼滤波(Kalman filtering)是一种基于线性系统状态方程，使用随时间推移的观测数据，对系统状态进行最优估计的算法。由于观测数据中包含系统内部噪声和测量干扰，所以最优估计也可看作滤波过程。

卡尔曼滤波器以该理论的主要贡献者，匈牙利裔美国著名数学家、电气工程师 Rudolf Emil Kalman(卡尔曼，1930—2016)的名字命名。1958～1964 年，卡尔曼在 Glenn L. Martin 公司位于巴尔的摩的 RIAS(Research Institute for Advanced Studies)研究所从事数学与控制的基础研究工作。1959 年 11 月底，卡尔曼在访问完普林斯顿大学后乘火车返回巴尔的摩途中，突然萌发了一个想法：为什么不把状态变量的概念应用到维纳滤波问题呢？这标志着一项重要实践的开始。

1960 年秋天，受 Stanley F. Schmidt 邀请，卡尔曼访问美国宇航局艾姆斯研究中心(NASA Ames Research Center)。Schmidt 意识到卡尔曼滤波器可以应用于他们当时正在研究的一个项目——“阿波罗计划”中的轨迹估计和控制。随后，Schmidt 开始着手开发卡尔曼滤波器，实现了现在被称为扩展卡尔曼滤波(extended Kalman filtering, EKF)的方法，他应该是第一位完整实现卡尔曼滤波器的人。1961 年初，Schmidt 把他的成果向美国麻省理工学院仪表实验室的 Richard H. Battin 进行了介绍。Battin 当时已经在利用状态空间方法设计和实现太空航行制导系统，他随后将卡尔曼滤波器引入阿波罗太空船制导中。

卡尔曼滤波器从提出到现在，已广泛应用于许多领域，但作为一种工具而言，它几乎只有两种应用：估计动态系统的状态和估计子的性能分析。

什么是动态系统？如果泛泛而谈，它几乎包含所有的系统。除了少数基本的物理常数，在宇宙中几乎很少有事物是真正恒定不变的。矮行星、谷神星的轨道参数不是恒定不变的，甚至“固定”的星星和陆地也在移动。几乎所有的物理系统，在一定程度上都是变化的。如果人们希望非常精确地估计其随时间变化的特征，则必须考虑其动态变化因素。问题是人们并不总是能够非常准确地掌握其动态变化。对于部分未知的状态，能做的最好的事情就是利用概率论描述这些未知的状态。卡尔曼滤波器允许我们利用这些统计信息，根据某种类型的随机行为对动态系统的状态进行估计。这是卡尔曼滤波器的第一种应用。

另外，为了估计动态系统的状态，我们要用到多种传感器。例如，化工厂过程控制系统中，所采用的传感器有压力、温度、流速传感器，气体分析仪等；航天器跟踪系统中，传感器有雷达、成像系统等。传感器的类型、工作方式和性能，将直接影响状态估计的性能。估计子性能分析的目标是，对于某个给定的性能准则，确定这些传感器在卡尔曼滤波系统中的好坏程度、可用性。卡尔曼滤波器所具有的这种估计子性能分析能力，还允许系统设计人员可以为一个估计系统的各个子系统分配“误差预算”，并且对预算分配进行权衡，以便在实现所需估计精度的条件下，使代价成本或者其他性能指标达到最优。如果没有这项技术，则不太可能开发出许多复杂的传感器系统，其中包括北斗卫星导航系统(BDS)、全球定位系统(GPS)等。这是卡尔曼滤波器的第二种应用。

5.5.2　卡尔曼滤波算法

卡尔曼滤波器重复依次进行“预测”和“更新”。在预测环节，卡尔曼滤波器利用前一时刻的测量值计算当前状态变量的估计值，尽管这种估计会包含一些不确定性。在更新环节，用新获得的当前测量值，通过加权平均更新状态变量的估计值，确定性越高所赋予的权值也越大。卡尔曼滤波器可以实现实时处理，算法的内存开销也很小。

卡尔曼滤波器没有假设误差是高斯的，然而，在所有误差均为高斯分布的特殊情况下，该滤波器可得到精确的条件概率估计。

卡尔曼滤波器基于系统的动力学模型，利用该系统的已知控制输入以及多次测量，对系统变量(状态)进行估计，这种估计优于仅利用单次测量进行的估计。因而，它也是一种传感器融合和数据融合方法。

总之，卡尔曼滤波器基于线性系统的状态方程进行最优估计，设动态系统的离散时间线性模型、测量模型分别为

$$\boldsymbol{x}(n+1)=\boldsymbol{F}(n)\boldsymbol{x}(n)+\boldsymbol{B}(n)\boldsymbol{u}(n)+\boldsymbol{w}(n) \tag{5.5.1}$$

$$\boldsymbol{z}(n)=\boldsymbol{H}(n)\boldsymbol{x}(n)+\boldsymbol{v}(n) \tag{5.5.2}$$

其中，$\boldsymbol{x}(n)=\left[x_1(n)\ \ x_2(n)\ \ \cdots\ \ x_M(n)\right]^{\mathrm{T}}$ 为状态矢量，$\boldsymbol{x}(n)\in\mathbb{R}^{M\times 1}$。$\boldsymbol{F}(n)$ 为状态转移矩阵，$\boldsymbol{F}(n)\in\mathbb{R}^{M\times M}$；$\boldsymbol{F}(n)=\boldsymbol{F}(n+1,n)=\boldsymbol{F}(t_{(n+1)T},t_{nT})$ 表示从时刻 n (采样点 nT，T 为采样周期)到时刻 $n+1$ (采样点 $(n+1)T$)的状态转移矩阵(state-transition matrix, STM)；当系统具有时不变性时，状态转移矩阵不再随时间而改变，即 $\boldsymbol{F}(n)=\boldsymbol{F}$。

$\boldsymbol{u}(n)=\left[u_1(n)\ \ u_2(n)\ \ \cdots\ \ u_J(n)\right]^{\mathrm{T}}$ 为控制输入矢量，$\boldsymbol{u}(n)\in\mathbb{R}^{J\times 1}$；对于有些动态系统，可能没有控制输入。

$\boldsymbol{B}(n)$ 为控制输入矩阵，$\boldsymbol{B}(n)\in\mathbb{R}^{M\times J}$，表示控制输入矢量与状态矢量之间的耦合关系；对于时不变系统，$\boldsymbol{B}(n)=\boldsymbol{B}$；对于有些动态系统，可能没有控制输入，因而也就不需要该矩阵了。

$\boldsymbol{w}(n)=\left[w_1(n)\ \ w_2(n)\ \ \cdots\ \ w_M(n)\right]^{\mathrm{T}}$ 为过程噪声(也称为系统动态噪声、设备噪声)矢量，

$\boldsymbol{w}(n)\in\mathbb{R}^{M\times1}$；通常假设该噪声服从均值为零、协方差矩阵为 $\boldsymbol{Q}(n)$ 的多元正态分布，即 $\boldsymbol{w}(n)\sim N(0,\boldsymbol{Q}(n))$。

$\boldsymbol{z}(n)=\begin{bmatrix}z_1(n) & z_2(n) & \cdots & z_L(n)\end{bmatrix}^{\mathrm{T}}$ 为测量矢量(或观测矢量)，$\boldsymbol{Z}(n)\in\mathbb{R}^{L\times1}$。

$\boldsymbol{H}(n)$ 为测量矩阵(观测矩阵，也称为测量灵敏度矩阵)，$\boldsymbol{H}(n)\in\mathbb{R}^{L\times M}$，表示系统状态矢量到测量矢量的线性转换关系；对于时不变系统，$\boldsymbol{H}(n)=\boldsymbol{H}$。

$\boldsymbol{v}(n)=\begin{bmatrix}v_1(n) & v_2(n) & \cdots & v_L(n)\end{bmatrix}^{\mathrm{T}}$ 为测量噪声矢量；通常假设该噪声服从均值为零、协方差矩阵为 $\boldsymbol{R}(n)$ 的多元正态分布，即 $\boldsymbol{v}(n)\sim N(0,\boldsymbol{R}(n))$。

卡尔曼滤波拟解决的问题是，给定测量矢量 $\boldsymbol{z}(n)$，尽可能反推状态矢量 $\boldsymbol{x}(n)$。这是一个最优估计问题。卡尔曼滤波采用递推算法，对状态矢量序列进行递推估计。

在下面的内容中，如采用时刻 m 及以前的测量矢量序列 $\{\boldsymbol{z}(k),k\leqslant m\}$，对 $\boldsymbol{x}(n)$ 进行估计，所得估计用符号 $\hat{\boldsymbol{x}}(n\,|\,m)$ 表示，这里，$m\leqslant n$。特别地，$\hat{\boldsymbol{x}}(n\,|\,n-1)$、$\hat{\boldsymbol{x}}(n\,|\,n)$ 分别称为 $\boldsymbol{x}(n)$ 的先验状态估计、后验状态估计。分别用 $\boldsymbol{P}(n\,|\,n-1)$、$\boldsymbol{P}(n\,|\,n)$ 表示先验、后验状态估计误差的协方差矩阵，协方差矩阵是状态估计不确定性的一种度量。

理论上，卡尔曼滤波算法可以合并为一个方程，然而，它通常被概念化为两个不同的步骤：预测和更新。在预测阶段，卡尔曼滤波器使用前一个时刻的状态估计生成当前时刻的状态估计。通过预测得到的状态估计，也称为先验状态估计。尽管它是当前时刻的状态估计，但它没有采用当前时刻的测量值。在更新阶段，将当前时刻的先验估计与当前时刻的测量信息结合起来，以完善状态估计，更新后的估计称为后验状态估计。

交替进行预测和更新，并按时间递推，这就是卡尔曼滤波算法。除状态向量外，卡尔曼滤波算法还要以合适的方式预测、更新状态估计误差的协方差矩阵，以跟踪状态估计中存在的不确定性。

卡尔曼滤波算法可以归纳为两个步骤，共 7 个公式。

步骤 1：预测。

(1) 预测先验状态估计：

$$\hat{\boldsymbol{x}}(n\,|\,n-1)=\boldsymbol{F}(n-1)\hat{\boldsymbol{x}}(n-1\,|\,n-1)+\boldsymbol{B}(n-1)\boldsymbol{u}(n-1) \tag{5.5.3}$$

(2) 预测先验状态估计误差的协方差矩阵：

$$\boldsymbol{P}(n\,|\,n-1)=\boldsymbol{F}(n-1)\boldsymbol{P}(n-1\,|\,n-1)\boldsymbol{F}^{\mathrm{T}}(n-1)+\boldsymbol{Q}(n-1) \tag{5.5.4}$$

步骤 2：更新。

(1) 新息或测量残差：

$$\tilde{\boldsymbol{y}}(n)=\boldsymbol{z}(n)-\boldsymbol{H}(n)\hat{\boldsymbol{x}}(n\,|\,n-1) \tag{5.5.5}$$

(2) 新息(残差)协方差矩阵：

$$\boldsymbol{S}(n)=\boldsymbol{H}(n)\boldsymbol{P}(n\,|\,n-1)\boldsymbol{H}^{\mathrm{T}}(n)+\boldsymbol{R}(n) \tag{5.5.6}$$

(3) 最优卡尔曼增益：

$$\boldsymbol{K}(n)=\boldsymbol{P}(n\,|\,n-1)\boldsymbol{H}^{\mathrm{T}}(n)\boldsymbol{S}^{-1}(n) \tag{5.5.7}$$

(4) 更新后验状态估计：

$$\hat{\boldsymbol{x}}(n|n)=\hat{\boldsymbol{x}}(n|n-1)+\boldsymbol{K}(n)\tilde{\boldsymbol{y}}(n) \tag{5.5.8}$$

(5)更新后验估计协方差矩阵：

$$\boldsymbol{P}(n|n)=(\boldsymbol{I}-\boldsymbol{K}(n)\boldsymbol{H}(n))\boldsymbol{P}(n|n-1) \tag{5.5.9}$$

仅当 $\boldsymbol{K}(n)$ 为最优卡尔曼增益时，才能用式(5.5.9)更新后验估计协方差矩阵。当 $\boldsymbol{K}(n)$ 不等于最优卡尔曼增益时，需用一个比较复杂的公式更新后验估计协方差矩阵，详见 5.5.3 节。

5.5.3　卡尔曼滤波算法的推导

1. 后验估计协方差矩阵递推公式的推导

在以下的推导过程中，我们用 $\mathrm{Cov}[\boldsymbol{x}(n)]$ 表示随机矢量 $\boldsymbol{x}(n)$ 的协方差矩阵，即

$$\mathrm{Cov}[\boldsymbol{x}(n)]=E[(\boldsymbol{x}(n)-\boldsymbol{\mu}_x(n))\cdot(\boldsymbol{x}(n)-\boldsymbol{\mu}_x(n))^{\mathrm{T}}] \tag{5.5.10}$$

对于均值为零的随机矢量，协方差矩阵等于自相关矩阵，即

$$\mathrm{Cov}[\boldsymbol{x}(n)]=E[\boldsymbol{x}(n)\cdot\boldsymbol{x}^{\mathrm{T}}(n)] \tag{5.5.11}$$

首先推导状态矢量的后验估计协方差矩阵的递推公式。如上所述，状态矢量的后验估计误差协方差矩阵可表示为

$$\boldsymbol{P}(n|n)=\mathrm{Cov}[\boldsymbol{x}(n)-\hat{\boldsymbol{x}}(n|n)] \tag{5.5.12}$$

用式(5.5.8)替换其中的 $\hat{\boldsymbol{x}}(n|n)$，得

$$\boldsymbol{P}(n|n)=\mathrm{Cov}[\boldsymbol{x}(n)-(\hat{\boldsymbol{x}}(n|n-1)+\boldsymbol{K}(n)\tilde{\boldsymbol{y}}(n))] \tag{5.5.13}$$

用式(5.5.5)替换其中的 $\tilde{\boldsymbol{y}}(n)$，得

$$\boldsymbol{P}(n|n)=\mathrm{Cov}[\boldsymbol{x}(n)-(\hat{\boldsymbol{x}}(n|n-1)+\boldsymbol{K}(n)(\boldsymbol{z}(n)-\boldsymbol{H}(n)\hat{\boldsymbol{x}}(n|n-1)))] \tag{5.5.14}$$

用式(5.5.2)替换其中的 $\boldsymbol{z}(n)$，得

$$\boldsymbol{P}(n|n)=\mathrm{Cov}[\boldsymbol{x}(n)-(\hat{\boldsymbol{x}}(n|n-1)+\boldsymbol{K}(n)(\boldsymbol{H}(n)\boldsymbol{x}(n)+\boldsymbol{v}(n)-\boldsymbol{H}(n)\hat{\boldsymbol{x}}(n|n-1)))] \tag{5.5.15}$$

在式(5.5.15)中，按误差矢量进行整理，得

$$\boldsymbol{P}(n|n)=\mathrm{Cov}[(\boldsymbol{I}-\boldsymbol{K}(n)\boldsymbol{H}(n))(\boldsymbol{x}(n)-\hat{\boldsymbol{x}}(n|n-1))-\boldsymbol{K}(n)\boldsymbol{v}(n)] \tag{5.5.16}$$

如上所述，测量误差与其他随机变量不相关，因此：

$$\boldsymbol{P}(n|n)=\mathrm{Cov}[(\boldsymbol{I}-\boldsymbol{K}(n)\boldsymbol{H}(n))(\boldsymbol{x}(n)-\hat{\boldsymbol{x}}(n|n-1))]+\mathrm{Cov}[\boldsymbol{K}(n)\boldsymbol{v}(n)] \tag{5.5.17}$$

进一步利用协方差矩阵的性质，得

$$\begin{aligned}\boldsymbol{P}(n|n)=&(\boldsymbol{I}-\boldsymbol{K}(n)\boldsymbol{H}(n))\cdot\mathrm{Cov}[\boldsymbol{x}(n)-\hat{\boldsymbol{x}}(n|n-1)]\cdot(\boldsymbol{I}-\boldsymbol{K}(n)\boldsymbol{H}(n))^{\mathrm{T}}\\&+\boldsymbol{K}(n)\cdot\mathrm{Cov}[\boldsymbol{v}(n)]\cdot\boldsymbol{K}^{\mathrm{T}}(n)\end{aligned} \tag{5.5.18}$$

把先验估计误差的协方差矩阵 $\boldsymbol{P}(n|n-1)$ 以及测量误差协方差矩阵 $\boldsymbol{R}(n)$ 代入式(5.5.18)，得

$$\boldsymbol{P}(n|n)=(\boldsymbol{I}-\boldsymbol{K}(n)\boldsymbol{H}(n))\boldsymbol{P}(n|n-1)(\boldsymbol{I}-\boldsymbol{K}(n)\boldsymbol{H}(n))^{\mathrm{T}}+\boldsymbol{K}(n)\boldsymbol{R}(n)\boldsymbol{K}^{\mathrm{T}}(n) \tag{5.5.19}$$

式(5.5.19)被称为协方差更新的“约瑟夫公式(Joseph form)”，其中，$\boldsymbol{K}(n)$ 可以取任意值。如在后续内容中所述，当 $\boldsymbol{K}(n)$ 等于最佳卡尔曼增益时，该公式可以进一步简化。

2. 卡尔曼增益计算公式的推导

如上所述，卡尔曼滤波也是一种线性最小均方估计。设状态矢量的后验估计误差为

$$\tilde{\boldsymbol{x}}(n|n)=\boldsymbol{x}(n)-\hat{\boldsymbol{x}}(n|n) \tag{5.5.20}$$

我们试图求出最优的增益矢量，以使误差向量模平方的期望值最小，设代价函数(或性能曲面)为

$$J(\boldsymbol{K}(n))=E[\|\tilde{\boldsymbol{x}}(n|n)\|^2] \tag{5.5.21}$$

则

$$J(\boldsymbol{K}(n))=\sum_{k=1}^{M}E[|\tilde{x}_k(n|n)|^2]=\mathrm{tr}(\boldsymbol{P}(n|n)) \tag{5.5.22}$$

式(5.5.22)说明，用式(5.5.21)定义的代价函数可以表示为后验估计误差协方差矩阵$\boldsymbol{P}(n|n)$的迹。通过重新展开、合并式(5.5.19)中的项，得

$$\begin{aligned}\boldsymbol{P}(n|n)=&\boldsymbol{P}(n|n-1)-\boldsymbol{K}(n)\boldsymbol{H}(n)\boldsymbol{P}(n|n-1)-\boldsymbol{P}(n|n-1)\boldsymbol{H}^{\mathrm{T}}(n)\boldsymbol{K}^{\mathrm{T}}(n)\\&+\boldsymbol{K}(n)(\boldsymbol{H}(n)\boldsymbol{P}(n|n-1)\boldsymbol{H}^{\mathrm{T}}(n)+\boldsymbol{R}(n))\boldsymbol{K}^{\mathrm{T}}(n)\end{aligned} \tag{5.5.23}$$

再利用式(5.5.6)进行简化，得

$$\begin{aligned}\boldsymbol{P}(n|n)=&\boldsymbol{P}(n|n-1)-\boldsymbol{K}(n)\boldsymbol{H}(n)\boldsymbol{P}(n|n-1)-\boldsymbol{P}(n|n-1)\boldsymbol{H}^{\mathrm{T}}(n)\boldsymbol{K}^{\mathrm{T}}(n)\\&+\boldsymbol{K}(n)\boldsymbol{S}(n)\boldsymbol{K}^{\mathrm{T}}(n)\end{aligned} \tag{5.5.24}$$

由式(5.5.22)和式(5.5.24)，并利用矩阵迹的下列性质：

$$\left.\begin{aligned}&\mathrm{tr}(\boldsymbol{A}^{\mathrm{T}})=\mathrm{tr}(\boldsymbol{A})\\&\frac{\partial}{\partial\boldsymbol{A}}(\mathrm{tr}(\boldsymbol{AB}))=\boldsymbol{B}^{\mathrm{T}}\\&\frac{\partial}{\partial\boldsymbol{A}}(\mathrm{tr}(\boldsymbol{ABA}^{\mathrm{T}}))=2\boldsymbol{AB}\end{aligned}\right\} \tag{5.5.25}$$

我们可以证明：

$$\frac{\partial J(\boldsymbol{K}(n))}{\partial\boldsymbol{K}(n)}=\frac{\partial(\mathrm{tr}(\boldsymbol{P}(n|n)))}{\partial\boldsymbol{K}(n)}=-2(\boldsymbol{H}(n)\boldsymbol{P}(n|n-1))^{\mathrm{T}}+2\boldsymbol{K}(n)\boldsymbol{S}(n) \tag{5.5.26}$$

进一步令

$$\frac{\partial(\mathrm{tr}(\boldsymbol{P}(n|n)))}{\partial\boldsymbol{K}(n)}=0 \tag{5.5.27}$$

并利用协方差矩阵的对称性，得

$$\boldsymbol{K}(n)=\boldsymbol{P}(n|n-1)\boldsymbol{H}^{\mathrm{T}}(n)\boldsymbol{S}^{-1}(n) \tag{5.5.28}$$

式(5.5.28)给出了最优卡尔曼增益的表达式。以上推导过程和结果说明，利用 MMSE 估计准则，即可得到最优卡尔曼增益。

3. 后验估计误差协方差公式的简化

当$\boldsymbol{K}(n)$取上述最优卡尔曼增益时，可以得到比约瑟夫公式(5.5.19)更为简化的后验估

计误差协方差矩阵的更新公式。

对式(5.5.28)两边同时右乘$\boldsymbol{S}(n)\boldsymbol{K}^{\mathrm{T}}(n)$，得

$$\begin{aligned}\boldsymbol{K}(n)\boldsymbol{S}(n)\boldsymbol{K}^{\mathrm{T}}(n)&=\boldsymbol{P}(n|n-1)\boldsymbol{H}^{\mathrm{T}}(n)\boldsymbol{S}^{-1}(n)\boldsymbol{S}(n)\boldsymbol{K}^{\mathrm{T}}(n)\\&=\boldsymbol{P}(n|n-1)\boldsymbol{H}^{\mathrm{T}}(n)\boldsymbol{K}^{\mathrm{T}}(n)\end{aligned}\tag{5.5.29}$$

将式(5.5.29)代入式(5.5.24)，并互相抵消最后两项，得

$$\begin{aligned}\boldsymbol{P}(n|n)&=\boldsymbol{P}(n|n-1)-\boldsymbol{K}(n)\boldsymbol{H}(n)\boldsymbol{P}(n|n-1)\\&=(\boldsymbol{I}-\boldsymbol{K}(n)\boldsymbol{H}(n))\boldsymbol{P}(n|n-1)\end{aligned}\tag{5.5.30}$$

以上公式明显节省了计算量，在实际应用中，我们通常采用该公式。显然，该公式成立的条件是增益向量需为最优卡尔曼增益。如果数值计算精度过低，导致数值稳定性出现问题或者有意采用非最优卡尔曼增益，则不能采用简化后更新公式，而只能采用约瑟夫公式(5.5.19)计算后验误差协方差矩阵。

5.5.4　应用举例

例 5.5.1　用卡尔曼滤波器跟踪直线运动的小车。

考虑一辆位于无摩擦直线导轨上的小车，初始时刻卡车静止在位置 0，随后有横向牵引力作用于该小车上，牵引力的大小为随机变量。我们每隔 T 秒(T 为采样周期)测量一次小车的位置，得到离散时间测量序列，在这些测量值中包含了噪声干扰。我们首先建立小车位置和速度的动态方程，然后利用卡尔曼滤波器对测量序列进行滤波，最后给出 MATLAB 仿真实验结果。

设小车的位置和速度由下列离散时间状态矢量描述：

$$\boldsymbol{x}(n)=\begin{bmatrix}x_1(n)\\x_2(n)\end{bmatrix}=\begin{bmatrix}x(n)\\\dot{x}(n)\end{bmatrix}\tag{5.5.31}$$

其中，$x(n)=x_a(t)\big|_{t=nT}$为小车在时刻n的离散时间瞬时位置，这里，$x_a(t)$为连续时间瞬时位置；$\dot{x}(n)=\left.\dfrac{\mathrm{d}x_a(t)}{\mathrm{d}t}\right|_{t=nT}$为小车在时刻$n$的离散时间瞬时速度。

小车受到连续时间随机牵引力的作用，为了简化，假设在时刻$n\sim n+1$的时段内牵引力为常数，则所产生的加速度也将为常数，设其为$a(n)$。

根据牛顿运动定律，得

$$\begin{cases}x(n+1)=x(n)+T\dot{x}(n)+0.5T^2a(n)\\\dot{x}(n+1)=\dot{x}(n)+Ta(n)\end{cases}\tag{5.5.32}$$

将式(5.5.31)代入式(5.5.32)，得小车位置和速度的状态方程为

$$\boldsymbol{x}(n+1)=\boldsymbol{F}\boldsymbol{x}(n)+\boldsymbol{G}a(n)\tag{5.5.33}$$

其中

$$\boldsymbol{F}=\begin{bmatrix}1&T\\0&1\end{bmatrix}\tag{5.5.34}$$

$$\boldsymbol{G}=\begin{bmatrix}0.5T^2\\ T\end{bmatrix} \tag{5.5.35}$$

在式(5.5.33)中，令 $\boldsymbol{w}(n)=\boldsymbol{G}a(n)$，得

$$\boldsymbol{x}(n+1)=\boldsymbol{F}\boldsymbol{x}(n)+\boldsymbol{w}(n) \tag{5.5.36}$$

进一步假设加速度 $a(n)$ 具有正态分布，均值为 0，标准差为 σ_a，则 $\boldsymbol{w}(n)\sim N(0,\boldsymbol{Q})$，其中

$$\boldsymbol{Q}=\boldsymbol{G}\cdot\mathrm{Cov}[a(n)]\cdot\boldsymbol{G}^{\mathrm{T}}=\begin{bmatrix}0.25T^4 & 0.5T^3\\ 0.5T^3 & T^2\end{bmatrix}\sigma_a^2 \tag{5.5.37}$$

在每一个时间采样点，对小车的位置进行测量，假设测量噪声 $\boldsymbol{v}(n)$ 也具有正态分布，均值为 0，标准差为 σ_v，即 $\boldsymbol{R}=\mathrm{Cov}[\boldsymbol{v}(n)]=\sigma_v^2$，则小车的测量模型为

$$\boldsymbol{z}(n)=\boldsymbol{H}\boldsymbol{x}(n)+\boldsymbol{v}(n) \tag{5.5.38}$$

其中

$$\boldsymbol{H}=\begin{bmatrix}1 & 0\end{bmatrix} \tag{5.5.39}$$

这里，由于我们仅对小车的位置进行测量，因而矢量 $\boldsymbol{v}(n)$、$\boldsymbol{z}(n)$ 都退化为标量了。

假设精确地知道小车初始处于静止状态，则

$$\hat{\boldsymbol{x}}(0\,|\,0)=\begin{bmatrix}0\\ 0\end{bmatrix} \tag{5.5.40}$$

此外，如果我们已知小车的初始位置和初始速度，则可令状态估计误差协方差矩阵的初始值为零矩阵，即

$$\boldsymbol{P}(0\,|\,0)=\begin{bmatrix}0 & 0\\ 0 & 0\end{bmatrix} \tag{5.5.41}$$

如果小车的初始位置和初始速度未知，则可以在协方差矩阵的对角线上设置适当的方差值进行初始化，例如：

$$\boldsymbol{P}(0\,|\,0)=\begin{bmatrix}\sigma_x^2 & 0\\ 0 & \sigma_{\dot{x}}^2\end{bmatrix} \tag{5.5.42}$$

设定初始值后，在给定测量序列的前提下，可以利用卡尔曼滤波算法，对小车的位置和速度进行滤波和预测。

程序 5_5_1 用于实现该实例的仿真实验，图 5.5.1 为某次实验结果。从该运行结果可明显看出，无论是滤波(后验估计)还是预测(先验估计)，得到的小车位置都比测量位置更接近真实位置。对程序 5_5_1 进行少量修改，即可显示对小车速度进行滤波和预测的结果。

程序 5_5_1 用卡尔曼滤波器跟踪直线运动的小车。

```
% 程序 5_5_1 用卡尔曼滤波器跟踪直线运动的小车
% Set parameters
clear; clc;
```

```
T=0.1;
N=64;
sigma_a=1.0;
sigma_v=0.8;
F=[1 T; 0 1];
H=[1 0];
G=[0.5*T^2; T];

% Generate state vector sequence x(n) and measurement sequence z(n)
w=G*sigma_a*randn(1,N);
v=sigma_v*randn(1,N);
x=zeros(2,N);
n=0;
x(:,n+1)=F*[0;0]+w(:,n+1);
for n=1 : N-1
    x(:,n+1)=F*x(:,n)+w(:,n+1);
end
z=H*x+v;

% Set initial value
Q=[0.25*T^4 0.5*T^3;0.5*T^3  T^2]*sigma_a^2;
R=[sigma_v^2];
x_post_0=[0;0];
P_post=[0 0;0 0];

% Kalman Filtering
x_pri=zeros(2,N);
x_post=zeros(2,N);
for n=1:N
    if n==1
        x_pri(:,n)=F*x_post_0;
    else
        x_pri(:,n)=F*x_post(:,n-1);
    end
    P_pri=F*P_post*F'+Q;
    y_est=z(:,n)-H*x_pri(:,n);
    S=H*P_pri*H'+R;
    K=P_pri*H'/S;
    x_post(:, n)= x_pri(:, n)+K*y_est;
    P_post=P_pri-K*H*P_pri;
    P_post=.5*(P_post+P_post');
end

% plot the truth, filtered and predicted position
n=[1:N]*T;
```

```
subplot(211);
plot(n,x(1,:),'b-o',n,z(1,:),'r-x');
legend('x(n)', 'z(n)'); axis tight;
ylabel('Amplitude');
xlabel('Time (s)');
title('Truth/Measuring Position');
V1=axis;

subplot(212);
plot(n,x(1,:),'b-o', n,x_post(1,:),'r-x', n,x_pri(1,:),'k-+');
legend('x(n)', 'y(n|n)', 'y(n|n-1)'); axis(V1);
ylabel('Amplitude');
xlabel('Time (s)');
title('Truth/Filtered/Predicted Position');
```

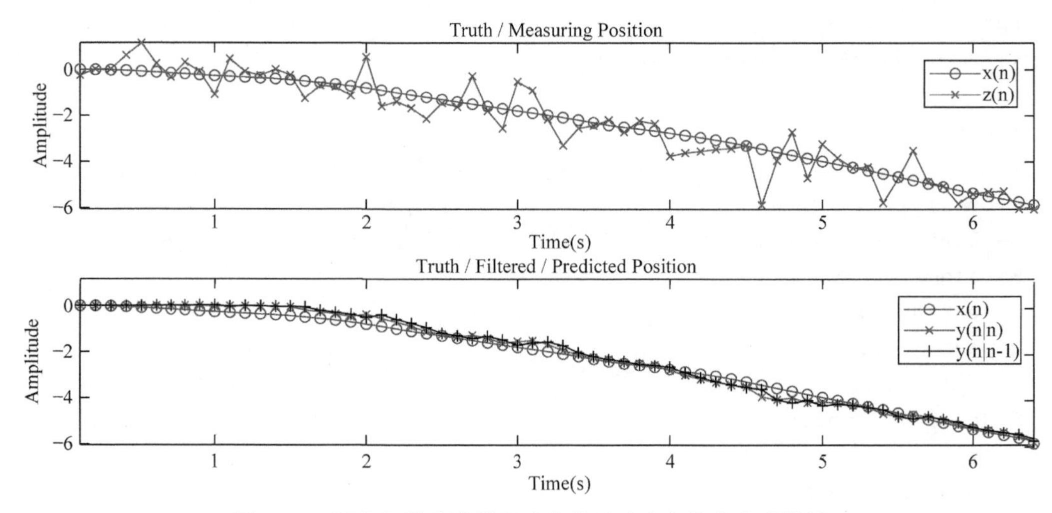

图 5.5.1　用卡尔曼滤波器跟踪直线运动小车仿真实验结果

例 5.5.2　卡尔曼滤波器在雷达跟踪系统中的应用。

在雷达跟踪系统中，雷达波束用来确定目标离发射机的距离和速度。理想的发射脉冲和接收脉冲为标准的矩形脉冲。假设发射脉冲与接收脉冲之间的时延为Δt，即无线电波从发射机到达目标然后返回到发射点所需的时间，则发射机与目标之间的距离为$x = c \cdot \Delta t / 2$，其中，c表示光速，即电磁波的传播速度。在实际应用中，由于受到各种干扰，实际接收到的脉冲为不规则波形，实际测量得到的时延值与理论值相比，存在误差。一次测量得到的目标的距离可能有很大的误差。为了减小误差，雷达跟踪系统每隔一个固定时间，周期性发射脉冲序列，以实现多次测量。在许多情况下，目标是运动的，还要测量目标的速度，以预测下一时刻目标的位置。

雷达天线发射的无线电波束照射目标时，其指向确定了目标的方位角。设雷达天线每T秒旋转一周，并对目标的距离和方位角进行一次测量，显然，T也是测量序列的采样周期。

设雷达的目标为飞行器，设在n时刻飞行器与雷达间的距离为$r_0 + r(n)$，径向速度为$\dot{r}(n)$，方位角为$\theta(n)$，方位角速度为$\dot{\theta}(n)$。其中，r_0为平均距离，$r(n)$表示飞行器偏离平均距离的大小。经历 T 秒后到达 n+1 时刻，飞行器的这些参数相应变为 $r_0+r(n+1)$、$\dot{r}(n+1)$、$\theta(n+1)$ 和 $\dot{\theta}(n+1)$。若 T 不是太大，则有近似关系：

$$r(n+1)=r(n)+T\dot{r}(n) \tag{5.5.43}$$

$$\theta(n+1)=\theta(n)+T\dot{\theta}(n) \tag{5.5.44}$$

径向速度和方位角速度的变化，通常是突然的阵风或飞行器引擎推力瞬时不规则变化引起的。设径向加速度和方位角加速度分别为 $\ddot{r}(n)$、$\ddot{\theta}(n)$，于是经历 T 秒时间后，飞行器的径向速度和方位角速度的改变量分别为

$$u_1(n)=T\ddot{r}(n)=\dot{r}(n+1)-\dot{r}(n) \tag{5.5.45}$$

$$u_2(n)=T\ddot{\theta}(n)=\dot{\theta}(n+1)-\dot{\theta}(n) \tag{5.5.46}$$

通常假设 $u_1(n)$、$u_2(n)$ 为零均值平稳白噪声过程，并且 $u_1(n)$、$u_2(n)$ 之间也互不相关。引入状态矢量 $\boldsymbol{x}(n)=\begin{bmatrix} r(n) & \dot{r}(n) & \theta(n) & \dot{\theta}(n)\end{bmatrix}^{\mathrm{T}}$，则由式(5.5.43)～式(5.5.46)得飞行器的状态方程为

$$\boldsymbol{x}(n+1)=\boldsymbol{F}\boldsymbol{x}(n)+\boldsymbol{w}(n) \tag{5.5.47}$$

其中

$$\boldsymbol{F}=\begin{bmatrix} 1 & T & 0 & 0 \\ 0 & 1 & 0 & 0 \\ 0 & 0 & 1 & T \\ 0 & 0 & 0 & 1 \end{bmatrix}$$

为状态转移矩阵。

$$\boldsymbol{w}(n)=\begin{bmatrix} 0 \\ u_1(n) \\ 0 \\ u_2(n) \end{bmatrix}$$

为过程噪声(或系统动态噪声)。

从式(5.5.47)可看出，飞行器的径向距离和方位角之间没有耦合，实际上方位角的改变会导致径向距离的改变，特别是当飞行器离雷达不够远时，这种现象更为明显。另外，飞行器在一个三维空间运动，其轨迹除了径向距离还需用两个正交的方位角才能正确描述，除非把飞行器设定在一个二维平面。在本例中，为了简化推导及实验仿真，对这两个问题分别做了近似和限制。

设在 n 时刻飞行器的距离和方位角的测量值分别为 $z_1(n)$、$z_2(n)$，测量噪声分别为 $v_1(n)$、$v_2(n)$，则飞行器的测量方程为

$$\boldsymbol{z}(n)=\boldsymbol{H}\boldsymbol{x}(n)+\boldsymbol{v}(n) \tag{5.5.48}$$

其中，$\boldsymbol{H}=\begin{bmatrix} 1 & 0 & 0 & 0 \\ 0 & 0 & 1 & 0 \end{bmatrix}$，为测量矩阵。

为了进行卡尔曼滤波，还需给出过程噪声矢量的协方差矩阵和测量噪声矢量的协方差

矩阵。根据上述过程噪声矢量的定义以及相关假设，有

$$\boldsymbol{Q}(n)=E\left[\boldsymbol{w}(n)\boldsymbol{w}^{\mathrm{T}}(n)\right]=\begin{bmatrix}0&0&0&0\\0&\sigma_1^2&0&0\\0&0&0&0\\0&0&0&\sigma_2^2\end{bmatrix} \tag{5.5.49}$$

其中，$\sigma_1^2=E\left[u_1^2(n)\right]$，为径向速度改变量的方差；$\sigma_2^2=E\left[\theta_1^2(n)\right]$，为方位角速度改变量的方差。

为了简化，假设飞行器在各个方向运动的加速度为一个均匀分布的随机变量u，设其概率密度函数为

$$p(u)=\begin{cases}\dfrac{1}{2}D^{-1}, & -D\leqslant u\leqslant D\\ 0, & u>D \text{ 或 } u<-D\end{cases} \tag{5.5.50}$$

其中，D为最大加速度，则该随机变量的方差为

$$\sigma_u^2=E\left[u^2\right]=\frac{1}{3}D^2 \tag{5.5.51}$$

在径向方向，由式(5.5.45)得

$$u_1(n)=T\ddot{r}(n)=Tu \tag{5.5.52}$$

因此：

$$\sigma_1^2=E\left[T^2u^2\right]=\frac{1}{3}T^2D^2 \tag{5.5.53}$$

为了计算方位角加速度的方差，需将垂直于径向的运动转换成方位角的变化，当$r_0\gg|D|$时，可推导出经近似后的下列关系式：

$$\ddot{\theta}(n)=\frac{u}{r_0} \tag{5.5.54}$$

由式(5.5.46)得

$$u_2(n)=T\ddot{\theta}(n)=\frac{Tu}{r_0} \tag{5.5.55}$$

$$\sigma_2^2=E\left[\frac{T^2u^2}{r_0}\right]=\frac{T^2D^2}{3r_0^2}=\frac{\sigma_1^2}{r_0^2} \tag{5.5.56}$$

通常假设测量噪声$v_1(n)$、$v_2(n)$具有平稳高斯分布，均值为零，方差分别为σ_r^2、σ_θ^2，因此测量噪声矢量的协方差矩阵为

$$\boldsymbol{R}(n)=E\left[\boldsymbol{v}(n)\boldsymbol{v}^{\mathrm{T}}(n)\right]=\begin{bmatrix}\sigma_r^2&0\\0&\sigma_\theta^2\end{bmatrix} \tag{5.5.57}$$

如上所述，为了进行卡尔曼滤波，需设定合适的初始值$\hat{\boldsymbol{x}}(0|0)$、$\boldsymbol{P}(0|0)$。

设测量矢量序列为$\{z(1), z(2), z(3), \cdots\}$，其中包含了径向距离和方位角的测量值，对状态向量$\boldsymbol{x}(2)$进行下列后验估计：

$$\hat{\boldsymbol{x}}(2|2)=\begin{bmatrix}\hat{r}(2|2)\\ \hat{\dot{r}}(2|2)\\ \hat{\theta}(2|2)\\ \hat{\dot{\theta}}(2|2)\end{bmatrix}=\begin{bmatrix}z_1(2)\\ \dfrac{1}{T}[z_1(2)-z_1(1)]\\ z_2(2)\\ \dfrac{1}{T}[z_2(2)-z_2(1)]\end{bmatrix} \tag{5.5.58}$$

由式(5.5.48)分别得

$$\begin{bmatrix}z_1(1)\\ z_2(1)\end{bmatrix}=\begin{bmatrix}x_1(1)+v_1(1)\\ x_3(1)+v_2(1)\end{bmatrix} \tag{5.5.59}$$

$$\begin{bmatrix}z_1(2)\\ z_2(2)\end{bmatrix}=\begin{bmatrix}x_1(2)+v_1(2)\\ x_3(2)+v_2(2)\end{bmatrix} \tag{5.5.60}$$

将式(5.5.59)和式(5.5.60)代入式(5.5.58)得

$$\hat{\boldsymbol{x}}(2|2)=\begin{bmatrix}x_1(2)+v_1(2)\\ \dfrac{1}{T}[(x_1(2)-x_1(1))+(v_1(2)-v_1(1))]\\ x_3(2)+v_2(2)\\ \dfrac{1}{T}[(x_3(2)-x_3(1))+(v_2(2)-v_2(1))]\end{bmatrix} \tag{5.5.61}$$

另外，由式(5.5.47)得

$$\boldsymbol{x}(2)=\begin{bmatrix}x_1(1)+Tx_2(1)\\ x_2(1)+u_1(1)\\ x_3(1)+Tx_4(1)\\ x_4(1)+u_2(1)\end{bmatrix}=\begin{bmatrix}x_1(2)\\ \dfrac{1}{T}[x_1(2)-x_1(1)]+u_1(1)\\ x_3(2)\\ \dfrac{1}{T}[x_3(2)-x_3(1)]+u_2(1)\end{bmatrix} \tag{5.5.62}$$

由式(5.5.61)和式(5.5.62)得状态向量$\boldsymbol{x}(2)$的估计误差矢量为

$$\tilde{\boldsymbol{x}}(2|2)=\boldsymbol{x}(2)-\hat{\boldsymbol{x}}(2|2)=\begin{bmatrix}-v_1(2)\\ u_1(1)-\dfrac{1}{T}[v_1(2)-v_1(1)]\\ -v_2(2)\\ u_2(1)-\dfrac{1}{T}[v_2(2)-v_2(1)]\end{bmatrix} \tag{5.5.63}$$

利用以上给定的过程噪声和测量噪声特性的假设，得误差矢量$\boldsymbol{x}(2|2)$的理论协方差矩阵为

$$\mathrm{Cov}[\tilde{\boldsymbol{x}}(2|2)]=E\left[\tilde{\boldsymbol{x}}(2|2)\tilde{\boldsymbol{x}}^{\mathrm{T}}(2|2)\right]=\begin{bmatrix} \sigma_r^2 & \frac{1}{T}\sigma_r^2 & 0 & 0 \\ \frac{1}{T}\sigma_r^2 & \frac{2}{T^2}\sigma_r^2+\sigma_1^2 & 0 & 0 \\ 0 & 0 & \sigma_\theta^2 & \frac{1}{T}\sigma_\theta^2 \\ 0 & 0 & \frac{1}{T}\sigma_\theta^2 & \frac{2}{T^2}\sigma_\theta^2+\sigma_2^2 \end{bmatrix} \tag{5.5.64}$$

可以注意到以上理论协方差矩阵与时间无关，这是由于在本例中我们对其中的随机过程做了平稳性假设。在此情况下，我们也选取以上矩阵为协方差矩阵的初始值，即

$$\boldsymbol{P}(0|0)=\mathrm{Cov}[\tilde{\boldsymbol{x}}(2|2)] \tag{5.5.65}$$

我们用程序 5_5_2 实现该雷达跟踪仿真实验，图 5.5.2 为某次实验结果。其中所采用的仿真参数分别为：平均距离 $r_0=160\mathrm{km}$ ，雷达天线旋转周期 $T=5\mathrm{s}$ ，飞行器最大加速度 $D=2.1\mathrm{m/s^2}$ ，雷达测距误差的标准差 $\sigma_r=1000\mathrm{m}$ ，雷达测量方位角误差的标准差 $\sigma_\theta=0.017\mathrm{rad}$ 。然后，由这些参数分别确定 σ_1、σ_2、$\boldsymbol{R}$、$\boldsymbol{Q}$ 以及 $\boldsymbol{P}(0|0)$ 。

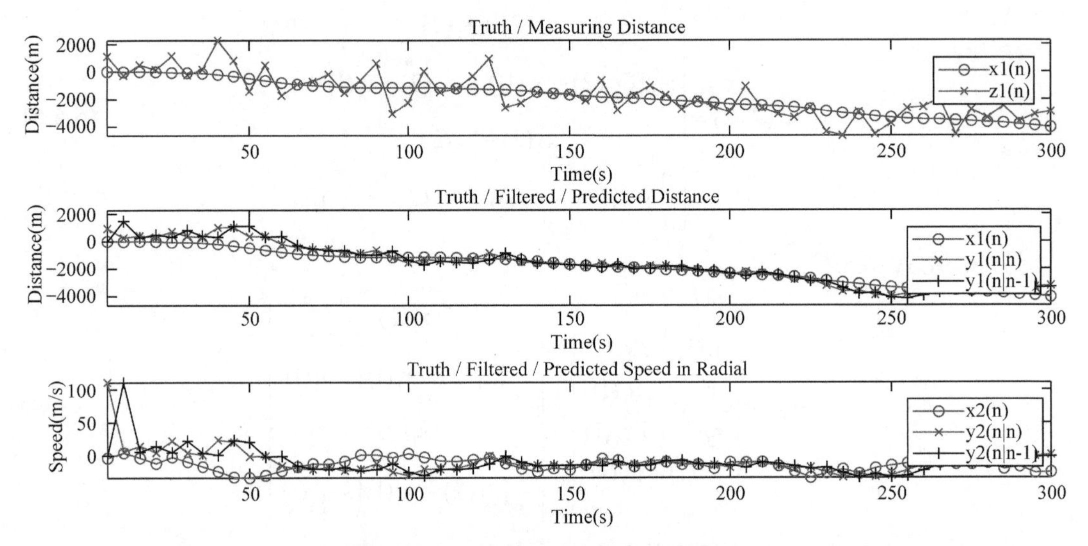

图 5.5.2　雷达跟踪系统仿真实验结果

从该运行结果也可明显看出，无论是滤波还是预测得到的距离(偏离值)都比测量值更接近于真实距离。还有，卡尔曼滤波器从开始工作到性能最优，需经历一定的迭代次数，这种现象在径向速度实验结果中尤为明显。对程序 5_5_2 进行少量修改，即可显示飞行器方位角的实验结果。

程序 5_5_2　卡尔曼滤波器在雷达跟踪系统中的应用。

```
% 程序 5_5_2 卡尔曼滤波器在雷达跟踪系统中的应用
% Set parameters
clear; clc;
T=5;
```

```
N=60;
r_0=160*1000;
D=2.1;
sigma_r=1000;
sigma_st=0.017;
sigma_1=T*D*sqrt(1/3);
sigma_2=sigma_1/r_0;
F=[1 T 0 0; 0 1 0 0; 0 0 1 T; 0 0 0 1];
H=[1 0 0 0; 0 0 1 0];

% Generate state vector sequence x(n) and measurement sequence z(n)
u1=T*(-D+2*D*rand(1,N));
u2=T/r_0*(-D+2*D*rand(1,N));
w=[zeros(1,N);u1;zeros(1,N);u2];
v1=sigma_r*randn(1,N);
v2=sigma_st*randn(1,N);
v=[v1;v2];
x=zeros(4,N);
n=0;
x(:, n+1)=F*[0;0;0;0]+w(:,n+1);
for n=1 : N-1
    x(:,n+1)=F*x(:,n)+w(:,n+1);
end
z=H*x+v;

% Set initial value
Q=zeros(4,4);
Q(2,2)=sigma_1^2;
Q(4,4)=sigma_2^2;
R=[sigma_r^2 0; 0 sigma_st^2];
P_post=zeros(4,4);
P_post(1,1)=sigma_r^2;
P_post(1,2)=sigma_r^2/T;
P_post(2,1)=P_post(1,2);
P_post(2,2)=2*(sigma_r/T)^2+sigma_1^2;
P_post(3,3)=sigma_st^2;
P_post(3,4)=sigma_st^2/T;
P_post(4,3)=P_post(3, 4);
P_post(4,4)=2*(sigma_st/T)^2+sigma_2^2;
x_post_0=[0;0;0;0];

% Kalman Filtering
x_pri=zeros(4,N);
x_post=zeros(4,N);
for n=1:N
```

```
    if n==1
        x_pri(:,n)=F*x_post_0;
    else
        x_pri(:,n)=F*x_post(:,n-1);
    end
    P_pri=F*P_post*F' + Q;
    y_est=z(:,n) - H*x_pri(:,n);
    S=H*P_pri*H' + R;
    K=P_pri*H'/S;
    x_post(:,n)= x_pri(:,n)+K*y_est;
    P_post=P_pri - K*H*P_pri;
    P_post=.5*(P_post+P_post');
end

% plot the truth, filtered and predicted distance or speed in radial
n=[1:N]*T;
subplot(311);
plot(n,x(1,:),'b-o',n,z(1,:),'r-x');
legend('x1(n)', 'z1(n)'); axis tight;
ylabel('Distance (m)');
xlabel('Time (s)');
title('Truth/Measuring Distance');
V1=axis;

subplot(312);
plot(n,x(1,:),'b-o',n, x_post(1,:),'r-x',n, x_pri(1,:),'k-+');
legend('x1(n)','y1(n|n)','y1(n|n-1)'); axis(V1);
ylabel('Distance (m)');
xlabel('Time (s)');
title('Truth/Filtered/Predicted Distance');

subplot(313);
plot(n,x(2,:),'b-o', n,x_post(2,:),'r-x',n,x_pri(2,:),'k-+');
legend('x2(n)','y2(n|n)','y2(n|n-1)');axis tight;
ylabel('Speed(m/s)');
xlabel('Time (s)');
title('Truth/Filtered/Predicted Speed in Radial');
```

5.5.5 卡尔曼滤波器与维纳滤波器之间的关系

卡尔曼滤波和维纳滤波都需给定并应用随机信号和噪声的前二阶矩统计特性，采用线性最小均方估计解决随机信号的滤波问题，因而存在着共同的基础。但是，两者对随机信号的规定，以及在理论方法上也存在着明显的差别。维纳滤波一般需要给出随机信号和噪声的有理谱形式；卡尔曼滤波则要求把随机信号规定为白噪声驱动的线性动态系统的输出。维纳滤波理论适用于平稳随机过程的波形估计；卡尔曼滤波理论则可应用于包括有限初始时间的非平稳随机过程。可以说，卡尔曼滤波算法在本质上更具有一般性。

卡尔曼滤波器工作在时域中，以状态变量递推的形式进行，非常适合于计算机实时计算。卡尔曼滤波理论首先要求噪声为白噪声，不过通过扩充信号维数或其他修正方法，也可以将卡尔曼滤波理论推广到非白噪声的情况。

维纳滤波通过求解 Wiener-Hopf 方程，得到滤波器的冲激响应。求解 Wiener-Hopf 方程时，需要有信号和噪声的相关函数或功率谱密度的先验知识。有了这些知识，就可建立起模型。求解卡尔曼滤波模型，需要知道状态模型和测量模型。有了这些知识，就可以求出随机过程的功率谱。由此分析，卡尔曼滤波和维纳滤波对于平稳过程是等效的。也就是说，在随机过程是平稳的，以及观测时间是半无限($0 \leqslant n < \infty$)的条件下，卡尔曼滤波退化为维纳滤波。

维纳滤波器在进行估计时，需要全部历史数据，而卡尔曼滤波则只需要当前的观测数据和上一时刻的处理结果。卡尔曼滤波非常适合于实时处理。

维纳滤波器是个单输出滤波器，但是，可以多输入。卡尔曼滤波器的状态变量是多维的，可以同时估计多变量，或者简言之，它为多输入多输出滤波器。

维纳滤波在估计过程中，需要单独计算估计误差的协方差，而卡尔曼滤波则在估计的进程中，就给出估计误差的协方差矩阵。

总之，简单说卡尔曼滤波比维纳滤波好或坏是不适当的。因为从理论上看，在相同的两者都适用的环境条件下，卡尔曼滤波和维纳滤波是等效的。在实际应用中，卡尔曼滤波有两大优点。

(1)采用通用的矩阵公式，可以描述复杂过程的测量关系，以解决一大类估计问题。

(2)采用递推计算，特别适合计算机运算，也特别适合实时处理。这是维纳滤波不可能做到的。

但是，对于非实时处理，维纳滤波仍然是一种有效的估计方法。

由上述分析可见，卡尔曼滤波和维纳滤波两者在理论和应用上存在一致的共同点。同时，也各有显著的特点。

本章小结

本章首先讨论最优信号估计的概念，阐述“最优”的含义，给出设计一个最优滤波器应包括的步骤。线性均方估计的数学推导简单，易于实现，并足以解决一大类实际应用问题。本章讨论线性估计器的原理、误差性能曲面，并用误差性能曲面解释最优解的含义。利用误差性能曲面，推导最优线性均方估计器系数的正则方程。联系直观的几何概念解释最优线性滤波器，推导出正交原理。使均方误差最小的线性估计是随机信号处理的重要概念，上述内容将有利于读者深刻理解该概念。

对于单传感器(一维信号)，用线性时不变滤波器即可实现线性最优估计，滤波器的冲激响应序列即为线性估计器的系数，这就是维纳滤波器。为了便于读者理解，我们从滤波器输出信号的表达式出发，以均方误差最小为准则，推导了最优滤波器系数满足的 Wiener-Hopf 方程。当滤波器为 FIR 时，维纳滤波器的形式最简洁。本章重点讨论了平稳信号的 FIR 维纳滤波器，并给出了一个实例及其 MATLAB 仿真。

最优线性预测是维纳滤波的一种特殊形式，本章讨论了前向线性预测、后向线性预测，以及这两种预测之间的关系。对于 AR 过程，模型参数满足的 Yule-Walker 方程与线性预测误差系数满足的 Wiener-Hopf 方程具有完全相同的数学形式。线性预测 Wiener-Hopf 方程的系数矩阵具有对称和 Toeplitz 性质，Levinson-Durbin 递推算法是求解该方程的一种快速算法，本章介绍了该算法，并基于 Levinson 系数递推关系，讨论了预测误差滤波器的格型结构。在本书的后续内容中，线性预测将应用于信号建模和功率谱估计。

本章还用比较长的篇幅讨论了卡尔曼滤波器。卡尔曼滤波器源自发明者的一个突发奇想——为什么不把状态变量的概念应用到维纳滤波问题呢？随后有幸遇到知音——Stanley F. Schmidt(当时为美国宇航局艾姆斯研究中心研究员)，以及展示平台——“阿波罗计划”中的轨迹估计和控制问题，进而大显身手——军用运输飞机导航系统、核弹道导弹潜艇导航系统、空射巡航导弹的制导和导航系统、可重复使用运载火箭的制导和导航系统、全球卫星导航系统(北斗、GPS)、机器人等。相比之下，卡尔曼滤波器在控制领域比信号处理领域能更显身手。卡尔曼滤波和维纳滤波都需给定并应用随机信号和噪声的前二阶矩统计特性，并采用线性最小均方估计解决随机信号的滤波问题，因而存在着共同的基础。然而，两者对随机信号的规定，以及在理论方法上也存在着明显的差别。维纳滤波一般需要给出随机信号和噪声的有理谱形式；卡尔曼滤波则要求把随机信号规定为白噪声驱动的线性动态系统的输出。维纳滤波理论适应于平稳随机过程的波形估计；卡尔曼滤波理论则可应用于包括有限初始时间的非平稳随机过程。可以说，卡尔曼滤波算法在本质上更为一般。卡尔曼滤波器工作在时域中，以状态变量递推的形式进行，非常适合于计算机实时计算。

本章介绍了卡尔曼滤波器的发展历程、经典算法、算法的推导过程、应用举例，还讨论了与维纳滤波器之间的关系。对于第一次接触卡尔曼滤波器的读者而言，其思想及方法不太容易理解。本章详细介绍了两个实例，包括建立状态方程、选取初始值、编程实现仿真实验以及实验结果分析等，希望有助于读者理解卡尔曼滤波器。从这两个例子可看出，卡尔曼滤波器的基本假设有状态方程、测量方程，以及过程噪声和测量噪声的二阶中心矩，然而在许多信号处理应用中(如数据通信系统)，这些假设不容易建立或难以证明假设是正确的，这限制了卡尔曼滤波器的使用。本书第 8 章讨论的自适应滤波器，为克服这些限制提供了有效的方案，因而更具有通用性。

习　题

5.1　有一个零均值信号 $x(n)$，它的自相关序列的前两个值为 $r_x(0)=10, r_x(1)=5$，该信号在传输过程中混入了一个均值为零、方差为 5 的加性白噪声，该噪声与信号是不相关的，设计一个具有两个系数的 FIR 型维纳滤波器，使滤波器的输出尽可能以均方意义逼近原信号 $x(n)$。

(1) 求最优滤波器系数。

(2) 求最优滤波器的均方误差。

5.2　一个平稳随机信号的自相关序列为

$$r_x(l)=\frac{1}{2}\delta(l+1)+\frac{5}{4}\delta(l)+\frac{1}{2}\delta(l-1)$$

(1) 设计该信号的一阶、二阶最优前向一步预测器。

(2) 利用 Levinson-Durbin 算法，计算前三阶预测误差滤波器的反射系数，画出格型结构图。

5.3 利用 Levinson-Durbin 算法证明：对一个 AR(p) 过程进行线性预测，仅有 p 个非零的反射系数，阶次高于 p 的反射系数均为零。

5.4 在 Levinson-Durbin 递推算法中，定义偏相关系数为

$$\varDelta_{m-1}=\sum_{k=0}^{m-1}r_x(k-m)a_{m-1,k}$$

设信号和滤波器系数都是实的。证明：

$$\varDelta_{m-1}=E[b_{m-1}(n-1)f_{m-1}(n)]$$

5.5 在 MATLAB 中编程实现 Levinson-Durbin 算法，并用例 5.4.3 的数据验证程序。

5.6 设有一个随机信号 $x(n)$ 服从 AR(4) 过程，它是一个宽带过程，参数如下：

$$a_1=-1.352,\ a_2=-1.338,\ a_3=-0.662,\ a_4=0.240,\ \sigma_w^2=1$$

我们通过观察方程 $y(n)=x(n)+v(n)$ 来测量该信号，$v(n)$ 是方差为 1 的高斯白噪声，要求利用维纳滤波器通过测量信号估计 $x(n)$ 的波形，用 MATLAB 对此进行仿真。

5.7 考虑如题 5.7 图所示的简单通信系统。其中，产生信号 $s(n)$ 所用的模型为 $H_1(z)=1/(1+0.95z^{-1})$，激励信号为 $w(n)\sim\text{WGN}(0,0.3)$。信号 $s(n)$ 通过系统函数为 $H_2(z)=1/(1-0.85z^{-1})$ 的信道，并被加性噪声 $v(n)\sim\text{WGN}(0,0.1)$ 干扰，$v(n)$ 与 $w(n)$ 不相关。

(1) 确定阶数 M=2 的最优 FIR 滤波器，以从接收到的信号 $x(n)=z(n)+v(n)$ 中尽可能恢复发送信号 $s(n)$。

(2) 对 M=3，重复问题 (1)。

(3) 用 MATLAB 对问题 (1)、(2) 进行仿真。

提示： 读者可参阅文献 (张旭东和陆明泉，2005) 中的例 3.1.2。

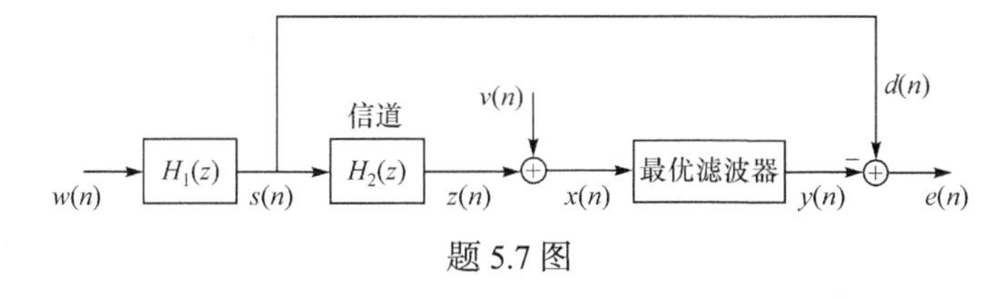

题 5.7 图

5.8 设最优 FIR 滤波器的阶数 M 分别取 3、4、5，重做例 5.3.1。通过比较，有何结论？

5.9 修改程序 5_5_1，显示卡尔曼滤波器对小车速度进行滤波和预测的结果，分析实验结果。

5.10 修改程序 5_5_2，显示飞行器方位角的仿真实验结果，分析实验结果。

5.11 修改程序 5_5_2，显示卡尔曼增益随时间改变的曲线，分析实验结果。

第 6 章　最小二乘滤波和预测

最小二乘(least square, LS)方法是一个古老而又焕发新生命力的方法，它的提出可以追溯到高斯时代。在近几十年里它又成为现代信号处理的一个非常有效的方法，在现代谱估计和自适应滤波中，它都得到了广泛的应用和发展。

本章将讨论最小二乘的原理、线性最小二乘估计、最小二乘 FIR 滤波器，以及最小二乘线性预测，本章将为后续的章节打下必要的基础。

6.1　最小二乘原理

从含有噪声的数据中构造出最优估计，最先采用的方法是最小二乘方法。通常认为，最小二乘方法是由 Friedrich Gauss(高斯，1777—1855)于 1795 年提出的。虽然自从 Galileo Galilei(伽利略，1564—1642)时代，人们就已经认识到测量误差是不可避免的，而最小二乘方法是处理这种测量误差的第一个正规方法。尽管该方法更普遍地应用于线性估计问题，高斯却首先将其用于解决天文学中的非线性估计问题。

1801 年在天文学界，寻找并发现“谷神星”(Ceres)行星(后来被重新分类为小行星)是一件令人激动的大事。当年 12 月，高斯利用最小二乘方法估计出了谷神星的轨道，并将其结果寄给了意大利天文学家 Giuseppe Piazzi(皮亚齐，1746—1826)。直到 1809 年，高斯才正式发表他的轨道确定方法。在这篇论文中，他还描述了 1795 年，他 18 岁时提出的最小二乘方法，他正是利用这个方法对谷神星的轨道估计进行了改进。在那个时代，最小二乘方法还分别被法国数学家 Andrien Marie Legendre(勒让德，1752—1833)和旅美爱尔兰数学家 Robert Adrain(阿德兰，1775—1855)独立发现并公开发表。甚至在高斯出生以前，德裔瑞士物理学家 Johann Heinrich Lambert(朗伯特，1728—1777)就已经发现并使用了这个方法。

超定线性方程组的最小二乘解是最典型的应用例子，尽管最小二乘方法可以应用于更广泛的问题。

设有线性方程组：

$$\begin{bmatrix} a_{11} & a_{12} & \cdots & a_{1M} \\ a_{21} & a_{22} & \cdots & a_{2M} \\ \vdots & \vdots & \ddots & \vdots \\ a_{L1} & a_{L2} & \cdots & a_{LM} \end{bmatrix} \begin{bmatrix} x_1 \\ x_1 \\ \vdots \\ x_M \end{bmatrix} = \begin{bmatrix} b_1 \\ b_2 \\ \vdots \\ b_L \end{bmatrix} \tag{6.1.1}$$

或写成

$$\boldsymbol{A}\boldsymbol{x} = \boldsymbol{b} \tag{6.1.2}$$

其中，$\boldsymbol{A} = \begin{bmatrix} a_{11} & a_{12} & \cdots & a_{1M} \\ a_{21} & a_{21} & \cdots & a_{2M} \\ \vdots & \vdots & \ddots & \vdots \\ a_{L1} & a_{L1} & \cdots & a_{LM} \end{bmatrix}$，为系数矩阵，$\boldsymbol{A} \in \mathbb{R}^{L\times M}$；$\boldsymbol{x} = \begin{bmatrix} x_1 & x_2 & \cdots & x_M \end{bmatrix}^{\mathrm{T}}$，为未知

数向量，$\boldsymbol{x}\in\mathbb{R}^{M\times 1}$；$\boldsymbol{b}=\begin{bmatrix}b_1 & b_2 & \cdots & b_L\end{bmatrix}^{\mathrm{T}}$，为系数向量，$\boldsymbol{b}\in\mathbb{R}^{L\times 1}$。

根据线性代数知识，以上方程组有三种情况。

(1) $M=L$，并且 $\boldsymbol{A}$ 为满秩矩阵，即 $\mathrm{tr}(\boldsymbol{A})=M$，则矩阵 $\boldsymbol{A}$ 可逆，该线性方程组有唯一解。

(2) $M>L$，即未知数的个数比方程数多，则该线性方程组为欠定方程，方程组有无穷多组解。

(3) $M<L$，即未知数的个数比方程数少，则该线性方程组为超定方程，我们无法找到一个同时满足所有方程的解，因而该方程无解。

对于超定方程，假设系数矩阵和(或)系数向量的元素是通过测量得到的，其中包含了一定的误差，此外，我们希望找到与所有的方差都有关系的一个解，或者说希望所有的方程对这个解都有贡献，为此，引入 $L\times 1$ 的误差矢量：

$$\boldsymbol{e}=\boldsymbol{A}\hat{\boldsymbol{x}}-\boldsymbol{b} \tag{6.1.3}$$

这样，可以把解方程问题转换为最优估计问题，引入代价函数：

$$J(\hat{\boldsymbol{x}})=|\boldsymbol{e}|^2=\boldsymbol{e}^{\mathrm{T}}\boldsymbol{e} \tag{6.1.4}$$

为了使 $J(\hat{\boldsymbol{x}})$ 取最小值，令

$$\frac{\partial}{\partial\hat{\boldsymbol{x}}}J(\hat{\boldsymbol{x}})=0 \tag{6.1.5}$$

将式(6.1.3)代入式(6.1.4)，并展开得

$$J(\hat{\boldsymbol{x}})=(\boldsymbol{A}\hat{\boldsymbol{x}}-\boldsymbol{b})^{\mathrm{T}}(\boldsymbol{A}\hat{\boldsymbol{x}}-\boldsymbol{b})=\hat{\boldsymbol{x}}^{\mathrm{T}}\boldsymbol{A}^{\mathrm{T}}\boldsymbol{A}\hat{\boldsymbol{x}}-\hat{\boldsymbol{x}}^{\mathrm{T}}\boldsymbol{A}^{\mathrm{T}}\boldsymbol{b}-\boldsymbol{b}^{\mathrm{T}}\boldsymbol{A}\hat{\boldsymbol{x}}+\boldsymbol{b}^{\mathrm{T}}\boldsymbol{b} \tag{6.1.6}$$

将式(6.1.6)代入式(6.1.5)，并利用下列向量求导公式：

$$\left.\begin{aligned}&\frac{\partial\boldsymbol{x}^{\mathrm{T}}\boldsymbol{b}}{\partial\boldsymbol{x}}=\frac{\partial\boldsymbol{b}^{\mathrm{T}}\boldsymbol{x}}{\partial\boldsymbol{x}}=\boldsymbol{b}\\&\frac{\partial\boldsymbol{x}^{\mathrm{T}}\boldsymbol{B}\boldsymbol{x}}{\partial\boldsymbol{x}}=(\boldsymbol{B}+\boldsymbol{B}^{\mathrm{T}})\boldsymbol{x}\end{aligned}\right\} \tag{6.1.7}$$

得

$$\frac{\partial}{\partial\hat{\boldsymbol{x}}}J(\hat{\boldsymbol{x}})=2\boldsymbol{A}^{\mathrm{T}}\boldsymbol{A}\hat{\boldsymbol{x}}-2\boldsymbol{A}^{\mathrm{T}}\boldsymbol{b}=0 \tag{6.1.8}$$

即

$$\boldsymbol{A}^{\mathrm{T}}\boldsymbol{A}\hat{\boldsymbol{x}}=\boldsymbol{A}^{\mathrm{T}}\boldsymbol{b} \tag{6.1.9}$$

式(6.1.9)称为正则方程。假设矩阵：

$$\boldsymbol{G}=\boldsymbol{A}^{\mathrm{T}}\boldsymbol{A} \tag{6.1.10}$$

是非奇异矩阵，则正则方程的解为

$$\hat{\boldsymbol{x}}=(\boldsymbol{A}^{\mathrm{T}}\boldsymbol{A})^{-1}\boldsymbol{A}^{\mathrm{T}}\boldsymbol{b} \tag{6.1.11}$$

由此得到了超定方程的最小二乘解。

6.2 线性最小二乘估计

第 5 章讨论了最小均方误差意义下的最优滤波器，为了求解最优滤波器，需要预先知道二阶矩的信息。然而这些统计信息在很多实际应用中是无法得到的，我们仅能得到输入信号和期望响应的一组测量值，即这些随机过程的一个具体实现的观测值。为了避免这个问题，我们可以：①如果可能的话，从可用的数据估计出需要的二阶矩，从而得到最优 MMSE 滤波器的估计；②直接采用可用的数据样本，定义性能函数，然后最优化性能函数，从而设计出最优滤波器。

本章用估计误差的平方和最小(最小二乘)作为性能标准来设计最优滤波器。无论是第 5 章讨论最小均方误差滤波器，还是本章讨论最小二乘误差(least square error, LSE)滤波器，除输入信号外，我们还引入了期望响应信号。这里，我们不禁要问：估计一个已知的期望响应信号的目的是什么？这里有几种答案。

(1)在系统建模应用中，目的是为实际系统得到描述输入、输出关系的数学模型。高质量的估计器能为系统提供一个好的模型。在这类问题中，我们希望得到的是估计器或系统模型，而不是信号的实际估计。

(2)在线性预测编码中，有用的结果是预测误差或预测器的系数。

(3)在许多应用中，期望响应无法得到(如数字通信)。因此，我们并不总是能用一组完整的数据来设计 LSE 估计器。然而，如果数据的统计特性在许多组之间没有明显变化，那么可以先用一组特定的完整数据(训练数据)设计估计器，然后用所得到的估计器处理余下的、不完整的各组数据。

综上所述，取决于可利用的信息，有两种途径设计最优估计器：①如果知道二阶矩，可以用 MMSE 准则设计对统计特征相同的所有数据都最优的滤波器；②如果仅有一段数据，可以用 LSE 标准设计一个对该段数据最优的估计器。最优 MMSE 估计器是通过集平均得到的，而 LSE 估计器是通过对有限长数据的时间平均得到的。为此，利用集平均得到的一个 MMSE 估计器对随机过程的所有实现都是最优的。相应地，利用从特定的实现中得到的一段数据设计的 LSE 估计器，依赖于设计中所采用的数据样本。如果随机过程是各态遍历的，LSE 估计器将会随着数据段长度的无限增加而趋向于 MMSE 估计器。

类似于线性最小均方误差估计器，线性最小二乘估计也采用如图 6.2.1 所示的线性组合器。线性最小二乘估计的问题可归纳为：给定期望响应 $d(n)$ 和输入信号 $x_k(n)$ $(1 \leqslant k \leqslant M)$ 在时间区间 $0 \leqslant n \leqslant N-1$ 的一组测量值，通过线性组合：

$$y(n)=\sum_{k=1}^{M} w_k x_k(n)=\boldsymbol{w}^{\mathrm{T}}\boldsymbol{x}(n) \tag{6.2.1}$$

得到期望响应 $d(n)$ 的估计 $\hat{d}(n)$，即 $y(n)=\hat{d}(n)$。对于单个传感器的情况，$\boldsymbol{x}(n)$ 由相邻的 M 个样本点组合而成，即 $x_k(n)=x(n-k),\ 1 \leqslant k \leqslant M$。

我们定义估计误差为

$$e(n)=d(n)-y(n)=d(n)-\boldsymbol{x}(n)\boldsymbol{w}^{\mathrm{T}} \tag{6.2.2}$$

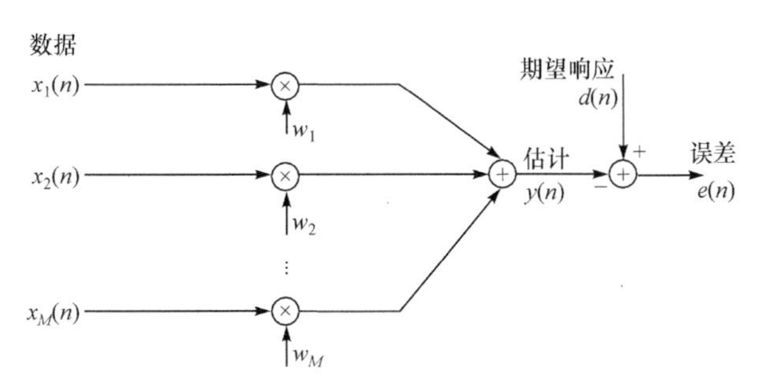

图 6.2.1　线性最小二乘估计器的原理图

线性最小二乘估计就是以误差序列的平方和(误差信号的能量)：

$$J_e = \sum_{n=0}^{N-1} e^2(n) \tag{6.2.3}$$

取最小值为准则，求解最优权系数，称为 $\boldsymbol{w}_{\text{ls}}$。为使这个最小化是可能的，权系数矢量在测量时间区间应该保持恒定。通过最优化得到的最优权系数 $\boldsymbol{w}_{\text{ls}}$ 依赖于期望响应和输入信号的测量值。在统计文献中，最小二乘估计称为线性回归，式(6.2.2)称为回归函数，$e(n)$ 称为残差，$\boldsymbol{w}$ 称为回归矢量。

考虑到数据测量时间区间为 $0 \leqslant n \leqslant N-1$，可以把式(6.2.2)写成以下的矩阵：

$$\begin{bmatrix} e(0) \\ e(1) \\ \vdots \\ e(N-1) \end{bmatrix} = \begin{bmatrix} d(0) \\ d(1) \\ \vdots \\ d(N-1) \end{bmatrix} - \begin{bmatrix} x_1(0) & x_2(0) & \cdots & x_M(0) \\ x_1(1) & x_2(1) & \cdots & x_M(1) \\ \vdots & \vdots & \ddots & \vdots \\ x_1(N-1) & x_2(N-1) & \cdots & x_M(N-1) \end{bmatrix} \begin{bmatrix} w_1 \\ w_2 \\ \vdots \\ w_M \end{bmatrix} \tag{6.2.4}$$

或者更简洁地表示为

$$\boldsymbol{e} = \boldsymbol{d} - \boldsymbol{X}\boldsymbol{w} \tag{6.2.5}$$

其中

$$\left.\begin{aligned} \boldsymbol{e} &\triangleq [e(0)\ \ e(1)\ \cdots\ e(N-1)]^{\mathrm{T}} \\ \boldsymbol{d} &\triangleq [d(0)\ \ d(1)\ \cdots\ d(N-1)]^{\mathrm{T}} \\ \boldsymbol{X} &\triangleq [\boldsymbol{x}(0)\ \ \boldsymbol{x}(1)\ \cdots\ \boldsymbol{x}(N-1)]^{\mathrm{T}} \\ \boldsymbol{w} &\triangleq [w_1\ \ w_2\ \cdots\ w_M]^{\mathrm{T}} \end{aligned}\right\} \tag{6.2.6}$$

分别为误差数据矢量、期望响应矢量、输入数据矩阵和权系数矢量。输入数据矩阵 $\boldsymbol{X}$ 可分为按列表示或按行表示，即

$$\boldsymbol{X} \triangleq [\tilde{\boldsymbol{x}}_1 \quad \tilde{\boldsymbol{x}}_2 \quad \cdots \quad \tilde{\boldsymbol{x}}_M] = \begin{bmatrix} \boldsymbol{x}(0) \\ \boldsymbol{x}(1) \\ \vdots \\ \boldsymbol{x}(N-1) \end{bmatrix} \tag{6.2.7}$$

其中，$\boldsymbol{X}$ 的列定义为

$$\tilde{\boldsymbol{x}}_k = [x_k(0) \quad x_k(1) \quad \cdots \quad x_k(N-1)]^{\mathrm{T}} \tag{6.2.8}$$

称为数据记录(data record)，而行为

$$\boldsymbol{x}(n)=\left[x_1(n)\quad x_2(n)\quad\cdots\quad x_M(n)\right]^{\mathrm{T}} \tag{6.2.9}$$

称为快照(snapshot)。

6.2.1　正则方程

利用式(6.2.5)，误差信号的能量可写为

$$\begin{aligned}J_e&=\boldsymbol{e}^{\mathrm{T}}\boldsymbol{e}=(\boldsymbol{d}^{\mathrm{T}}-\boldsymbol{w}^{\mathrm{T}}\boldsymbol{X}^{\mathrm{T}})(\boldsymbol{d}-\boldsymbol{X}\boldsymbol{w})\\&=\boldsymbol{d}^{\mathrm{T}}\boldsymbol{d}-\boldsymbol{w}^{\mathrm{T}}\boldsymbol{X}^{\mathrm{T}}\boldsymbol{d}-\boldsymbol{d}^{\mathrm{T}}\boldsymbol{X}\boldsymbol{w}+\boldsymbol{w}^{\mathrm{T}}\boldsymbol{X}^{\mathrm{T}}\boldsymbol{X}\boldsymbol{w}\\&=J_d-\boldsymbol{w}^{\mathrm{T}}\hat{\boldsymbol{r}}_{xd}-\hat{\boldsymbol{r}}_{xd}^{\mathrm{T}}\boldsymbol{w}+\boldsymbol{w}^{\mathrm{T}}\hat{\boldsymbol{R}}_x\boldsymbol{w}\end{aligned} \tag{6.2.10}$$

其中

$$J_d\triangleq\boldsymbol{d}^{\mathrm{T}}\boldsymbol{d}=\sum_{n=0}^{N-1}d^2(n) \tag{6.2.11}$$

$$\hat{\boldsymbol{R}}_x\triangleq\boldsymbol{X}^{\mathrm{T}}\boldsymbol{X}=\sum_{n=0}^{N-1}\boldsymbol{x}(n)\boldsymbol{x}^{\mathrm{T}}(n) \tag{6.2.12}$$

$$\hat{\boldsymbol{r}}_{xd}\triangleq\boldsymbol{X}^{\mathrm{T}}\boldsymbol{d}=\sum_{n=0}^{N-1}\boldsymbol{x}(n)d(n) \tag{6.2.13}$$

需要指出的是：除以数据样本个数 N 以后，这些量可看成期望响应能量、输入数据矢量的自相关矩阵，以及期望响应与数据矢量间的互相关矢量的时间平均估计。

如果用时间平均算子 $\sum_{n=0}^{N-1}(\cdot)$ 代替数学期望算子 $E[(\cdot)]$，那么所有 MMSE 准则导出的公式对 LSE 准则同样也适用。这是由于这两种准则都采用了二次型的代价函数。因此与 5.2.2 节的方法类似，可以得出 LSE 估计器的权系数满足下列正则方程：

$$\hat{\boldsymbol{R}}_x\boldsymbol{w}_{\mathrm{ls}}=\hat{\boldsymbol{r}}_{xd} \tag{6.2.14}$$

当 $\hat{\boldsymbol{R}}_x$ 可逆时，其解为

$$\boldsymbol{w}_{\mathrm{ls}}=\hat{\boldsymbol{R}}_x^{-1}\hat{\boldsymbol{r}}_{xd} \tag{6.2.15}$$

此时，误差序列的平方和取最小值，即

$$J_{\mathrm{ls}}=J_y-\hat{\boldsymbol{r}}_{xd}^{\mathrm{T}}\hat{\boldsymbol{R}}_x^{-1}\hat{\boldsymbol{r}}_{xd}=J_y-\hat{\boldsymbol{r}}_{xd}^{\mathrm{T}}\boldsymbol{w}_{\mathrm{ls}} \tag{6.2.16}$$

定理 6.2.1　当且仅当矩阵 $\boldsymbol{X}$ 的列向量线性无关，或等效于 $\hat{\boldsymbol{R}}_x$ 为正定矩阵时，时间平均自相关矩阵 $\hat{\boldsymbol{R}}_x=\boldsymbol{X}^{\mathrm{T}}\boldsymbol{X}$ 是可逆的。

证明：如果 $\boldsymbol{X}$ 的列向量线性无关，则对于任意非全零的矢量 $\boldsymbol{z}$，有 $\boldsymbol{X}\boldsymbol{z}\neq 0$。因而：

$$\boldsymbol{z}^{\mathrm{T}}(\boldsymbol{X}^{\mathrm{T}}\boldsymbol{X})\boldsymbol{z}=(\boldsymbol{X}\boldsymbol{z})^{\mathrm{T}}\boldsymbol{X}\boldsymbol{z}=\|\boldsymbol{X}\boldsymbol{z}\|^2>0$$

即 $\hat{\boldsymbol{R}}_x$ 为正定矩阵，并且也是非奇异的。当 $\hat{\boldsymbol{R}}_x$ 是非奇异矩阵时，即当 $\hat{\boldsymbol{R}}_x$ 是正定矩阵时，我们可以用 $\mathrm{LDL}^{\mathrm{H}}$ 或 Cholesky 分解方法求解该正则方程。

在数值分析和线性代数中，LU 分解将一个矩阵分解为一个下(lower)三角矩阵和一个上(upper)三角矩阵的乘积，即 $\boldsymbol{A}=\boldsymbol{LU}$。LU 分解算法由英国计算机科学家、数学家 Alan Turing(图灵，1912—1954)于 1948 年提出。

如果矩阵 $\boldsymbol{A}$ 为埃尔米特(共轭对称)正定矩阵，则可进行 Cholesky 分解：$\boldsymbol{A}=\boldsymbol{LL}^{\mathrm{H}}$，其中 $\boldsymbol{L}$ 是对角线元素为正实数的下三角矩阵。该算法由法国数学家 Andre-Louis Cholesky(楚列斯基，1875—1918)提出。

如果矩阵 $\boldsymbol{A}$ 为埃尔米特的，则可进行 $\mathrm{LDL^H}$ 分解：$\boldsymbol{A}=\boldsymbol{LDL}^{\mathrm{H}}$，其中，$\boldsymbol{L}$ 为单位下三角矩阵，$\boldsymbol{D}$ 为对角矩阵。$\mathrm{LDL^H}$ 分解是 Cholesky 分解的改进，有较高的计算效率。

然而，有一点要强调的是，这里更多的计算性工作是正则方程的建立而不是方程的求解。LS 问题的求解在各种应用领域和数值分析中已有广泛的研究。我们在这里仅强调，对于超定的 LS 问题、合适的数据、足够的数字精度，这些求解方法将给出非常接近的结果。

6.2.2　正交原理

为了用直观的几何概念解释最小二乘滤波器，我们把期望响应矢量 $\boldsymbol{d}$ 和数据记录 $\tilde{\boldsymbol{x}}_k(1\leqslant k\leqslant M)$ 看成 N 维矢量空间中的矢量，矢量的内积和长度分别定义为

$$\left\langle \tilde{\boldsymbol{x}}_i,\tilde{\boldsymbol{x}}_j \right\rangle \triangleq \tilde{\boldsymbol{x}}_i^{\mathrm{T}}\tilde{\boldsymbol{x}}_j=\sum_{n=0}^{N-1}x_i(n)x_j(n) \tag{6.2.17}$$

$$\|\tilde{\boldsymbol{x}}\|^2 \triangleq \left\langle \tilde{\boldsymbol{x}},\tilde{\boldsymbol{x}} \right\rangle=\sum_{n=0}^{N-1}x^2(n)=J_x \tag{6.2.18}$$

显然，矢量的长度对应于信号的能量。期望响应记录的估计可表示为数据记录的线性组合，即

$$\boldsymbol{y}=\boldsymbol{Xw}=\sum_{k=1}^{M}w_k\tilde{\boldsymbol{x}}_k \tag{6.2.19}$$

由 M 个矢量 $\tilde{\boldsymbol{x}}_k(1\leqslant k\leqslant M)$ 组成一个 M 维的子空间，称为估计空间，它是数据矩阵 $\boldsymbol{X}$ 的列向量张成的空间。显然，任何估计矢量 $\boldsymbol{y}$ 一定在估计空间中，期望响应记录 $\boldsymbol{d}$ 通常不在估计空间中。图 6.2.2 给出了 N=3(数据空间的维数)和 M=2(估计子空间的维数)时的估计空间。在该图中，误差矢量 $\boldsymbol{e}$ 从 $\boldsymbol{y}$ 的顶端指向 $\boldsymbol{d}$ 的顶端。当 $\boldsymbol{e}$ 和估计空间正交时，$\boldsymbol{e}$ 的长度平方最小，此时 $\boldsymbol{e}\perp\tilde{\boldsymbol{x}}_k$，$1\leqslant k\leqslant M$。因此，我们得到正交原理：

$$\left\langle \tilde{\boldsymbol{x}}_k,\boldsymbol{e} \right\rangle=\tilde{\boldsymbol{x}}_k^{\mathrm{T}}\boldsymbol{e}=0,\quad 1\leqslant k\leqslant M \tag{6.2.20}$$

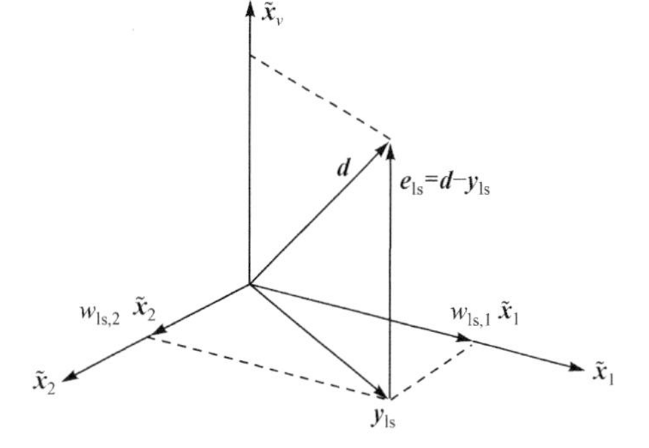

图 6.2.2　最小二乘估计的几何解释

或更简洁地表示为

$$\begin{gathered}\boldsymbol{X}^{\mathrm{T}}\boldsymbol{e}=\boldsymbol{X}^{\mathrm{T}}(\boldsymbol{d}-\boldsymbol{Xw}_{\mathrm{ls}})=0\\(\boldsymbol{X}^{\mathrm{T}}\boldsymbol{X})\boldsymbol{w}_{\mathrm{ls}}=\boldsymbol{X}^{\mathrm{T}}\boldsymbol{d}\end{gathered} \tag{6.2.21}$$

可以看出，这就是式(6.2.14)表示的 LSE 正则方程。

LSE 解把期望响应 $\boldsymbol{d}$ 分解成两个相互正交的分量，即 $\boldsymbol{y}_{\mathrm{ls}}$ 和 $\boldsymbol{e}_{\mathrm{ls}}$。因此：

$$\|\boldsymbol{d}\|^2=\|\boldsymbol{y}_{\mathrm{ls}}\|^2+\|\boldsymbol{e}_{\mathrm{ls}}\|^2 \tag{6.2.22}$$

利用式(6.2.18)和式(6.2.19)可得

$$J_{\mathrm{ls}}=J_d-\boldsymbol{w}_{\mathrm{ls}}^{\mathrm{T}}\boldsymbol{X}^{\mathrm{T}}\boldsymbol{X}\boldsymbol{w}_{\mathrm{ls}}=J_d-\boldsymbol{w}_{\mathrm{ls}}^{\mathrm{T}}\boldsymbol{X}^{\mathrm{T}}\boldsymbol{d} \tag{6.2.23}$$

它和式(6.2.16)是完全相同的。归一化以后的平方误差和为

$$\varepsilon=\frac{J_{\mathrm{ls}}}{J_d}=1-\frac{J_{y,\mathrm{ls}}}{J_d} \tag{6.2.24}$$

其中，ε 的变化范围是 $0\leqslant\varepsilon\leqslant 1$，上界 1 和下界 0 分别对应于最差和最好的情况。

6.2.3 投影算子

为了使一个矩阵的列是线性无关的，其行的数目应该等于或大于列的数目。也就是说，我们拥有的方程数一定要大于未知数的个数。总之，如果时间平均的相关矩阵 $\hat{\boldsymbol{R}}_x$ 是正定的，或者数据矩阵 $\boldsymbol{X}$ 的列是线性无关的，则正则方程式(6.2.14)将给出超定($N>M$)最小二乘问题的唯一解。在这种情况下，LS 的解可表示为

$$\boldsymbol{w}_{\mathrm{ls}}=\boldsymbol{X}^{+}\boldsymbol{d} \tag{6.2.25}$$

其中

$$\boldsymbol{X}^{+}\triangleq(\boldsymbol{X}^{\mathrm{T}}\boldsymbol{X})^{-1}\boldsymbol{X}^{\mathrm{T}} \tag{6.2.26}$$

是一个 $M\times N$ 的矩阵，称为矩阵 $\boldsymbol{X}$ 的伪逆。

对 $\boldsymbol{d}$ 的 LS 估计 $\boldsymbol{y}_{\mathrm{ls}}$ 可表示为

$$\boldsymbol{y}_{\mathrm{ls}}=\boldsymbol{X}\boldsymbol{w}_{\mathrm{ls}}=\boldsymbol{P}\boldsymbol{d} \tag{6.2.27}$$

其中

$$\boldsymbol{P}\triangleq\boldsymbol{X}(\boldsymbol{X}^{\mathrm{T}}\boldsymbol{X})^{-1}\boldsymbol{X}^{\mathrm{T}} \tag{6.2.28}$$

称为投影矩阵，因为它把数据矢量 $\boldsymbol{d}$ 投影到 $\boldsymbol{X}$ 的列张成的空间，从而得到对 $\boldsymbol{d}$ 的 LS 估计 $\boldsymbol{y}_{\mathrm{ls}}$。同样，LS 误差矢量 $\boldsymbol{e}_{\mathrm{ls}}$ 可表示为

$$\boldsymbol{e}_{\mathrm{ls}}=(\boldsymbol{I}-\boldsymbol{P})\boldsymbol{d} \tag{6.2.29}$$

其中，$\boldsymbol{I}$ 是 $N\times M$ 的单位矩阵。投影矩阵 $\boldsymbol{P}$ 是埃尔米特和幂等矩阵，即

$$\boldsymbol{P}=\boldsymbol{P}^{\mathrm{T}} \tag{6.2.30}$$

$$\boldsymbol{P}^2=\boldsymbol{P}^{\mathrm{T}}\boldsymbol{P}=\boldsymbol{P} \tag{6.2.31}$$

例 6.2.1　假设我们希望从观察矢量 $\tilde{\boldsymbol{x}}_1=[1\ 2\ 1\ 1]^{\mathrm{T}}$ 和 $\tilde{\boldsymbol{x}}_2=[2\ 1\ 2\ 3]^{\mathrm{T}}$ 中估计序列 $\boldsymbol{d}=[1\ 2\ 3\ 2]^{\mathrm{T}}$。试确定最优滤波器系数、误差矢量 $\boldsymbol{e}_{\mathrm{ls}}$ 和最小二乘误差能量 J_{ls}。

解： 首先计算出以下的量，即

$$\hat{\boldsymbol{R}}_x=\boldsymbol{X}^{\mathrm{T}}\boldsymbol{X}=\begin{bmatrix}1&2\\2&1\\1&2\\1&3\end{bmatrix}^{\mathrm{T}}\begin{bmatrix}1&2\\2&1\\1&2\\1&3\end{bmatrix}=\begin{bmatrix}7&9\\9&18\end{bmatrix}$$

$$\hat{\boldsymbol{r}}_{xd}=\boldsymbol{X}^{\mathrm{T}}\boldsymbol{d}=\begin{bmatrix}1&2\\2&1\\1&2\\1&3\end{bmatrix}^{\mathrm{T}}\begin{bmatrix}1\\2\\3\\2\end{bmatrix}=\begin{bmatrix}10\\16\end{bmatrix}$$

然后由此解正则方程 $\hat{\boldsymbol{R}}_x\boldsymbol{w}_{\mathrm{ls}}=\hat{\boldsymbol{r}}_{xd}$，得

$$\boldsymbol{w}_{\mathrm{ls}}=\hat{\boldsymbol{R}}_x^{-1}\hat{\boldsymbol{r}}_{xd}=\begin{bmatrix}\frac{2}{5}&-\frac{1}{5}\\-\frac{1}{5}&\frac{7}{45}\end{bmatrix}\begin{bmatrix}10\\16\end{bmatrix}=\begin{bmatrix}\frac{4}{5}\\\frac{22}{45}\end{bmatrix}$$

$$J_{\mathrm{ls}}=J_d-\hat{\boldsymbol{r}}_{xd}^{\mathrm{T}}\boldsymbol{w}_{\mathrm{ls}}=18-\begin{bmatrix}10\\16\end{bmatrix}^{\mathrm{T}}\begin{bmatrix}\frac{4}{5}\\\frac{22}{45}\end{bmatrix}=\frac{98}{45}$$

投影矩阵为

$$\boldsymbol{P}=\boldsymbol{X}(\boldsymbol{X}^{\mathrm{T}}\boldsymbol{X})^{-1}\boldsymbol{X}^{\mathrm{T}}=\begin{bmatrix}\frac{2}{9}&\frac{1}{9}&\frac{2}{9}&\frac{1}{3}\\\frac{1}{9}&\frac{43}{45}&\frac{1}{9}&-\frac{2}{15}\\\frac{2}{9}&\frac{1}{9}&\frac{2}{9}&\frac{1}{3}\\\frac{1}{3}&-\frac{2}{15}&\frac{1}{3}&\frac{3}{5}\end{bmatrix}$$

进一步得到误差矢量为

$$\boldsymbol{e}_{\mathrm{ls}}=\boldsymbol{d}-\boldsymbol{P}\boldsymbol{d}=\begin{bmatrix}-\frac{7}{9}&-\frac{4}{45}&\frac{11}{9}&-\frac{4}{15}\end{bmatrix}^{\mathrm{T}}$$

正如预期的，它的模的平方为 $\|\boldsymbol{e}_{\mathrm{ls}}\|^2=\frac{98}{45}=J_{\mathrm{ls}}$。我们也很容易验证正交原理，即

$$\boldsymbol{e}_{\mathrm{ls}}^{\mathrm{T}}\tilde{\boldsymbol{x}}_1=\boldsymbol{e}_{\mathrm{ls}}^{\mathrm{T}}\tilde{\boldsymbol{x}}_2=0$$

6.3 最小二乘 FIR 滤波器

本节把上述最小二乘原理应用于 FIR 滤波器设计。FIR 滤波器的输出信号为

$$y(n)=\sum_{k=0}^{M-1}h(k)x(n-k)=\sum_{k=1}^{M}w_k x(n-k) \tag{6.3.1}$$

其中，$h(k)=w_{k+1}, 0\leqslant k\leqslant M-1$，为 FIR 滤波器的系数。误差信号为

$$e(n)=d(n)-y(n)=d(n)-\boldsymbol{w}^{\mathrm{T}}\boldsymbol{x}(n) \tag{6.3.2}$$

其中，$d(n)$ 为期望响应；

$$\boldsymbol{x}(n)=[x(n)\ \ x(n-1)\ \ \cdots\ x(N-M+1)]^{\mathrm{T}} \tag{6.3.3}$$

是输入数据矢量，而

$$\boldsymbol{w}=[w_1\ \ w_2\ \ \cdots\ \ w_M]^{\mathrm{T}} \tag{6.3.4}$$

为滤波器系数矢量。设数据的测量区间为 0～N–1，在这个区间内，令滤波器系数为常数。为了便于理解后续内容，这里先给出一个简单的例子。设 N=7，M=3，则式(6.3.2)可写成如下的矩阵形式：

$$\begin{matrix} 0\rightarrow \\ \\ M-1\rightarrow \\ \\ \\ \\ N-1\rightarrow \\ \\ N+M-2\rightarrow \end{matrix} \begin{bmatrix} e(0)\\ e(1)\\ e(2)\\ e(3)\\ e(4)\\ e(5)\\ e(6)\\ e(7)\\ e(8) \end{bmatrix} = \begin{bmatrix} d(0)\\ d(1)\\ d(2)\\ d(3)\\ d(4)\\ d(5)\\ d(6)\\ 0\\ 0 \end{bmatrix} - \begin{bmatrix} x(0) & 0 & 0\\ x(1) & x(0) & 0\\ x(2) & x(1) & x(0)\\ x(3) & x(2) & x(1)\\ x(4) & x(3) & x(2)\\ x(5) & x(4) & x(3)\\ x(6) & x(5) & x(4)\\ 0 & x(6) & x(5)\\ 0 & 0 & x(6) \end{bmatrix} \begin{bmatrix} w_1\\ w_2\\ w_3 \end{bmatrix} \tag{6.3.5}$$

对有限长序列进行滤波涉及端点问题，例如，为了计算 $e(0)$，我们用到 $x(-1)$、$x(-2)$ 等，而这些数据点在测量区间以外。为了使问题简化，我们通常设测量区间以外的数据都为零。一般地，式(6.3.5)可写为

$$\boldsymbol{e}=\boldsymbol{d}-\boldsymbol{X}\boldsymbol{w} \tag{6.3.6}$$

然而，在式(6.3.6)中，矢量 $\boldsymbol{e}$、$\boldsymbol{d}$ 和矩阵 $\boldsymbol{X}$ 的具体形式取决于最小二乘代价函数中所用的数据范围。设用来最小化的误差范围为 $N_i \leqslant n \leqslant N_f$，则

$$J_e=\sum_{n=N_i}^{N_f} e^2(n)=\boldsymbol{e}^{\mathrm{T}}\boldsymbol{e} \tag{6.3.7}$$

利用给定的输入数据和期望响应矢量，再根据 N_i 和 N_f 的值即可建立式(6.3.6)，参照 6.2 节的结论，最小二乘 FIR 滤波器的系数满足下列正则方程：

$$\hat{\boldsymbol{R}}_x\boldsymbol{w}_{\mathrm{ls}}=\hat{\boldsymbol{r}}_{xd} \tag{6.3.8}$$

其中，时间平均自相关矩阵 $\hat{\boldsymbol{R}}_x$ 的各元素为

$$\hat{r}_{ij}=\hat{\boldsymbol{x}}_i^{\mathrm{T}}\boldsymbol{x}_j=\sum_{n=N_i}^{N_f} x(n+1-i)x(n+1-j),\quad 1\leqslant i,j\leqslant M \tag{6.3.9}$$

时间平均互相关向量 $\hat{\boldsymbol{r}}_{xd}$ 的元素依次为

$$\hat{r}_i=\sum_{n=N_i}^{N_f} x(n+1-i)d(n),\quad 1\leqslant i\leqslant M \tag{6.3.10}$$

通过简单的推导，由式(6.3.9)可证明下列递推关系成立：

$$\begin{aligned}\hat{r}_{i+1,j+1}=&\,\hat{r}_{ij}+x(N_i-i)x(N_i-j)\\ &-x(N_f+1-i)x(N_f+1-j),\quad 1\leqslant i,j\leqslant M\end{aligned} \tag{6.3.11}$$

采用下列方法计算自相关矩阵 $\hat{\boldsymbol{R}}_x$，可以大量节省运算量。

(1)根据式(6.3.9)计算矩阵的第一行。

(2)利用式(6.3.11)递推计算矩阵的上三角部分。

(3)利用矩阵的对称性确定下三角部分。

如上所述，在 LS 方法中由于数据为有限长，因此存在端点问题。我们通常有下列四种处理方式。

1)协方差方法

在计算滤波器的输出对期望响应进行估计时，避免对观测窗外的数据做任何假设。因此取 $N_i = M-1$，$N_f = N-1$，这样在计算滤波器的输出误差时才不会使用到[0, N–1]区间之外的数据。这种方法不需要对观测窗之外的数据做任何假设，相当于对观测数据不做任何加窗处理。这种取数据的方法称为协方差方法。需要注意的是，LS 协方差方法的名称是一种习惯的叫法，它与随机信号的“协方差”的定义并无联系，是一种因习惯而保留下来的“不恰当的名词”。

2)自相关方法

如果输入数据范围为[0，N–1]，滤波器的非零输出范围可扩展到[0，N+M–2]。取所有非零的误差信号值，得到估计误差的能量；令估计误差能量取最小值，则得到自相关法。对于自相关法，我们取 $N_i = 0$，$N_f = N+M-2$，并假设 $x(n)$ 在 $0 \leqslant n \leqslant N-1$ 之外取零值。

设自相关矩阵 $\hat{\boldsymbol{R}}_x$ 的元素为 $\hat{r}_{ij}$，则

$$\hat{r}_{ij} = \sum_{n=0}^{N+M-2} x(n+1-i)x(n+1-j) = \sum_{n=-\infty}^{+\infty} x(n+1-i)x(n+1-j)$$

令 $m = n+1-i$，并先假定 $j \geqslant i$，代入上式得

$$\hat{r}_{ij} = \sum_{m=-\infty}^{+\infty} x(m)x(m-(j-i)) = \sum_{m=0}^{N-1-(j-i)} x(m)x(m-(j-i))$$

在以上的推导中，我们利用了 $x(n)$ 在 $0 \leqslant n \leqslant N-1$ 之外取零值的假设。考虑到 i、j 可以互换，因此：

$$\hat{r}_{ij} = \sum_{m=0}^{N-1-|j-i|} x(m)x(m-|j-i|) = \hat{r}_x(|j-i|), \quad 1 \leqslant i,j \leqslant M \tag{6.3.12}$$

式(6.3.12)说明，在 LS 自相关法中，时间平均自相关矩阵具有下列形式：

$$\hat{\boldsymbol{R}}_x = \begin{bmatrix} \hat{r}_x(0) & \hat{r}_x(1) & \cdots & \hat{r}_x(M-1) \\ \hat{r}_x(1) & \hat{r}_x(0) & \cdots & \hat{r}_x(M-2) \\ \vdots & \vdots & \ddots & \vdots \\ \hat{r}_x(M-1) & \hat{r}_x(M-2) & \cdots & \hat{r}_x(0) \end{bmatrix} \tag{6.3.13}$$

从式(6.3.13)可看出，时间平均自相关矩阵与式(5.3.12)描述的集平均自相关矩阵具有相同的形式，都为对称的 Toeplitz 矩阵。这里，Otto Toeplitz(特普利茨，1881—1940)为德国犹太裔数学家。如果 $\boldsymbol{A}$ 为 Toeplitz 矩阵，则其元素满足 $a_{i,j} = a_{i+1,j+1} = a_{i-j}$，还有，Toeplitz 矩阵不一定都是方阵。

另外，除相差一个常数外，式(6.3.12)等效于由式(4.1.1)定义的自相关估计式。这说明，在 FIR 滤波器的 Wiener-Hopf 方程中，用时间平均的自相关矩阵和互相关向量分别代替集平均的自相关矩阵和互相关向量，则可得到 LS 自相关正则方程。

3)预加窗法

令 $N_i = 0, N_f = N-1$，相当于假设 $n \leqslant 0$ 时，$x(n)=0$，但不涉及 $n > N-1$ 的数据，称该方法为预加窗法。预加窗法广泛应用于 LS 自适应滤波中。

4)后加窗法

令 $N_i = M-1, N_f = N+M-2$，相当于假设当 $N-1 < n \leqslant N+M-2$ 时，$x(n)=0$，但不涉及 $n<0$ 的数据，称该方法为后加窗法。后加窗法几乎没有实际应用。

通常根据不同的信号处理问题采用不同的加窗方法。另外，当 $N \gg M$ 时，上述四种方法之间的区别越来越不明显。

为了加深理解最优滤波器与最小二乘滤波器之间的区别，在以下的例子中我们用最小二乘方法求解习题 5.7。

例 6.3.1　考虑如图 6.3.1 所示的简单通信系统。其中，产生信号 $s(n)$ 所用的模型为 $H_1(z) = 1/(1+0.95z^{-1})$，激励信号为 $w(n) \sim \mathrm{WGN}(0,0.3)$。信号 $s(n)$ 通过系统函数为 $H_2(z) = 1/(1-0.85z^{-1})$ 的信道，并被加性噪声 $v(n) \sim \mathrm{WGN}(0,0.1)$ 干扰，$v(n)$ 与 $w(n)$ 不相关。设数据的观测区间为[0,63]，即 N=64，FIR 滤波器的阶数为 2，即 M=3，分别采用协方差法和自相关法，求最小二乘 FIR 滤波器，以从接收到的信号 $x(n) = z(n) + v(n)$ 中尽可能恢复发射信号 $s(n)$。

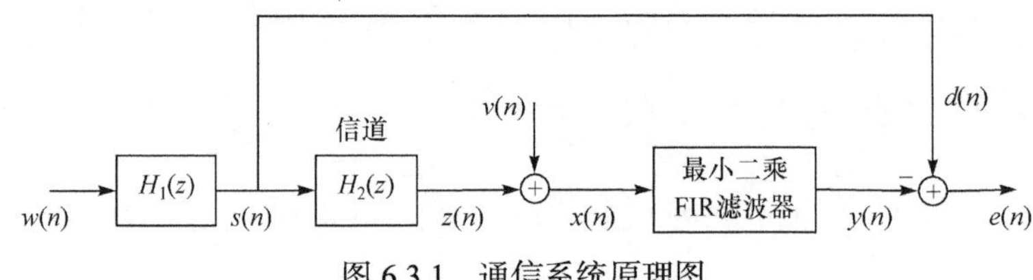

图 6.3.1　通信系统原理图

解：如第 5 章所述，设计 MMSE 滤波器的过程为：根据给定的条件推导出自相关矩阵和互相关向量，然后求解 Wiener-Hopf 方程。而设计 LS 滤波器的过程为：在设定的区间内获取输入数据和期望响应的测量值，选用某一种数据加窗方式建立正则方程，最后求解正则方程。

在实际应用中，不可能在接收端获得真实的发射信号，因而无法按常规方法实现最小二乘滤波。在现代通信系统中，通过引入“训练”实现信道均衡。以图 6.3.1 为例，在训练阶段，发射端发射预先约定的一段信号 $s(n)$，因而最小二乘滤波器的期望响应 $d(n)$ 等于发射信号 $s(n)$。另外，该发射信号经历信道畸变和加性噪声干扰也传输到接收端，设其为 $x(n)$。利用输入数据序列 $x(n)$ 和期望响应序列 $d(n)$，再选择一种合适的加窗方法即可设计出最小二乘滤波器。在应用阶段(在仿真实验中，称为测试阶段)，假设信道畸变的参数和加性噪声的统计特性保持不变，我们用“训练”所得的最小二乘滤波器对接收到的信号进行滤波。

程序 6_3_1 用于实现该信道均衡的仿真实验，图 6.3.2 为程序的某次运行结果。从图 6.3.2

可以看出，采用 LS 滤波器可以明显减小误差信号。通过多次重复仿真实验，并计算误差信号能量的平均值，可以进一步比较协方差法和自相关法的效果。

程序 6_3_1　最小二乘 FIR 滤波器。

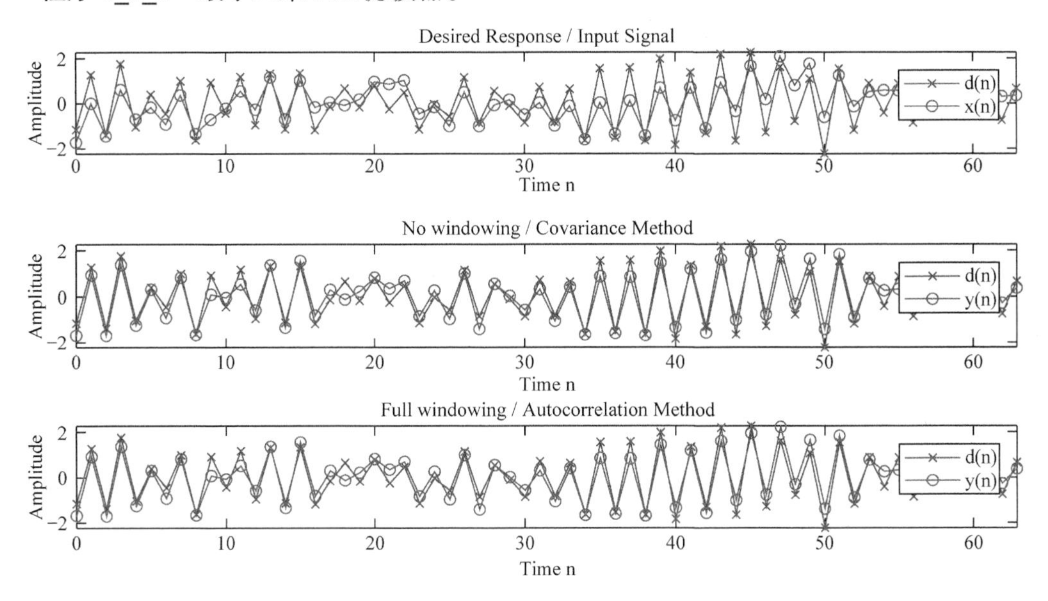

图 6.3.2　程序 6_3_1 的运行结果

```
% 程序 6_3_1　最小二乘 FIR 滤波器
clc,clear;

% LS FIR Filter
N=64;M=3;

% Training:
% Generate training signal
w=sqrt(0.3)*randn(N,1);
A1=[1 0.95];
s=filter(1,A1,w);
d=s;

% Transmit and add a noise
A2=[1 -0.85];
z=filter(1,A2,s);
v=sqrt(0.1)*randn(N,1);
x=z+v;

% Estimate LS filter with No windowing/Covariance Method
[R,r]=lsmatvec('nowin', x, M, d);
h1=inv(R)*r;
```

```
% Estimate LS filter Full windowing/Autocorrelation Method
[R, r]=lsmatvec('fullw',x,M,d);
h2=inv(R)*r;

% Test:
% Generate test signal
w=sqrt(0.3)*randn(N,1);
A1=[1 0.95];
s=filter(1,A1,w);
d=s;

% Transmit and add a noise
A2=[1-0.85];
z=filter(1,A2,s);
v=sqrt(0.1)*randn(N,1);
x=z+v;

% Filtering with the LS filter estimated by Covariance Method
y1=filter(h1,1,x);
e=d-y1;
disp('Covariance Method:');
Jls1=e'*e

% Filtering with the LS filter estimated by Autocorrelation Method
y2=filter(h2,1,x);
e=d-y2;
disp('Autocorrelation Method: ');
Jls2=e'*e

% Plot the test waveforms
n=[0:N-1];
subplot(311);
plot(n,d,'b-x',n,x,'r-o');
legend('d(n)','x(n)'); axis tight;
ylabel('Amplitude'); xlabel('Time n');
title('Desired Response/Input Signal');

subplot(312);
plot(n,d,'b-x',n,y1,'r-o');
legend('d(n)','y(n)'); axis tight;
ylabel('Amplitude');xlabel('Time n');
title('No windowing/Covariance Method');

subplot(313);
plot(n, d,'b-x',n,y2,'r-o');
```

```
legend('d(n)','y(n)'); axis tight;
ylabel('Amplitude');xlabel('Time n');
title('Full windowing/Autocorrelation Method');
```

在程序 6_3_1 中计算时间平均自相关矩阵和互相关向量是通过调用函数 lsmatvec 实现的。该函数引自教材(Manolakis et al., 2003)提供的程序包，该函数的调用格式为：

```
function [R,r]=lsmatvec(method,x,M,d)
```

其中，method='prewd', 'postw', 'fullw', or 'nowin'，分别对应前加窗、后加窗、全加窗(自相关)和不加窗(协方差)方法。x 为输入数据矢量，M 为权系数矢量的维数，d 为期望响应序列，R、r 分别为时间平均自相关矩阵和互相关向量。

从上面的例子不难看出，LS 滤波器是一个“现实”的最优滤波器。维纳滤波器的设计目标是使滤波器误差平方的集平均(期望值)最小，在平稳并各态历经的条件下，相当于在 $(-\infty,+\infty)$ 区间上误差的平方和最小，因此，求解最优滤波器需要输入信号的自相关矩阵和输入信号与期望响应的互相关矢量，这在实际应用中一般很难得到。LS 滤波器的目标是现实的，它使用输入信号和期望响应在测量区间的观测值，通过令误差平方和在观测区间最小，而设计出滤波器系数。

6.4　最小二乘线性预测

正如最优线性预测是维纳滤波器的一个特例，LS 意义下的最优线性预测也是 LS 滤波的特例。与 LS 滤波问题一样，LS 线性预测也有四种不同的数据加窗方法。在这里，我们仅讨论自相关法和协方差法。

1) 自相关法

为了使读者易于理解，我们以全加窗(自相关法)为例直接推导出最小二乘线性预测系数满足的方程。设输入数据 $x(n)$ 的测量区间为 $[0,N-1]$，在区间外 $x(n)$ 取零值。考虑一步前向预测问题，设 M 阶预测器的系数为 $w_1,w_2,\cdots,w_M$，则 $x(n)$ 的预测值为

$$\hat{x}(n)=\sum_{k=1}^{M}w_k x(n-k) \tag{6.4.1}$$

预测误差为

$$e(n)=x(n)-\hat{x}(n)=x(n)-\sum_{k=1}^{M}w_k x(n-k) \tag{6.4.2}$$

按自相关法，取所有非零的预测误差构造下列代价函数：

$$J=J(w_1,w_2,\cdots,w_M)=\sum_{n=0}^{N+M-1}e^2(n) \tag{6.4.3}$$

为了使 J 取最小值，令

$$\frac{\partial J}{\partial w_j}=\sum_{n=0}^{N+M-1}2e(n)\frac{\partial e(n)}{\partial w_j}=-\sum_{n=0}^{N+M-1}2e(n)x(n-j)=0,\quad j=1,2,\cdots,M \tag{6.4.4}$$

再把式(6.4.2)代入式(6.4.4)，经整理得

$$\sum_{k=1}^{M} w_k \sum_{n=0}^{N+M-1} x(n-j)x(n-k) = \sum_{n=0}^{N+M-1} x(n-j)x(n), \quad j=1,2,\cdots,M \tag{6.4.5}$$

把式(6.4.5)写成矩阵形式，有

$$\begin{bmatrix} \hat{r}_{11} & \hat{r}_{12} & \cdots & \hat{r}_{1M} \\ \hat{r}_{21} & \hat{r}_{22} & \cdots & \hat{r}_{2M} \\ \vdots & \vdots & \ddots & \vdots \\ \hat{r}_{M1} & \hat{r}_{M2} & \cdots & \hat{r}_{MM} \end{bmatrix} \begin{bmatrix} w_1 \\ w_2 \\ \vdots \\ w_M \end{bmatrix} = \begin{bmatrix} \hat{r}_1 \\ \hat{r}_2 \\ \vdots \\ \hat{r}_M \end{bmatrix} \tag{6.4.6}$$

其中，自相关矩阵的元素为

$$\hat{r}_{jk} = \sum_{n=0}^{N+M-1} x(n-j)x(n-k), \quad j,k=1,2,\cdots,M \tag{6.4.7}$$

自相关向量的元素为

$$\hat{r}_j = \sum_{n=0}^{N+M-1} x(n-j)x(n) = \hat{r}_{j0}, \quad j=1,2,\cdots,M \tag{6.4.8}$$

利用式(6.3.12)的结论，得

$$\hat{r}_{jk} = \hat{r}_x(|j-k|) = \hat{r}_{kj}，\ \hat{r}_j = \hat{r}_x(j), \quad j,k=1,2,\cdots,M \tag{6.4.9}$$

把式(6.4.9)代入式(6.4.6)，得

$$\begin{bmatrix} \hat{r}_x(0) & \hat{r}_x(1) & \cdots & \hat{r}_x(M-1) \\ \hat{r}_x(1) & \hat{r}_x(0) & \cdots & \hat{r}_x(M-2) \\ \vdots & \vdots & \ddots & \vdots \\ \hat{r}_x(M-1) & \hat{r}_x(M-2) & \cdots & \hat{r}_x(0) \end{bmatrix} \begin{bmatrix} w_1 \\ w_2 \\ \vdots \\ w_M \end{bmatrix} = \begin{bmatrix} \hat{r}_x(1) \\ \hat{r}_x(2) \\ \vdots \\ \hat{r}_x(M) \end{bmatrix} \tag{6.4.10}$$

当预测系数满足式(6.4.10)时，预测误差平方和取最小值。把式(6.4.2)、式(6.4.4)代入式(6.4.3)，得

$$J_{\min} = \sum_{n=0}^{N+M-1} e^2(n) = \hat{r}_x(0) - \sum_{k=1}^{M} w_k \hat{r}_x(k) \tag{6.4.11}$$

显然，式(6.4.10)的系数矩阵具有对称性和 Toeplitz 性，依据 5.4.3 节的内容，我们可以用 Levinson-Durbin 递推算法求解该方程。

另外，5.4.1 节中给出了前向最优线性预测系数满足的 Wiener-Hopf 方程，即式(5.4.8)。为了建立 Wiener-Hopf 方程，需要预先知道自相关函数 $r_x(l)$。如果我们用时间平均代替集平均，并采用式(4.1.1)估计自相关函数。则式(5.4.8)和式(6.4.10)将有完全相同的形式。该结论说明，如果预先知道自相关函数，我们可以用比较“完美”的 Wiener-Hopf 方程求解线性预测系数。然而，在大多数实际应用问题中，我们只能采用时间平均的方法估计自相关函数，然后建立比较“务实”“合理”的最小二乘线性预测方程。

2)协方差法

由预测误差式(6.4.2)得，为了在计算滤波器的输出误差时不使用区间 $[0,N-1]$ 以外的数

据，在协方差法线性预测中，应取 $N_i = M$ ， $N_f = N-1$ 。注意：这里选取的起点与 6.3 节讨论的协方差法滤波器有所区别。

采用与自相关法相同的推导过程，可以得到

$$\hat{r}_{ij} = \sum_{n=M}^{N-1} x(n-i)x(n-j) = \hat{r}_x(i,j) = \hat{r}_x(j,i), \quad 1 \leqslant i,j \leqslant M \tag{6.4.12}$$

以及

$$\hat{r}_i = \sum_{n=M}^{N-1} x(n-i)x(n) = \hat{r}_x(i,0), \quad 1 \leqslant i \leqslant M \tag{6.4.13}$$

把式(6.4.12)、式(6.4.13)代入式(6.4.6)得

$$\begin{bmatrix} \hat{r}_x(1,1) & \hat{r}_x(1,2) & \cdots & \hat{r}_x(1,M) \\ \hat{r}_x(2,1) & \hat{r}_x(2,2) & \cdots & \hat{r}_x(2,M) \\ \vdots & \vdots & \ddots & \vdots \\ \hat{r}_x(M,1) & \hat{r}_x(M,2) & \cdots & \hat{r}_x(M,M) \end{bmatrix} \begin{bmatrix} w_1 \\ w_2 \\ \vdots \\ w_M \end{bmatrix} = \begin{bmatrix} \hat{r}_x(1,0) \\ \hat{r}_x(2,0) \\ \vdots \\ \hat{r}_x(M,0) \end{bmatrix} \tag{6.4.14}$$

依据前面讨论的内容，我们也可以用数据矩阵表示式(6.4.14)。首先给出误差向量的定义，即

$$\begin{bmatrix} e(M) \\ e(M+1) \\ \vdots \\ e(N-1) \end{bmatrix} = \begin{bmatrix} x(M) \\ x(M+1) \\ \vdots \\ x(N-1) \end{bmatrix} - \begin{bmatrix} x(M-1) & x(M-2) & \cdots & x(0) \\ x(M) & x(M-1) & \cdots & x(1) \\ \vdots & \vdots & \ddots & \vdots \\ x(N-2) & x(N-3) & \cdots & x(N-1-M) \end{bmatrix} \begin{bmatrix} w_1 \\ \vdots \\ w_M \end{bmatrix} \tag{6.4.15}$$

由式(6.4.15)得数据矩阵为

$$\boldsymbol{X} = \begin{bmatrix} x(M-1) & x(M-2) & \cdots & x(0) \\ x(M) & x(M-1) & \cdots & x(1) \\ \vdots & \vdots & \ddots & \vdots \\ x(N-2) & x(N-3) & \cdots & x(N-1-M) \end{bmatrix} \tag{6.4.16}$$

期望响应向量为

$$\boldsymbol{d} = \begin{bmatrix} x(M) & x(M+1) & \cdots & x(N-1) \end{bmatrix}^{\mathrm{T}} \tag{6.4.17}$$

线性预测问题是线性最小二乘估计的一种特殊情况，由式(6.2.21)知线性预测系数满足下列方程：

$$(\boldsymbol{X}^{\mathrm{T}}\boldsymbol{X})\boldsymbol{w} = \boldsymbol{X}^{\mathrm{T}}\boldsymbol{d} \tag{6.4.18}$$

其中， $\boldsymbol{w} = [w_1, w_2, \cdots, w_M]^{\mathrm{T}}$ 为线性预测系数向量，数据矩阵和期望响应向量分别由式(6.4.16)、式(6.4.17)定义。容易验证，式(6.4.18)与式(6.4.14)完全等效。该线性方程的系数矩阵具有对称性，但没有 Toeplitz 性质。如上所述，当线性方程组的系数矩阵 $\hat{\boldsymbol{R}}_x$ 是正定时，我们可以用 $\mathrm{LDL^H}$ 或 Cholesky 分解方法求解该正则方程。

当预测系数满足式(6.4.18)或式(6.4.14)时，预测误差平方和取最小值。把式(6.4.16)、式(6.4.17)代入式(6.2.23)，得

$$J_{\min} = \sum_{n=M}^{N-1} e^2(n) = J_d - \boldsymbol{w}_{\mathrm{ls}}^{\mathrm{T}} \boldsymbol{X}^{\mathrm{T}} \boldsymbol{d} = \hat{r}_x(0,0) - \sum_{k=1}^{M} w_k \hat{r}_x(0,k) \tag{6.4.19}$$

例 6.4.1　设 $M=4$，用 $\mathrm{LDL^H}$ 分解方法求解下列正则方程：

$$\boldsymbol{Rw} = \boldsymbol{r} \tag{6.4.20}$$

其中，$\boldsymbol{R}$ 为正定对称矩阵。

解： 正定对称矩阵 $\boldsymbol{R}$ 可以唯一地分解为下列形式，即

$$\boldsymbol{R} = \boldsymbol{LDL}^{\mathrm{T}} \tag{6.4.21}$$

其中，$\boldsymbol{L}$ 为单位下三角形式，即

$$\boldsymbol{L} = \begin{bmatrix} 1 & 0 & 0 & 0 \\ l_{21} & 1 & 0 & 0 \\ l_{31} & l_{32} & 1 & 0 \\ l_{41} & l_{42} & l_{43} & 1 \end{bmatrix} \tag{6.4.22}$$

而

$$\boldsymbol{D} = \mathrm{diag}\{\lambda_1, \lambda_2, \lambda_3, \lambda_4\} \tag{6.4.23}$$

为对角矩阵。把分解式(6.4.21)代入正则方程式(6.4.20)，得

$$\boldsymbol{Rw} = \boldsymbol{LD}(\boldsymbol{L}^{\mathrm{T}}\boldsymbol{w}) = \boldsymbol{r} \tag{6.4.24}$$

定义中间向量：

$$\boldsymbol{k} = \boldsymbol{L}^{\mathrm{T}}\boldsymbol{w} \tag{6.4.25}$$

则式(6.4.24)可写为

$$\boldsymbol{LDk} = \boldsymbol{r} \tag{6.4.26}$$

把式(6.4.22)、式(6.4.23)代入式(6.4.26)，得

$$\begin{bmatrix} 1 & 0 & 0 & 0 \\ l_{21} & 1 & 0 & 0 \\ l_{31} & l_{32} & 1 & 0 \\ l_{41} & l_{42} & l_{43} & 1 \end{bmatrix} \begin{bmatrix} \lambda_1 & 0 & 0 & 0 \\ 0 & \lambda_2 & 0 & 0 \\ 0 & 0 & \lambda_3 & 0 \\ 0 & 0 & 0 & \lambda_4 \end{bmatrix} \begin{bmatrix} k_1 \\ k_2 \\ k_3 \\ k_4 \end{bmatrix} = \begin{bmatrix} r_1 \\ r_2 \\ r_3 \\ r_4 \end{bmatrix} \tag{6.4.27}$$

在式(6.4.27)中，把下三角阵与对角阵相乘，得

$$\begin{bmatrix} \lambda_1 & 0 & 0 & 0 \\ \lambda_1 l_{21} & \lambda_2 & 0 & 0 \\ \lambda_1 l_{31} & \lambda_2 l_{32} & \lambda_3 & 0 \\ \lambda_1 l_{41} & \lambda_2 l_{42} & \lambda_3 l_{43} & \lambda_4 \end{bmatrix} \begin{bmatrix} k_1 \\ k_2 \\ k_3 \\ k_4 \end{bmatrix} = \begin{bmatrix} r_1 \\ r_2 \\ r_3 \\ r_4 \end{bmatrix} \tag{6.4.28}$$

在式(6.4.28)中，系数矩阵为下三角矩阵，因此可以按前向顺序直接求解未知数，即

$$\lambda_1 k_1 = r_1 \quad \Rightarrow \quad k_1 = \frac{r_1}{\lambda_1}$$

$$\lambda_1 l_{21} k_1 + \lambda_2 k_2 = r_2 \quad \Rightarrow \quad k_2 = \frac{1}{\lambda_2}(r_2 - \lambda_1 l_{21} k_1)$$

$$\lambda_1 l_{31} k_1 + \lambda_2 l_{32} k_2 + \lambda_3 k_3 = r_3 \quad \Rightarrow \quad k_3 = \frac{1}{\lambda_3}(r_3 - \lambda_1 l_{31} k_1 - \lambda_2 l_{32} k_2)$$

$$\lambda_1 l_{41} k_1 + \lambda_2 l_{42} k_2 + \lambda_3 l_{43} k_3 + \lambda_4 k_4 = r_4 \quad \Rightarrow \quad k_4 = \frac{1}{\lambda_4}(r_4 - \lambda_1 l_{41} k_1 - \lambda_2 l_{42} k_2 - \lambda_3 l_{43} k_3)$$

求出向量 $\boldsymbol{k}$ 的值以后，可以由式(6.4.25)按后向顺序求解 $\boldsymbol{w}$，即

$$\begin{bmatrix} 1 & l_{21} & l_{31} & l_{41} \\ 0 & 1 & l_{32} & l_{42} \\ 0 & 0 & 1 & l_{43} \\ 0 & 0 & 0 & 1 \end{bmatrix} \begin{bmatrix} w_1 \\ w_2 \\ w_3 \\ w_4 \end{bmatrix} = \begin{bmatrix} k_1 \\ k_2 \\ k_3 \\ k_4 \end{bmatrix} \Rightarrow \begin{array}{c} w_4 = k_4 \\ w_3 = k_3 - l_{43} w_4 \\ w_2 = k_2 - l_{32} w_3 - l_{42} w_4 \\ w_1 = k_1 - l_{21} w_2 - l_{31} w_3 - l_{41} w_4 \end{array} \tag{6.4.29}$$

例 6.4.2　给定一个随机信号的前 6 个数据为 $x(n) = \{1,2,2,3,4,5\}$，用协方差法求出一个 2 阶的 LS 前向预测器。

解：对于该预测问题，$N = 6, M = 2$，数据矩阵和期望响应分别为

$$\boldsymbol{X} = \begin{bmatrix} 2 & 1 \\ 2 & 2 \\ 3 & 2 \\ 4 & 3 \end{bmatrix}, \quad \boldsymbol{d} = \begin{bmatrix} 2 \\ 3 \\ 4 \\ 5 \end{bmatrix}$$

正则方程的系数矩阵和互相关向量分别为

$$\boldsymbol{R} = \boldsymbol{X}^{\mathrm{T}} \boldsymbol{X} = \begin{bmatrix} 33 & 24 \\ 24 & 18 \end{bmatrix}, \quad \boldsymbol{r} = \begin{bmatrix} 42 \\ 31 \end{bmatrix}$$

在 MATLAB 中运行下列语句：

```
[L,D]=ldl(R)
```

即可实现对系数矩阵 $\boldsymbol{R}$ 的 $\mathrm{LDL^H}$ 分解，其结果为

$$\boldsymbol{L} = \begin{bmatrix} 1.0 & 0 \\ 0.7273 & 1.0 \end{bmatrix}, \quad \boldsymbol{D} = \begin{bmatrix} 33.0 & 0 \\ 0 & 0.5455 \end{bmatrix}$$

利用式(6.4.26)先求解向量 $\boldsymbol{k}$，得

$$\boldsymbol{k} = \begin{bmatrix} 1.2727 \\ 0.8333 \end{bmatrix}$$

再利用式(6.4.25)求解 $\boldsymbol{w}$，得

$$\boldsymbol{w} = \begin{bmatrix} 0.6667 \\ 0.8333 \end{bmatrix}$$

即为 LS 预测器系数。可以验证，该结果与下列语句：

```
w=inv(R)*r
```

的运算结果相同。然而，当预测器的阶数较大时，采用 $\mathrm{LDL^H}$ 分解，可以明显提高解方程的运算效率。

本章小结

本章讨论了最小二乘滤波器与维纳最优滤波器的联系与区别。在维纳最优滤波器中，假设输入和期望响应序列都是平稳过程，求解方程都要用到自相关序列之类的统计特性，实际应用中无法直接得到这些统计特性，要对它们进行估计。由于实际应用中得到的往往是输入信号和期望响应的观测数据，也就是所谓随机过程的一个具体实现的观测值，有时用它们难以较准确地估计该过程的二阶矩。这时可采用最小二乘方法。最小二乘滤波器采用使误差平方和最小的准则，采用输入信号和期望响应的观测数据即可求解出“最优”解。

本章重点讨论了线性最小二乘估计，通过时间平均代替集平均，给出了与线性最优均方估计类似的正则方程和正交原理。在最小二乘 FIR 滤波器中，由于数据为有限长，因而存在端点问题，本章介绍了四种可选的处理方式，即四种加窗方法。本章以一个简单的通信系统为例，介绍了最小二乘 FIR 滤波器的仿真实现。

为了使读者易于理解，本章以全加窗(自相关法)为例直接推导出了最小二乘线性预测系数满足的方程。推导过程也可以推广到另外三种加窗方法中。本章还讨论了自相关法和协方差法线性预测正则方程的求解问题。这些内容是第 7 章非参数功率谱估计的必要基础。

习　题

6.1 利用式(6.3.7)，令 $J_e \to \min$，证明式(6.3.8)所示的正则方程成立。

6.2 证明式(6.2.23)成立，即

$$J_{\mathrm{ls}} = J_d - \boldsymbol{w}_{\mathrm{ls}}^{\mathrm{T}} \boldsymbol{X}^{\mathrm{T}} \boldsymbol{X} \boldsymbol{w}_{\mathrm{ls}} = J_d - \boldsymbol{w}_{\mathrm{ls}}^{\mathrm{T}} \boldsymbol{X}^{\mathrm{T}} \boldsymbol{d}$$

6.3 设加权最小二乘滤波器的代价函数为

$$J_{\mathrm{wt}} = \sum_{n=0}^{N-1} g(n) e^2(n) = \boldsymbol{e}^{\mathrm{T}} \boldsymbol{G} \boldsymbol{e}$$

其中，$\boldsymbol{G} = \mathrm{diag}\{g(0),\ g(1), \cdots,\ g(N-1)\}$ 为由权系数组成的对角矩阵。证明使 $J_{\mathrm{wt}} \to \min$ 的最优滤波器权系数为

$$\boldsymbol{w}_{\mathrm{wt}} = (\boldsymbol{X}^{\mathrm{T}} \boldsymbol{G} \boldsymbol{X})^{-1} \boldsymbol{X}^{\mathrm{T}} \boldsymbol{G} \boldsymbol{d}$$

其中，$\boldsymbol{X}$ 为数据矩阵；$\boldsymbol{d}$ 为期望响应矢量。

6.4 给定数据 $x(n)$ 的 8 个采样点 $\{x(0), x(1), \cdots, x(7)\}$，采用协方差法进行 3 阶 LS 前向一步线性预测，写出求解预测系数的正则方程，确定数据矩阵 $\boldsymbol{X}$ 和向量 $\boldsymbol{d}$。

6.5　如果要求设计后向一步 LS 线性预测，重做 6.4 题。

6.6　在 6.4 题中，设 8 个采样点的值为{1,2,2,3,−2, −1,4,1}，试用 LDL^H 分解方法求解所建立的正则方程。

6.7　给定矩阵 $\boldsymbol{X}=\begin{bmatrix}0 & 1\\1 & 1\\1 & 0\end{bmatrix}$，求出该矩阵的伪逆矩阵 $\boldsymbol{X}^{+}$和投影矩阵 $\boldsymbol{P}$。

6.8　修改程序 6_3_1，实现 50 次重复运行，分别计算协方差法和自相关法的误差能量平均值，以比较这两种方法用于信道均衡的效果。

6.9　一个随机信号由一个 ARMA(4,2) 模型产生，模型极点位于 $p_{1,2}=0.9\mathrm{e}^{\pm \mathrm{j}0.15\pi}$，$p_{3,4}=0.9\mathrm{e}^{\pm \mathrm{j}0.35\pi}$，零点位于 $z_{1,2}=0.9\mathrm{e}^{\pm \mathrm{j}0.25\pi}$，激励白噪声方差为 1。用此模型产生 120 个数据，设计一个 LS 前向预测器。设预测器的阶数为 8，分别使用自相关法和协方差法，计算预测器系数和平均预测误差。另设阶数为 4 和 12，重做此题，比较平均预测误差的大小。

第7章　参数谱估计

谱估计的基本任务是根据平稳随机过程的某次实现中的一段有限长数据来估计该随机过程的功率谱密度。如在第 4 章中所述，功率谱估计方法有很多种，一般分成两大类，一类是经典谱估计，也称为非参数谱估计；另一类是现代谱估计，也称为参数谱估计。第 4 章讨论了建立在傅里叶变换基础之上的经典谱估计，在本章中，将讨论以信号建模为基础的参数谱估计。在参数谱估计中，我们先假设所讨论的随机过程服从某一有限参数模型，再利用给定的随机序列值估计模型的参数，然后把估计出来的模型参数代入该模型的理论功率谱密度公式，得到谱估计。模型法在谱分辨率和谱真实性方面比经典法有改善，但改善的程度取决于所选模型的恰当性和模型参数的估计质量。经常使用的参数模型是随机信号的线性模型，即 AR 模型、MA 模型和 ARMA 模型。这些模型的理论功率谱密度是已知的，因而参数谱估计的问题就转化为怎样利用给定的一段数据估计这些模型参数。

7.1　信 号 建 模

如第 3 章所述，如果 $\{x(n)\}$ 是一个 ARMA(p,q) 过程，那么它满足如下差分方程：

$$x(n)=-\sum_{k=1}^{p}a_k x(n-k)+w(n)+\sum_{k=1}^{q}b_k w(n-k) \tag{7.1.1}$$

其中，$w(n)\sim \mathrm{WN}(0,\sigma_w^2)$，为白噪声激励信号。该随机过程的功率谱密度为

$$S_x(\omega)=\sigma_w^2\left|\frac{1+\sum_{k=1}^{q}b_k \mathrm{e}^{-\mathrm{j}\omega k}}{1+\sum_{k=1}^{p}a_k \mathrm{e}^{-\mathrm{j}\omega k}}\right|=\sigma_w^2\frac{\left|B(\mathrm{e}^{\mathrm{j}\omega})\right|^2}{\left|A(\mathrm{e}^{\mathrm{j}\omega})\right|^2} \tag{7.1.2}$$

它是一个完全由参数 $\{a_1,a_2,\cdots,a_p\}$、$\{b_1,b_2,\cdots,b_q\}$ 和 σ_w^2 确定的有理函数。上述模型是线性时不变的，因而如果相应的系统具有 BIBO 稳定性，那么随机过程 $x(n)$ 就是平稳的。

参数谱估计的过程为：给定平稳随机过程 $\{x(n)\}$ 某次实现中的一段有限长数据 $\{x(n)\}_{n=0}^{N-1}$，利用先验知识选择一个合理的模型，然后利用给定的数据估计模型参数。设信号模型参数的估计值为 $\{\hat{a}_k\}_1^p$、$\{\hat{b}_k\}_1^q$ 和 $\hat{\sigma}_w^2$，如果选择模型合适，参数估计也足够准确，那么下列公式：

$$\hat{S}_x(\omega)=\hat{\sigma}_w^2\left|\frac{1+\sum_{k=1}^{q}\hat{b}_k \mathrm{e}^{-\mathrm{j}\omega k}}{1+\sum_{k=1}^{p}\hat{a}_k \mathrm{e}^{-\mathrm{j}\omega k}}\right|=\hat{\sigma}_w^2\frac{\left|\hat{B}(\mathrm{e}^{\mathrm{j}\omega})\right|^2}{\left|\hat{A}(\mathrm{e}^{\mathrm{j}\omega})\right|^2} \tag{7.1.3}$$

将给出该信号功率谱密度的一个合理估计。

参数谱估计的性能取决于所选模型的恰当性和模型参数的估计质量，因而信号建模是参数谱估计的重要环节，信号建模的步骤如图 7.1.1 所示。

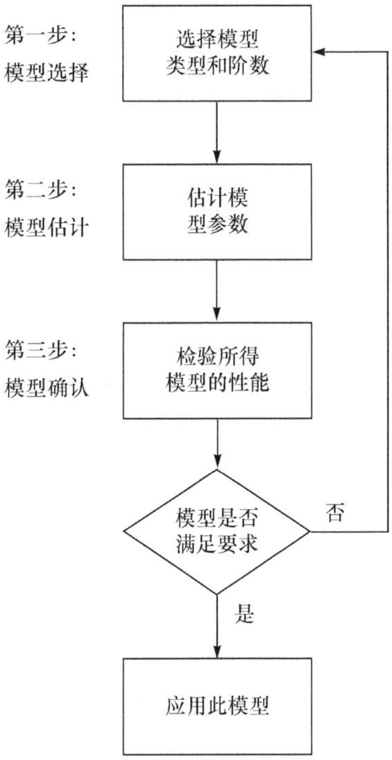

第一步：模型选择　选择模型类型和阶数

第二步：模型估计　估计模型参数

第三步：模型确认　检验所得模型的性能

模型是否满足要求　否　是

应用此模型

图 7.1.1　建立信号模型的步骤

1) 模型选择

在这一步，主要选择模型的类型 (AR、MA 或 ARMA)，并初步确定模型的阶数。熟悉并了解待建模信号以及产生该信号的物理机制有助于选择模型。一般来说，具有锐峰而无深谷的谱适于 AR 模型，具有深谷无尖峰的谱适于 MA 模型，而 ARMA 模型可以同时包含这两种情况。

2) 模型估计

这一步也称为模型拟合，按照某些最优化准则，用可用数据 $\{x(n)\}_{n=0}^{N-1}$ 估计所选模型的参数。虽然能用多种准则 (如最大似然、频谱匹配) 来衡量模型的性能，但我们仍以最小二乘误差准则为主。将会看到，AR 模型的估计会引出线性方程组，而 MA 和 ARMA 模型的估计需要求解非线性方程组。

3) 模型确认

在模型确认阶段，我们检查得到的模型与数据的吻合程度。如果有必要，将采取合适的修正措施调整模型的阶数，然后重复这个过程，直到得到一个可以接受的模型。当然，模型测试的最终结果是看模型是否达到应用的要求，这些要求包括模型性能、计算复杂度等标准。

7.2　AR 模型谱估计

设随机过程 $x(n)$ 由 AR(p) 模型产生，即

$$x(n) = -\sum_{k=1}^{p} a_k x(n-k) + w(n) \tag{7.2.1}$$

则该随机过程的功率谱为

$$S_{\mathrm{AR}}(\omega) = \frac{\sigma_w^2}{\left|1 + a_1 \mathrm{e}^{-\mathrm{j}\omega} + \cdots + a_p \mathrm{e}^{-\mathrm{j}\omega p}\right|^2} \tag{7.2.2}$$

其中，$\sigma_w^2 = E[|w(n)|^2]$。给定一组观测数据 $\{x(0), x(1), \cdots, x(N-1)\}$，如果通过一种估计方法得到模型参数的估计值 $\{\hat{a}_1, \hat{a}_2, \cdots, \hat{a}_p, \hat{\sigma}_w^2\}$，那么功率谱密度的估计为

$$\hat{S}_{\mathrm{AR}}(\omega) = \frac{\hat{\sigma}_w^2}{\left|1 + \sum_{k=1}^{p} \hat{a}_k \mathrm{e}^{-\mathrm{j}\omega k}\right|^2} \tag{7.2.3}$$

在现代功率谱估计的历史中，J. P. Burg 于 1967 年提出的最大熵(entropy)方法产生了很大的影响，推动了现代谱估计的发展。此外，建立在信息论基础上的“信息最优”准则在现代信号处理中也产生了重要的影响。尽管人们后来认识到了最大熵谱估计方法和模型法具有等价性，但是了解最大熵的概念及其与模型法的等价性仍是有益的。下面首先简要分析 AR 模型方法和最大熵谱估计方法的等价性，然后讨论几种实际的 AR 模型功率谱估计方法。

7.2.1　最大熵谱估计

功率谱估计是一个典型的从局部估计全局的问题。传统的谱估计方法(如 4.2 节中的相关图法)具有的一个局限是：给定长为 N 的观测值，只能估计 $|l|< N$ 时的自相关序列 $\hat{r}_x(l)$，对 $|k|\geqslant N$，$\hat{r}_x(l)$ 就取零值。由于很多信号的自相关在 $|l|\geqslant N$ 时不为零，这一处理方法(加窗方法)可能会显著降低所估计谱的分辨率和精度，尤其是当信号具有窄带谱时，其自相关随 k 的增加衰减很慢，加窗效应更明显。如果我们能对自相关进行更精确的外推，就可能消除加窗效应。

最大熵谱估计的思想是：假设已知(或可以估计出) $\{r_x(0),r_x(1),\cdots,r_x(p)\}$，为了用自相关序列计算功率谱(见式(2.4.12))，需外推自相关函数。设外推得到的自相关为 $r_{\text{ex}}(p+1)$，$r_{\text{ex}}(p+2)$，…，则该随机过程的功率谱为

$$S_x(\omega)=\sum_{l=-p}^{p} r_x(l)\mathrm{e}^{-\mathrm{j}\omega l}+\sum_{|l|>p} r_{\text{ex}}(l)\mathrm{e}^{-\mathrm{j}\omega l} \tag{7.2.4}$$

平稳随机过程的自相关序列满足共轭对称性，因而可以用正下标值推出负下标值，反过来也如此。有无穷多种外推方法，Burg 提出的一种外推准则是：在外推区间，使信号取最随机、最不可预测的值，换言之，就是使随机过程的熵最大。

一个功率谱为 $S_x(\omega)$ 的高斯随机过程，其熵定义为

$$H(x)=\frac{1}{2\pi}\int_{-\pi}^{\pi}\ln[S_x(\omega)]\mathrm{d}\omega \tag{7.2.5}$$

因此对于高斯过程，若已知部分自相关序列 $\{r_x(0),r_x(1),\cdots,r_x(p)\}$，其最大熵功率谱 $S_x(\omega)$ 应使式(7.2.5)最大化，同时应约束 $S_x(\omega)$ 的逆 DTFT 在 $|l|\leqslant p$ 时等于给定的自相关值，即

$$\frac{1}{2\pi}\int_{-\pi}^{\pi} S_x(\omega)\mathrm{e}^{\mathrm{j}\omega l}\mathrm{d}\omega=r_x(l),\quad |l|\leqslant p \tag{7.2.6}$$

利用拉格朗日(Lagrange)乘数法求解此有约束的最优化问题，得

$$S_x(\omega)=\frac{\sigma_w^2}{\left|1+\sum_{k=1}^{p}a_k\mathrm{e}^{-\mathrm{j}\omega k}\right|^2} \tag{7.2.7}$$

式中的参数 $a_k(k=1,2,\cdots,p)$ 和 σ_w^2 分别满足方程式：

$$\begin{bmatrix} r_x(0) & r_x(1) & \cdots & r_x(p-1)\\ r_x(1) & r_x(0) & \cdots & r_x(p-2)\\ \vdots & \vdots & \ddots & \vdots\\ r_x(p-1) & r_x(p-2) & \cdots & r_x(0)\end{bmatrix}\begin{bmatrix} a_1\\ a_2\\ \vdots\\ a_p\end{bmatrix}=-\begin{bmatrix} r_x(1)\\ r_x(2)\\ \vdots\\ r_x(p)\end{bmatrix} \tag{7.2.8}$$

和

$$\sigma_w^2 = r_x(0) + \sum_{k=1}^{p} a_k r_x(k) \tag{7.2.9}$$

式(7.2.8)和式(7.2.9)正好是 Yule-Walker 方程。该结果说明，在已知 $\{r_x(0), r_x(1), \cdots, r_x(p)\}$ 的条件下，最大熵谱估计由式(7.2.7)、式(7.2.8)和式(7.2.9)给出，这也正是 AR(p)模型的功率谱表达式和求解参数的方程式。因此，对于高斯随机过程，最大熵谱估计和 AR 模型谱估计是一致的。如果读者对详细的推导过程感兴趣，请参阅文献(张贤达，2002；张旭东和陆明泉，2005；杨绿溪，2007)。

7.2.2　自相关法

在 5.4.1 节中，讨论了线性预测系数与 AR 模型系数之间的关系，得出的结论是：如果 $x(n)$为一个 AR(p)过程，我们用阶数 $M=p$ 的前向线性预测器对该随机过程进行线性预测，则模型参数即为最优预测器系数(除相差符号外)，即 $w_{f,k} = -a_k$，$k=1,2,\cdots,M$。并且，前向最优线性预测误差滤波器的输出为白噪声信号，该白噪声信号的方差与驱动 AR 模型的白噪声的方差相同，即 $P_M^f = \sigma_w^2$。该结论也说明，我们可以采用线性预测的方法对 AR 模型进行系统辨识。对于功率谱估计问题，比较恰当的方法是采用最小二乘线性预测。如 6.4 节所述，最小二乘线性预测有四种不同的数据加窗方法，自相关法采用全加窗，而协方差法不对数据做加窗处理。

总结起来，采用自相关法进行 AR 模型谱估计的步骤如下。

(1) 设定模型阶数 p，建立正则方程：

$$\begin{bmatrix} \hat{r}_x(0) & \hat{r}_x(1) & \cdots & \hat{r}_x(p) \\ \hat{r}_x(1) & \hat{r}_x(0) & \cdots & \hat{r}_x(p-1) \\ \vdots & \vdots & \ddots & \vdots \\ \hat{r}_x(p) & \hat{r}_x(p-1) & \cdots & \hat{r}_x(0) \end{bmatrix} \begin{bmatrix} 1 \\ \hat{a}_1 \\ \vdots \\ \hat{a}_p \end{bmatrix} = \begin{bmatrix} J_{\min} \\ 0 \\ \vdots \\ 0 \end{bmatrix} \tag{7.2.10}$$

其中

$$\hat{r}_x(l) = \sum_{n=0}^{N-1-l} x(n+l)x(n), \quad l = 0,1,\cdots,p \tag{7.2.11}$$

(2) 利用 5.4.3 节所述的 Levinson-Durbin 算法求解方程，得模型参数 $\{\hat{a}_1, \hat{a}_2, \cdots, \hat{a}_p\}$ 以及最优预测误差的平方和 $J_{\min}$ 之值。根据式(7.2.10)，$J_{\min}$ 的值也可用下式计算，即

$$J_{\min} = \hat{r}_x(0) + \sum_{k=1}^{p} \hat{a}_k \hat{r}_x(k) \tag{7.2.12}$$

(3) 利用式(7.2.3)计算功率谱。考虑到在自相关法中误差的求和范围为 0～$N-1+p$，因此，我们用下式估计白噪声的方差，即

$$\hat{\sigma}_w^2 = \frac{J_{\min}}{N+p} \tag{7.2.13}$$

此外，如 3.1 节所述，平稳 AR(p)过程的自相关函数满足 Yule-Walker 方程，即

$$\begin{bmatrix} r_x(0) & r_x(1) & \cdots & r_x(p) \\ r_x(1) & r_x(0) & \cdots & r_x(p-1) \\ \vdots & \vdots & \ddots & \vdots \\ r_x(p) & r_x(p-1) & \cdots & r_x(0) \end{bmatrix} \begin{bmatrix} 1 \\ a_1 \\ \vdots \\ a_p \end{bmatrix} = \begin{bmatrix} \sigma_w^2 \\ 0 \\ \vdots \\ 0 \end{bmatrix} \tag{7.2.14}$$

因此，如果给定$\{r_x(0), r_x(1), \cdots, r_x(p)\}$，则可以通过求解式(7.2.10)得 AR 模型的系数$\{a_1, a_2, \cdots, a_p\}$和激励噪声的方差$\hat{\sigma}_w^2$。对于功率谱估计问题而言，往往不可能精确推导出自相关函数$r_x(k)$，而只能利用给定的观测数据$\{x(n)\}_{n=0}^{N-1}$进行自相关估计。如 4.1 节所述，我们通常采用第一种方法估计自相关函数，其计算公式为

$$\tilde{r}_x(l) = \frac{1}{N} \sum_{n=0}^{N-1-l} x(n+l)x(n), \quad l = 0, 1, \cdots, p \tag{7.2.15}$$

在 Yule-Walker 方程中，用时间平均自相关代替集平均自相关，得

$$\begin{bmatrix} \tilde{r}_x(0) & \tilde{r}_x(1) & \cdots & \tilde{r}_x(p) \\ \tilde{r}_x(1) & \tilde{r}_x(0) & \cdots & \tilde{r}_x(p-1) \\ \vdots & \vdots & \ddots & \vdots \\ \tilde{r}_x(p) & \tilde{r}_x(p-1) & \cdots & \tilde{r}_x(0) \end{bmatrix} \begin{bmatrix} 1 \\ \hat{a}_1 \\ \vdots \\ \hat{a}_p \end{bmatrix} = \begin{bmatrix} \hat{\sigma}_w^2 \\ 0 \\ \vdots \\ 0 \end{bmatrix} \tag{7.2.16}$$

求解式(7.2.16)则可得到 AR 模型系数和激励噪声方差的估计值$\{\hat{a}_1, \hat{a}_2, \cdots, \hat{a}_p, \hat{\sigma}_w^2\}$，再把这些参数值代入式(7.2.3)，即可得到该随机过程的功率谱估计。由此说明，采用 Yule-Walker 方程和自相关估计，即可实现 AR 谱估计。因而，AR 模型谱估计的自相关法也称为 Yule-Walker 法。

MATLAB 平台中的 Signal Processing Toolbox 提供了用 Yule-Walker 法进行 AR 模型参数估计的函数，该函数有下列三种调用方式：

```
a=aryule(x,p)
[a,e]=aryule(x,p)
[a,e,k]=aryule(x,p)
```

其中，x 为输入数据矢量，p 为模型阶数，a 为 AR 模型系数，k 为反射系数，e 为激励噪声方差的估计值，即式(7.2.16)中的$\hat{\sigma}_w^2$。比较式(7.2.10)、式(7.2.11)和式(7.2.15)、式(7.2.16)，可以看出用式(7.2.16)计算的噪声方差是用式(7.2.13)计算的噪声方差的$1 + p/N$倍。当$N \gg p$时，这两个估计之间的偏差可忽略不计。此外，对于功率谱估计问题而言，我们更关心功率谱的包络，噪声方差不影响谱包络的形状。

由于自相关法假设了观测窗以外的数据为 0，相当于进行了加窗处理，因此自相关法估计的功率谱分辨率会受到窗长度的限制，这一点将在后续的仿真实验中得到证实。自相关法的优点是，正则方程的系数矩阵具有 Toeplitz 性，可以用 Levinson-Durbin 算法求解线性方程组，从而有效提高解方程的效率。

7.2.3 协方差法

在最小二乘线性预测中，为了在计算滤波器的输出误差时不使用测量区间以外的数据，即不对数据做加窗处理，我们取误差平方的求和范围为 $p \sim N-1$，由此引出 AR 模型谱估计的协方差法。

在协方差法中，前向线性预测误差向量定义为

$$\begin{bmatrix} e(p) \\ e(p+1) \\ \vdots \\ e(N-1) \end{bmatrix} = \begin{bmatrix} x(p) \\ x(p+1) \\ \vdots \\ x(N-1) \end{bmatrix} - \begin{bmatrix} x(p-1) & x(p-2) & \cdots & x(0) \\ x(p) & x(p-1) & \cdots & x(1) \\ \vdots & \vdots & \ddots & \vdots \\ x(N-2) & x(N-3) & \cdots & x(N-1-p) \end{bmatrix} \begin{bmatrix} w_1 \\ \vdots \\ w_p \end{bmatrix} \tag{7.2.17}$$

由式(7.2.17)得数据矩阵为

$$\boldsymbol{X} = \begin{bmatrix} x(p-1) & x(p-2) & \cdots & x(0) \\ x(p) & x(p-1) & \cdots & x(1) \\ \vdots & \vdots & \ddots & \vdots \\ x(N-2) & x(N-3) & \cdots & x(N-1-p) \end{bmatrix} \tag{7.2.18}$$

期望响应向量为

$$\boldsymbol{d} = \begin{bmatrix} x(p) & x(p+1) & \cdots & x(N-1) \end{bmatrix}^{\mathrm{T}} \tag{7.2.19}$$

如 6.4 节所述，线性预测系数 $\boldsymbol{w} = \begin{bmatrix} w_1 & \cdots & w_p \end{bmatrix}^{\mathrm{T}}$ 满足下列正则方程：

$$(\boldsymbol{X}^{\mathrm{T}}\boldsymbol{X})\boldsymbol{w} = \boldsymbol{X}^{\mathrm{T}}\boldsymbol{d} \tag{7.2.20}$$

利用线性预测系数与 AR 模型系数之间的关系，得

$$(\boldsymbol{X}^{\mathrm{T}}\boldsymbol{X})\hat{\boldsymbol{a}} = -\boldsymbol{X}^{\mathrm{T}}\boldsymbol{d} \tag{7.2.21}$$

其中，$\hat{\boldsymbol{a}} = \begin{bmatrix} \hat{a}_1 & \cdots & \hat{a}_p \end{bmatrix}^{\mathrm{T}}$ 为 AR 模型系数向量。

如 6.4 节所述，协方差法的正则方程也可表示为

$$\begin{bmatrix} \hat{r}_x(1,1) & \hat{r}_x(1,2) & \cdots & \hat{r}_x(1,p) \\ \hat{r}_x(2,1) & \hat{r}_x(2,2) & \cdots & \hat{r}_x(2,p) \\ \vdots & \vdots & \ddots & \vdots \\ \hat{r}_x(p,1) & \hat{r}_x(p,2) & \cdots & \hat{r}_x(p,p) \end{bmatrix} \begin{bmatrix} \hat{a}_1 \\ \hat{a}_2 \\ \vdots \\ \hat{a}_p \end{bmatrix} = -\begin{bmatrix} \hat{r}_x(1,0) \\ \hat{r}_x(2,0) \\ \vdots \\ \hat{r}_x(p,0) \end{bmatrix} \tag{7.2.22}$$

其中

$$\hat{r}_x(k,l) = \sum_{n=p}^{N-1} x(n-k)x(n-l) = \hat{r}_x(l,k), \quad 1 \leqslant k,l \leqslant p \tag{7.2.23}$$

由式(6.4.19)得协方差法的最小预测误差平方和为

$$J_{\min} = \sum_{n=M}^{N-1} e^2(n) = \hat{r}_x(0,0) + \sum_{k=1}^{M} \hat{a}_k \hat{r}_x(0,k) \tag{7.2.24}$$

总结起来，采用协方差法进行 AR 模型谱估计的步骤如下：

(1)设定模型阶数 p，采用 6.3 节介绍的快速算法计算 $\hat{r}_x(k,l),\ 1\leqslant k,l\leqslant p$，然后建立正则方程。

(2)采用 6.4 节介绍的 $\mathrm{LDL}^{\mathrm{H}}$ 分解方法求解正则方程，并用式(7.2.24)计算 $J_{\min}$。

(3)利用式(7.2.3)计算功率谱。考虑到在协方差法中误差的求和范围为 $p\sim N-1$，因此，利用下式估计激励白噪声的方差：

$$\hat{\sigma}_w^2=\frac{J_{\min}}{N-p} \tag{7.2.25}$$

MATLAB 平台中的 Signal Processing Toolbox 也提供了用协方差法进行 AR 模型参数估计的函数，该函数有下列两种调用方式：

```
a=arcov(x, p)
[a,e]=arcov(x,p)
```

其中，x 为输入数据矢量，p 为模型阶数，a 为 AR 模型系数，e 为激励噪声方差的估计值，即式(7.2.13)中的 $\hat{\sigma}_w^2$。

协方差法的正则方程的系数矩阵是共轭对称的，但不满足 Toeplitz 性，因而无法使用 Levinson-Durbin 快速递推算法，只能使用针对系数矩阵是共轭对称的各种解线性方程组的数值算法进行求解。在协方差法中，我们不对数据做加窗处理，因此，对于短数据记录，协方差法一般可获得比自相关法有更高分辨率的谱估计。但是，当增加数据记录长度使其远大于模型阶数时，即 $N\gg p$ 时，数据加窗的效应就很小，两种方法的估计结果就比较接近。这些结论将在后续的仿真实验中得到证实。

7.2.4 改进的协方差法

在 5.4.2 节中，讨论了后向线性预测与前向线性预测之间的关系，得出的结论是：对于实平稳随机过程，前向最优线性预测系数向量经倒置后等于后向最优线性预测系数向量，并且两者的最优预测误差的方差也相等。在最小二乘线性预测中，由于采用具体的一段输入数据进行参数估计，因而前向、后向预测的系数和误差方差不可能相等。为此，如果令前向、后向预测误差平方一起求和后最小，比单一令前向(或后向)预测误差平方和最小，更具有合理性。

在改进的协方差法中，先令后向线性预测系数倒置后等于前向预测系数，然后最小化前向预测误差平方和加后向预测误差的平方和。与协方差法类似，改进的协方差法也不对数据做加窗处理。

把 $M=p,\ w_{f,k}=-a_k,\ k=1,2,\cdots,p$ 代入式(5.4.10)得

$$f_p(n)=x(n)+\sum_{k=1}^{p}a_k x(n-k) \tag{7.2.26}$$

而把 $M=p,\ w_{f,k}=-a_{p-k},\ k=1,2,\cdots,p$ 代入式(5.4.17)，然后由式(5.4.19)得

$$b_p(n)=x(n-p)+\sum_{k=1}^{p}a_k x(n-p+k) \tag{7.2.27}$$

定义代价函数为

$$J = J(a_1, a_2, \cdots, a_M) = \frac{1}{2}\sum_{n=p}^{N-1}[f_p^2(n) + b_p^2(n)] \tag{7.2.28}$$

为了使 J 取极小值，令

$$\frac{\partial J}{\partial a_l} = \sum_{n=p}^{N-1}[f_p(n)x(n-l) + b_p(n)x(n-p+l)] = 0, \quad l = 1,2,\cdots,p \tag{7.2.29}$$

得正则方程：

$$\begin{bmatrix} \hat{r}_x(1,1) & \hat{r}_x(1,2) & \cdots & \hat{r}_x(1,p) \\ \hat{r}_x(2,1) & \hat{r}_x(2,2) & \cdots & \hat{r}_x(2,p) \\ \vdots & \vdots & \ddots & \vdots \\ \hat{r}_x(p,1) & \hat{r}_x(p,2) & \cdots & \hat{r}_x(p,p) \end{bmatrix} \begin{bmatrix} \hat{a}_1 \\ \hat{a}_2 \\ \vdots \\ \hat{a}_p \end{bmatrix} = -\begin{bmatrix} \hat{r}_x(1,0) \\ \hat{r}_x(2,0) \\ \vdots \\ \hat{r}_x(p,0) \end{bmatrix} \tag{7.2.30}$$

其中

$$\hat{r}_x(k,l) = \sum_{n=p}^{N-1}[x(n-k)x(n-l) + x(n-p+k)x(n-p+l)], \quad 1 \leqslant k,l \leqslant p \tag{7.2.31}$$

把式(7.2.29)代入式(7.2.28)得

$$J_{\min} = \frac{1}{2}\left[\hat{r}_x(0,0) + \sum_{k=1}^{p}\hat{a}_k \hat{r}_x(k,0)\right] \tag{7.2.32}$$

正则方程式(7.2.30)的系数矩阵具有对称性，因而，采用改进的协方差法进行 AR 模型谱估计，其步骤与协方差法类似，这里不再赘述。

MATLAB 平台中的 Signal Processing Toolbox 也提供了用改进的协方差法进行 AR 模型参数估计的函数，该函数有下列两种调用方式：

```
a=armcov(x,p)
[a,e]=armcov(x,p)
```

其中，x 为输入数据矢量，p 为模型阶数，a 为 AR 模型系数，e 为激励噪声方差的估计值。

与其他 AR 谱估计技术不同，改进的协方差法可以给出统计稳定的高分辨率谱估计。特别在观测数据很短时，改进效果明显。在后续的仿真实验中，也将给出采用改进的协方差法进行谱估计的结果。

7.2.5 Burg 算法

在 5.4.4 节中，我们讨论了线性预测误差滤波器的格型结构。如果线性预测器的阶数为 p，则其预测误差滤波器的格型结构由 p 个基本单元级联而成，每个基本单元都有一个反射系数 k_m，$m = 1,2,\cdots,p$，而第 m 个基本单元的输出为前向预测误差 $f_m(n)$ 和后向预测误差 $b_m(n)$。与改进的协方差法一样，Burg 算法也是最小化前向加后向预测误差的平方和来求解 AR 模型系数，但方法是直接采用输入数据 $\{x(0), x(1), \cdots, x(N-1)\}$，逐级估计反射系数，然后采用 Levinson 系数递推公式求出相应阶的 AR 模型参数。在以下的内容中，将推导出 Burg 算法。

设 $m-1$ 阶 AR 模型的参数为 $\hat{a}_{m-1,\,i}$, $i=1,2,\cdots,m-1$ ，按前向加后向预测误差的平方和构建 m 阶模型的代价函数：

$$J_m=\frac{1}{2}\sum_{n=m}^{N-1}\{f_m^2(n)+b_m^2(n)\} \tag{7.2.33}$$

从式(7.2.33)的求和范围可看出，我们没有对数据进行加窗处理。将格型预测误差滤波器的递推关系式：

$$\left.\begin{aligned}f_m(n)&=f_{m-1}(n)+k_m b_{m-1}(n-1)\\ b_m(n)&=b_{m-1}(n-1)+k_m f_{m-1}(n)\end{aligned}\right\} \tag{7.2.34}$$

代入式(7.2.33)，并令 $\dfrac{\partial J_m}{\partial k_m}=0$ ，再经过整理得第 m 级反射系数的估计值：

$$\hat{k}_m=-\frac{2\sum\limits_{n=m}^{N-1}f_{m-1}(n)b_{m-1}(n-1)}{\sum\limits_{n=m}^{N-1}(f_{m-1}^2(n)+b_{m-1}^2(n-1))} \tag{7.2.35}$$

利用 Schwarz 不等式可以证明：$|k_m|<1$。这就保证了预测误差滤波器具有最小相位性质。结合 Levinson 系数递推公式，总结 Burg 算法如下。

(1)初始化：

$$\left.\begin{aligned}&J_0=\frac{1}{N}\sum_{n=0}^{N-1}x^2(n)\\ &f_0(n)=x(n),\quad n=0,1,2,\cdots,N-1\\ &b_0(n)=x(n),\quad n=0,1,2,\cdots,N-1\end{aligned}\right\} \tag{7.2.36}$$

(2)对 m=1,2,⋯,p，递推：

$$\hat{k}_m=-\frac{2\sum\limits_{n=m}^{N-1}f_{m-1}(n)b_{m-1}(n-1)}{\sum\limits_{n=m}^{N-1}[f_{m-1}^2(n)+b_{m-1}^2(n-1)]} \tag{7.2.37a}$$

$$J_m=(1-k_m^2)J_{m-1} \tag{7.2.37b}$$

$$\hat{a}_{m,i}=\begin{cases}\hat{a}_{m-1,i}+\hat{k}_m\hat{a}_{m-1,m-i}, & i=1,2,\cdots,m-1\\ \hat{k}_m, & i=m\end{cases} \tag{7.2.37c}$$

$$\left.\begin{aligned}f_m(n)&=f_{m-1}(n)+k_m f_{m-1}(n-1),\quad n=m+1,m+2,\cdots,N-1\\ b_m(n)&=b_{m-1}(n-1)+k_m f_{m-1}(n),\quad n=m,m-1,\cdots,N-2\end{aligned}\right\} \tag{7.2.37d}$$

(3)由步骤(2)得到 AR(p)模型系数的估计 $\hat{a}_i=\hat{a}_{p,i},i=1,2,\cdots,p$ 和 $\hat{\sigma}_w^2=J_p$ 。将所得的估计参数代入式(7.2.3)计算功率谱。

一般来说，如果处理的数据来自 AR 过程，那么采用 Burg 算法可以获得精确的 AR 谱估计。但对正弦信号的谱估计有一定的困难，存在谱线偏移和谱分裂现象，且峰值的位置与相位有关。

在 MATLAB 平台中，Burg 算法 AR 模型参数估计函数有下列三种调用方式：

```
a=arburg(x,p)
[a,e]=arburg(x,p)
[a,e,k]=arburg(x,p)
```

其中，x 为输入数据矢量，p 为模型阶数，a 为 AR 模型系数，k 为反射系数，e 为激励噪声方差的估计值。

例 7.2.1　考查一个 AR(4)过程，其传递函数的极点为

$$p_{1,2}=0.95\mathrm{e}^{\pm \mathrm{j}0.35\pi},\quad p_{3,4}=0.95\mathrm{e}^{\pm \mathrm{j}0.3\pi}$$

激励白噪声的方差为 1。试分别用自相关法、协方差法、改进的协方差法和 Burg 算法，估计该随机过程的功率谱。

为了保证系统稳定，在该仿真实验中，我们给定极点，然后根据极点位置计算 AR 模型的参数。我们用程序 7_2_1 实现该功率谱估计。在程序中，数据记录长度取 256。为了便捷，该程序直接调用 MATLAB 提供的函数，分别实现这四种 AR 模型参数估计。图 7.2.1 为某次实验的结果图。

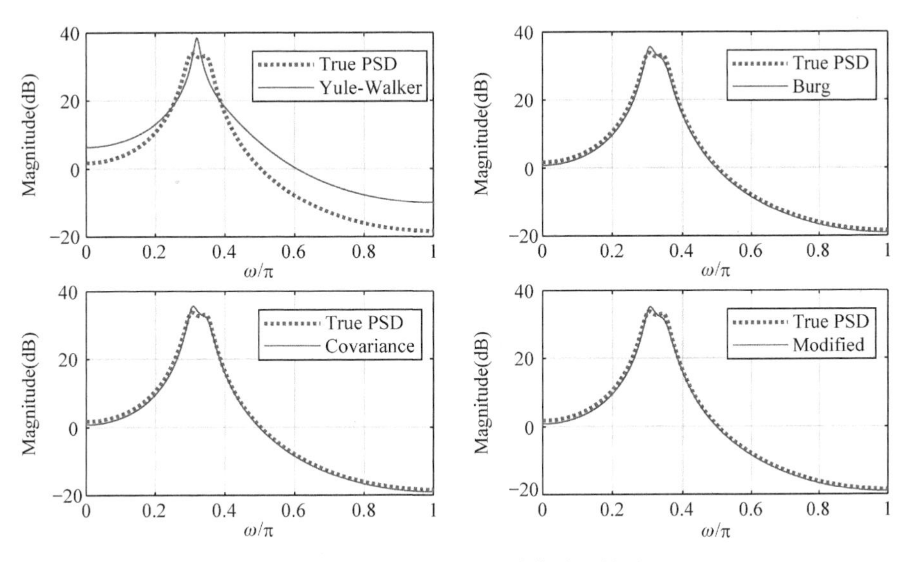

图 7.2.1　四种 AR 模型谱估计的结果

程序 7_2_1　AR 模型谱估计。

```
%程序 7_2_1  AR 模型谱估计
clc, clear;
% Generating random signal
P=4;
N=256;
M=512;
w=randn(N,1);
A=conv([1 -2*cos(0.35*pi)*0.95 0.95*0.95],...
```

```
        [1 -2*cos(0.30*pi)*0.95 0.95*0.95])
B=1;
x=filter(B,A,w);

% Actual PSD
S=20*log10(abs(freqz(B,A,M)));
f=[0:M-1]/(M-1);

% Yule-Walker
[A1, E1]=aryule(x,P)
S_yule=20*log10(abs(freqz(1,A1,M)))+10*log10(E1);

% Burg
[A2,E2]=arburg(x,P)
S_burg=20*log10(abs(freqz(1,A2,M)))+10*log10(E2);


% Covariance
[A3,E3]=arcov(x,P)
S_cov=20*log10(abs(freqz(1,A3,M)))+10*log10(E3);

% Modified covariance
[A4,E4]=armcov(x,P)
S_modified=20*log10(abs(freqz(1,A4,M)))+ 10*log10(E4);

% Plot PSD
subplot(221); plot(f,S,'r:',f,S_yule,'b','LineWidth',2);
grid on;
ylabel('Magnitude(dB)'); xlabel('\omega/\pi');
legend('True PSD', 'Yule-Walker');

subplot(222); plot(f,S,'r:',f, S_burg,'b','LineWidth',2);
grid on;
ylabel('Magnitude(dB)'); xlabel('\omega/\pi');
legend('True PSD','Burg');

subplot(223); plot(f,S,'r:',f,S_cov, 'b','LineWidth',2);
grid on;
ylabel('Magnitude(dB)'); xlabel('\omega/\pi');
legend('True PSD', 'Covariance');

subplot(224); plot(f,S,'r:',f,S_modified,'b','LineWidth', 2);
grid on;
ylabel('Magnitude(dB)');xlabel('\omega/\pi');
legend('True PSD','Modified');
```

除比较谱估计结果外，也可以比较模型参数的估计结果。以图 7.2.1 所示的单次运行结果为例。AR 模型的真实参数为：

```
A=1.0000   -1.9794    2.7683   -1.7864    0.8145
```

自相关法、协方差法、改进的协方差法以及 Burg 算法的模型参数和噪声方差的估计结果分别为：

```
A1= 1.0000   -1.3305    1.5908   -0.6276    0.3043
E1= 4.2464
A2= 1.0000   -1.9092    2.6693   -1.6964    0.7901
E2= 0.9909
A3= 1.0000   -1.9108    2.6769   -1.7037    0.7977
E3= 1.0005
A4= 1.0000   -1.9052    2.6638   -1.6919    0.7901
E4= 0.9915
```

从实验结果来看，自相关法的参数估计误差最大，而改进的协方差法的参数估计误差最小。由于每一个模型参数的估计误差对整体估计误差的影响不是简单的线性关系，因而用参数估计误差衡量功率谱估计的效果是困难的。此外，这些参数估计结果具有随机性，仅用一次估计结果就给出结论是不合适的，比较合理的方式是比较分析多次(最好达几十次)重复实验的结果。

许多教材(姚天任和孙洪，1999；张旭东和陆明泉，2005；杨绿溪，2007)，对这四种方法进行了比较，综合起来，这四种方法的主要优缺点如下。

(1) 自相关法可用 Levinson 快速算法，运算量小，但频率分辨率较低。

(2) 自协方差法分辨率高，运算量较大。

(3) 改进的协方差法分辨率高，无谱线分裂和偏移，运算量大。

(4) Burg 算法可用改进的 Levinson 递推算法，分辨率高，但对正弦信号有谱线分裂和偏移。

7.2.6　AR 模型阶的确定

在程序 7_2_1 中，对 AR(4) 过程，我们取预测器的阶数为 4，因而有较好的估计结果。但在实际问题中，通常不可能知道产生信号时所用的模型阶数，此外，待分析信号也不一定是 AR 过程，我们只是在某种准则下用 AR 模型的功率谱逼近待分析信号的谱。

在信号建模过程中，确定阶数是至关重要的，AR 谱估计也如此。如果所用的模型阶数太小，估计的谱将被平滑，因而分辨率较差；而若所用的模型阶数太大，则可能会产生伪峰值，也有可能导致谱线分裂。因此，应该有一个准则来指导如何选择合适的 AR 模型阶数。自然想到的一种方法是，逐步增加模型阶数直到建模误差最小化。但该方法的问题是，建模误差是模型阶数 p 的单调非递增函数。为克服该问题，可以在误差准则中加一个惩罚项，以使代价函数有极值。学者通过研究该问题，给出了一些经验，有代表性的 AR 模型定阶准则包括以下几种。

（1）FPE（final prediction error）准则：由日本数理统计学家 H. Akaike 于 1970 年提出，使准则函数

$$\mathrm{FPE}(m)=\frac{N+m}{N-m}\hat{\sigma}_m^2 \tag{7.2.38}$$

取最小值的 m 确定为模型的阶。这里，$\hat{\sigma}_m^2$ 是 m 阶预测误差信号的方差估值，即 m 阶 AR 模型激励白噪声的方差。

（2）AIC（akaike information criterion）：由 H. Akaike 于 1974 年提出，把能使信息函数

$$\mathrm{AIC}(m)=N\ln\hat{\sigma}_m^2+2m \tag{7.2.39}$$

取最小值的 m 确定为 AR 模型的阶数。

（3）MDL（minimum description length）准则：由 J. Risannen 于 1978 年提出，其准则函数定义为

$$\mathrm{MDL}(m)=N\ln\hat{\sigma}_m^2+m\ln N \tag{7.2.40}$$

使该准则函数取最小值的 m 即为模型的阶。

（4）CAT（criterion autoregressive transfer-function）：由 E. Parzen 于 1977 年提出，其准则函数定义为

$$\mathrm{CAT}(m)=\frac{1}{N}\sum_{k=1}^{m}\frac{N-k}{N\hat{\sigma}_k^2}-\frac{N-m}{N\hat{\sigma}_m^2} \tag{7.2.41}$$

使该准则函数最小的 m 即为模型的阶。

对于实际应用问题，遗憾的是，采用这几种模型定阶准则不总是给出相同的结果。在缺乏先验知识的情况下，可以试着用不同准则确定阶，然后对最终的谱估计结果进行分析和选择。

7.3　MA 模型谱估计

MA 模型谱估计以全零点模型为基础，将其用于估计窄带谱时，得不到高的分辨率，但用于 MA 随机过程时，由于 MA 随机过程的功率谱本身具有由零点引起的宽峰窄谷特点，故能得到精确估计。

如果一个随机信号为 MA 过程，则它的功率谱为

$$S_{\mathrm{MA}}(\omega)=\sigma_w^2\left|1+b_1\mathrm{e}^{-\mathrm{j}\omega}+\cdots+b_q\mathrm{e}^{-\mathrm{j}\omega q}\right|^2 \tag{7.3.1}$$

其中，$\sigma_w^2=E[|w(n)|^2]$，为激励白噪声的方差。如 3.2 节所述，类似于 Yule-Walker 方程，MA 模型的自相关函数与模型系数之间存在下列关系：

$$r_x(l)=\begin{cases}\sigma_w^2\sum\limits_{k=l}^{q}b_kb_{k-l}, & 0\leqslant l\leqslant q\\ 0, & |l|>q\end{cases} \tag{7.3.2}$$

$$r_x(l)=r_x(-l),\quad -q\leqslant l\leqslant -1$$

由于 MA 过程的自相关函数仅有有限个不为零的值，因此 MA 谱也可以写成如下形式：

$$S_{\mathrm{MA}}(\omega)=\sum_{l=-q}^{q} r_x(l)\mathrm{e}^{-\mathrm{j}\omega l} \tag{7.3.3}$$

此式与经典的 Blackman-Tukey(BT)谱估计公式是一致的，注意到有一点不同的是，BT 估计是通过加窗限制 $r_x(l)$ 在窗函数之外的值为 0。如果 MA 模型能够准确地刻画当前的过程，则式(7.3.3)的谱估计是准确的。MA 模型的一个最简单估计器，就是利用观测数据 $\{x(0),x(1),\cdots,x(N-1)\}$，获得估计的自相关值 $\hat{r}_x(l)$ $(l=0,\pm1,\cdots,\pm q)$，并将其代入式(7.3.3)。如同在 AR 模型的谱估计中，直接用估计的自相关函数代入 Yule-Walker 方程得到的结果不理想一样，直接将估计的自相关值代入式(7.3.3)，得到的谱估计的性能也不理想。

由于 MA 模型不存在与线性预测的直接对应关系，因此不能直接利用线性预测误差的平方和最小导出 MA 模型参数的估计算法。基于观测数据 $\{x(0),x(1),\cdots,x(N-1)\}$ 进行 MA 模型参数估计的几种方法中，Durbin 算法比较常用，其步骤如下：

(1) 以 $\{x(0),x(1),\cdots,x(N-1)\}$ 为观测数据，估计 L 阶 AR 模型参数和白噪声激励方差 σ_w^2，L 的选择应满足 $q\ll L\ll N$，一般令 $L\approx 4q$，并用自相关法进行求解。

(2) 以第(1)步求出的 AR 系数 $\{\hat{a}_1,\hat{a}_2,\cdots,\hat{a}_L\}$ 为输入数据，用自相关法估计该序列的 AR(q) 模型参数，即为 MA(q) 模型参数的估计 $\{\hat{b}_1,\hat{b}_2,\cdots,\hat{b}_q\}$。

(3) 将 $\{\hat{b}_1,\hat{b}_2,\cdots,\hat{b}_q\}$ 和由第(1)步计算出的 $\hat{\sigma}_w^2$ 代入式(7.3.1)计算功率谱密度。

对 Durbin 算法的推导过程感兴趣的读者，请参阅文献(张旭东和陆明泉，2005；杨绿溪，2007)。

7.4　ARMA 模型谱估计

当待分析的随机信号为 ARMA 过程时，采用 ARMA 模型对其进行谱估计，至少直观上是一种合理的选择。此外，当 AR 随机过程被噪声污染后，只有采用 ARMA 模型才能获得良好的谱估计，因而 ARMA 模型谱估计方法受到人们的普遍重视，提出了多种方法。这里仅介绍由 Kaveh 于 1979 年提出的谱估计方法。

设实系数 ARMA(p,q) 模型的传递函数为

$$H(z)=\frac{B(z)}{A(z)} \tag{7.4.1}$$

则实 ARMA 过程 $x(n)$ 的复功率谱为

$$S_x(z)=\sigma_w^2\frac{B(z)B(z^{-1})}{A(z)A(z^{-1})}=\frac{\sum\limits_{k=-q}^{q} c_k z^{-k}}{A(z)A(z^{-1})}=\sum_{l=-\infty}^{\infty} r_x(l)z^{-l} \tag{7.4.2}$$

为了保证第二个等式成立，系数 c_k 与 MA 参数之间应满足关系式：

$$\sigma_w^2 B(z)B(z^{-1})=\sum_{k=-q}^{q} c_k z^{-k} \tag{7.4.3}$$

可以看出，系数 c_k 具有对称性，即 $c_{-k}=c_k$。

从式(7.4.2)的第三个等式，又可以得到

$$\sum_{k=-q}^{q} c_k z^{-k} = A(z)A(z^{-1})\sum_{l=-\infty}^{\infty} r_x(l)z^{-l} \tag{7.4.4}$$

注意到 $A(z)A(z^{-1})=\sum_{i=0}^{p}\sum_{j=0}^{p}a_i a_j z^{-i+j}$，并比较式(7.4.4)两边同次幂项的系数，可以得到系数 c_k 的计算公式：

$$c_k=\sum_{i=0}^{p}\sum_{j=0}^{p}a_i a_j r_x(k-i+j),\quad k=0,1,\cdots,q \tag{7.4.5}$$

Kaveh 提出的 ARMA 谱估计子为

$$S_x(\omega)=\left.\frac{\sum_{k=-q}^{q} c_k z^{-k}}{\left|1+\sum_{k=1}^{p} a_k z^{-k}\right|^2}\right|_{z=\mathrm{e}^{\mathrm{j}\omega}} \tag{7.4.6}$$

显然，Kaveh 谱估计子不需要激励白噪声方差和 MA 参数，但需要已知 MA 阶数以及 AR 阶数和 AR 参数。

在实际应用中，AR 参数可以根据观测数据进行估计。本书第 3 章给出了 ARMA(p,q) 过程满足的修正 Yule-Walker 方程：

$$r_x(l)=\begin{cases}-\sum_{k=1}^{p}a_k r_x(l-k)+\sigma_w^2\sum_{i=l}^{q}b_k h(k-l), & 0\leqslant l\leqslant q\\ -\sum_{k=1}^{p}a_k r_x(l-k), & l>q\end{cases} \tag{7.4.7}$$

其中，$h(n)$ 为 ARMA 模型的冲激响应，即 $h(n)=Z^{-1}\{H(z)\}=Z^{-1}\{B(z)/A(z)\}$，为因果序列。显然，式(7.4.7)中的前几个方程是高度非线性的，然而从第 q+1 个方程开始是线性的，取第 q+1～q+p 个方程，写成矩阵形式，得

$$\begin{bmatrix} r_x(q) & r_x(q-1) & \cdots & r_x(q-p+1)\\ r_x(q+1) & r_x(q) & \cdots & r_x(q-p+2)\\ \vdots & \vdots & \ddots & \vdots\\ r_x(q+p-1) & r_x(q+p-2) & \cdots & r_x(q)\end{bmatrix}\begin{bmatrix}a_1\\ a_2\\ \vdots\\ a_p\end{bmatrix}=-\begin{bmatrix}r_x(q+1)\\ r_x(q+2)\\ \vdots\\ r_x(q+p)\end{bmatrix} \tag{7.4.8}$$

通过求解式(7.4.8)，即可得到 AR 参数。

总结起来，采用 Kaveh 的方法进行 ARMA 模型谱估计的步骤如下：

(1) 选取合适的 AR 阶数 p 和 MA 阶数 q。

(2) 用观测数据$\{x(0), x(1), \cdots, x(N-1)\}$计算自相关的估计值 $\hat{r}_x(l),\ l=0,1,\cdots,p+q$。

(3) 把自相关的估计值代入式(7.4.8)，求解方程得 AR 参数的估计值 $\hat{a}_k,\ k=0,1,\cdots,p$。

(4) 把 $\hat{r}_x(l)$ 和 $\hat{a}_k$ 代入式(7.4.5)，计算 $\hat{c}_k,\ k=0,1,\cdots,q$。

(5) 把 $\hat{c}_k$ 和 $\hat{a}_k$ 代入式(7.4.6)，并令 $\omega=\omega_i=m\pi/M,\ m=0,\ 1,\cdots,\ M$，即在区间 $[0,\ \pi]$ 均匀地取 M 个采样点，得功率谱密度：

$$\hat{S}_x(\omega_m)=\frac{\sum_{k=-q}^{q}\hat{c}_k \mathrm{e}^{-\mathrm{j}k\pi m/M}}{\left|1+\sum_{k=1}^{p}\hat{a}_k \mathrm{e}^{-\mathrm{j}k\pi m/M}\right|^2},\quad m=0,\ 1,\cdots,\ M$$

7.5 应用举例

基于极点-零点的信号建模以及谱估计在很多领域都有应用，如语音信号处理、地球物理信号处理、生物医学信号处理和其他时序分析与预测。

本节先讨论“预白化-后着色”谱估计方法，然后讨论语音信号的线性预测分析。

7.5.1 “预白化-后着色”谱估计

如上所述，估计极点-零点模型的参数后，我们就能用下式：

$$S_x(\omega_m)=\hat{\sigma}_w^2\frac{\left|1+\sum_{k=1}^{q}\hat{b}_k \mathrm{e}^{-\mathrm{j}k\omega_m}\right|^2}{\left|1+\sum_{k=1}^{p}\hat{a}_k \mathrm{e}^{-\mathrm{j}k\omega_m}\right|^2},\quad \omega_m=m\frac{\pi}{M},\quad m=0,1,\cdots,M \tag{7.5.1}$$

计算被分析过程 $x(n)$ 的功率谱。实际上我们主要用 AR 模型，这是因为：①MA 模型(全零点)谱估计本质上等同于 Blackman-Tukey 估计；②ARMA 模型(极点-零点)谱估计的应用被计算困难和其他实际困难所限制。另外，如果 p 选取得足够大，任何连续的功率谱都能用 AP(p)模型的功率谱很好地近似。当然，实际应用中，p 的取值受限于可用数据的点数(通常 $p<N/3$)，AR 模型谱估计的统计特性也难以确定。然而，如果被分析的随机过程为 AR(p_0)过程，并且 p 大于 p_0，则 AR 谱估计将是一致估计。如果 AR 过程在测量过程中受噪声干扰，那么谱估计的质量会有所下降。

AR 模型谱估计的性能依赖于用来估计模型参数的方法、模型的阶以及存在的噪声干扰。在 AR 谱估计中，阶数的选择特别关键：如果 p 太大，得到的功率谱中会呈现出假的峰值；如果 p 太小，功率谱的细节将被平滑。

与非参数功率谱估计方法相比，参数谱估计方法所增加的分辨率基本上是由于对数据设置了模型的结果。这个模型使自相关函数外推成为可能，外推带来更好的分辨率。然而，如果采用的模型不准确，也就是如果它和数据不吻合，那么“增加的”分辨率反映的是模型而不是数据。

在实际应用中，估计真实信号的功率谱的最好方法是将 AR 模型谱估计和非参数谱估计结合起来(Manolakis et al., 2003)，如图 7.5.1 所示，称它为“预白化-后着色”方法，它包含下列步骤。

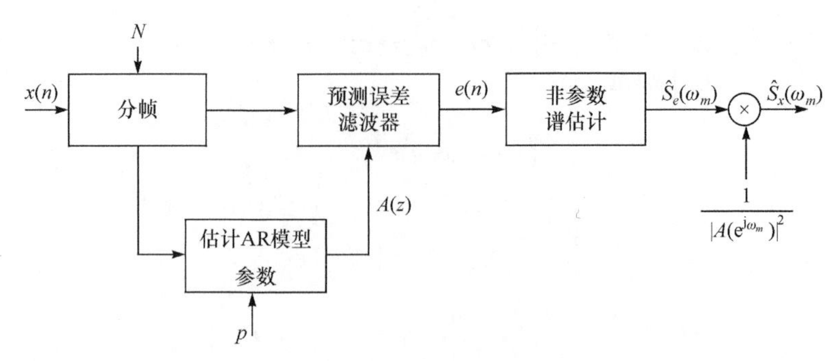

图 7.5.1　“预白化-后着色”谱估计的原理框图

(1)采用 7.2 节介绍的一种方法估计 AR(p)模型参数。

(2)用预测误差滤波器计算残差(预测误差)信号(“预白化”)：

$$e(n)=x(n)+\sum_{k=1}^{p}\hat{a}_k x(n-k),\quad p\leqslant n\leqslant N-1 \tag{7.5.2}$$

(3)用第 4 章介绍的非参数谱估计技术估计残差信号的功率谱$\hat{S}_e(\omega_m)$。

(4)用式(7.5.3)计算 $x(n)$的功率谱(“后着色”)：

$$\hat{S}_x(\omega_m)=\frac{\hat{S}_e(\omega_m)}{\left|A(e^{j\omega_m})\right|^2} \tag{7.5.3}$$

这里，AR 建模的主要目的是压缩频谱的动态范围以避免非参数谱估计中的频谱泄漏。换句话说，我们需要一个好的线性预测器而不管这个过程是否是真正的 AR(p)过程。因此，模型阶数选择是否非常准确、模型拟合数据是否非常吻合，并不具有决定性的作用，因为所有没有被模型捕获的谱信息仍然在残差信号中。显然，这种混合方法的谱估计性能优于单一的非参数谱估计和单一的参数谱估计。

例 7.5.1　为了阐述上面的“预白化-后着色”方法的有效性，用该方法估计一个 ARMA(4,2)过程的功率谱，设其传递函数的极点、零点分别为

$$p_{1,2}=0.97e^{\pm j0.22\pi},\quad p_{3,4}=0.97e^{\pm j0.3\pi},\quad z_{1,2}=0.95e^{\pm j0.5\pi}$$

激励白噪声的方差为 1。

解：我们用程序 7_5_1 实现该功率谱估计。在程序中，数据记录长度取 256。从例 7.2.1 的实验结果可看出，协方差法和改进的协方差法都具有较好的 AR 模型估计性能。这里，我们采用协方差法估计 AR 参数，然后用所得参数计算残差信号以及 AR 功率谱。残差信号的非参数功率谱估计是用 Welch-Bartlett 方法得到的，这里 L=64，相邻数据段之间有 50% 重叠，因而所得功率谱为 7 个周期图的平均。

图 7.5.2 为 AR 阶数 p=10 时的某一次实验结果。正如我们所想的，AR 功率谱和“预白化-后着色”功率谱都给出了两个明显的谱峰，谱峰位置分别在真实值 0.22π 和 0.3π 附近。由于受零点的作用，ARMA 功率谱在 0.5π 处有一个谷点，从 AR 功率谱看不出任何该谷点的特征，然而“预白化-后着色”功率谱对该谷点有了明显的匹配。在“预白化-后着色”功率谱中包含了非参数谱估计，因而随机性较明显，谱包络也没有像 AR 功率谱一样很光滑。

程序 7_5_1　“预白化-后着色”谱估计。

```
% 程序 7_5_1   “预白化-后着色”谱估计
clc, clear;
% Generating random signal
P=10;
N=256;
M=256;
w=randn(N,1);
A=conv( [1 -2*cos(0.22*pi)*0.97 0.97*0.97], ...
        [1 -2*cos(0.30*pi)*0.97 0.97*0.97]);
B=[1 -2*cos(0.5*pi)*0.95 0.95*0.95];
x=filter(B,A,w);

% Actual PSD
S=20*log10(abs(freqz(B,A,M)));
f=[0:M-1]/(M-1);

% Estimate AR parameters  with covariance method
[A3,E3]=arcov(x,P)
S_cov=20*log10(abs(freqz(1,A3, M)))+10*log10(E3);

% Compute the PSD of residual signal using Welch-Bartlett method
e=filter(A3,1,x);
L=64;
Move=L/2;
K=fix((N - Move)/Move);
E_fft_av=zeros(M,1);
for i=0 : K-1
    ei=e(i*Move+1: i*Move+L);
    Ei=fft(ei, 2*M);
    Ei_mag=abs(Ei(1:M));
    E_fft_av=E_fft_av + Ei_mag.* Ei_mag;
end
E_fft_av=10*log10(E_fft_av)-10*log10(L)-10*log10(K);

% Compute Prewhitening/Postcoloring PSD with AR PSD and average FFT PSD
S_w_c=S_cov-10*log10(E3)+E_fft_av;

% Plot PSD
plot(f,S,'r',f,S_cov,'k:',f,S_w_c,'b-.','LineWidth', 2);
grid on;
ylabel('Magnitude (dB)'); xlabel('\omega/\pi');
legend('True PSD','AR PSD','Prewhiten /Postcolor');
```

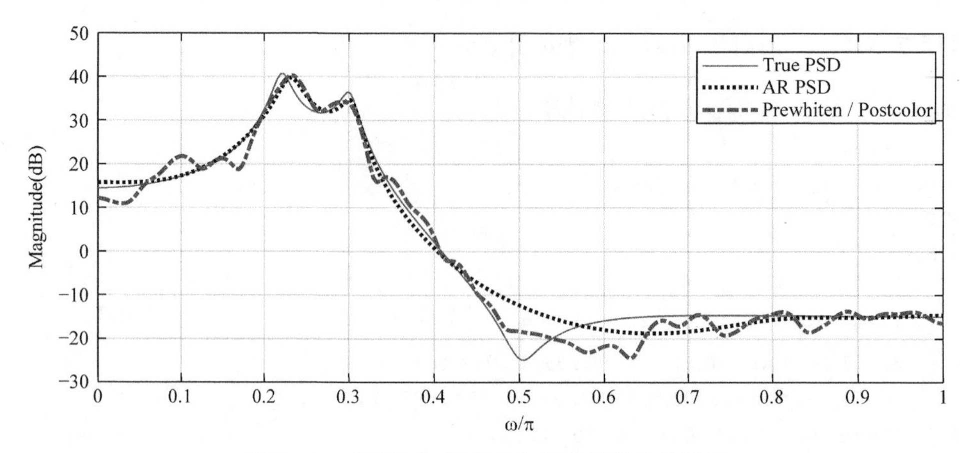

图 7.5.2　“预白化-后着色”谱估计的实验结果

7.5.2　语音信号的线性预测

基于最小二乘线性预测的全极点建模广泛应用于语音信号处理中，因为：①在元音语音段，它为声道特性提供了良好的近似；在辅音段，也能提供充分的近似；②它能很好地从语音信号中解卷积出声源信号和声道特征；③它易于处理和实现，已有成熟的软硬件实现方案。

图 7.5.3 给出了一个典型的语音建模系统，在语音信号处理中称为线性预测编码(LPC)。线性预测编码广泛应用于语音编码、语音识别和语音合成中。4.5.1 节讨论了预加重、分帧处理以及加窗的必要性和方法，这里不再赘述。

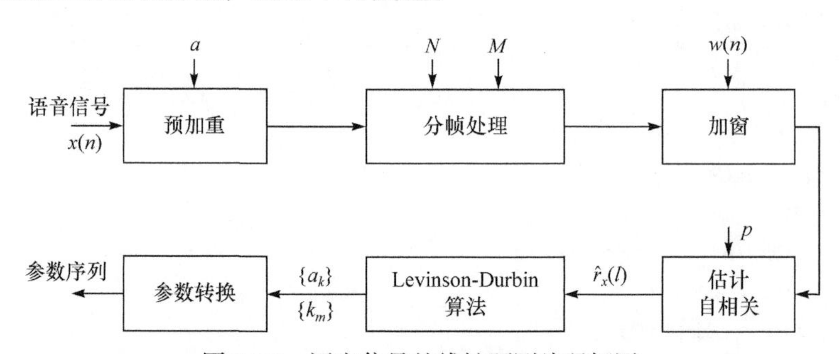

图 7.5.3　语音信号的线性预测编码框图

在语音信号处理中，通常采用自相关法和协方差法实现最小二乘线性预测。如第 6 章所述，自相关法的系数矩阵具有 Toeplitz 性，可以用 Levinson-Durbin 递推算法求解预测系数满足的方程，运算效率高，在解方程过程中还可以直接得到格型滤波器的反射系数，因而在语音编码、语音合成中通常采用自相关法。当运算资源比较充足并对参数估计的效果要求较高时，往往采用协方差法。

在语音信号的线性预测编码中，选择 AR 模型阶数 p 是一个重要的环节。根据共振峰的分布规律，采样频率越高，p 的取值也应越大。以共振峰分析为例，采样频率 f_s=8kHz 时，p 取 10～12 比较合适；而当 f_s=16kHz 时，p 应取 18～20。对于一段采样频率已知的语音数据，p 越大，越能反映语音频谱的细节，但出现假峰的机会也随之增加。根据实际应用的需求，有一些经验值和规范可供参考，例如，在对采样频率为 8kHz 的电话语音进行压缩编码时，p 取 10。在语音识别中，p 取 12，然后把线性预测系数转化为 LPC 倒谱系数。

如 4.5 节所述，共振峰频率是听辨元音的主要特征，提取共振峰参数是语音分析的重要环节。线性预测是提取共振峰的一种有效方法，它的优点在于：通过对预测器多项式系数的分解能够精确地计算共振峰的中心频率和带宽。具体的算法是：设 $z_i = r_i e^{j\omega_i}$ 为预测多项式的一个根（即 AR 模型的极点），则 $z_i^* = r_i e^{-j\omega_i}$ 也是预测多项式的根，根 z_i 和 z_i^* 的组合对应于一个二阶谐振器，谐振器的中心频率 F_i 和带宽 B_i 与根的近似关系为（陈永彬和王仁华，1990）

$$\begin{cases} 2\pi T F_i = \omega_i \\ e^{-B_i \pi T} = r_i \end{cases} \tag{7.5.4}$$

所以

$$\begin{cases} F_i = \dfrac{\omega_i}{2\pi T} \\ B_i = \dfrac{-\ln r_i}{\pi T} \end{cases} \tag{7.5.5}$$

其中，T 是采样周期。由于预测器阶数 p 是预先设定的，因而所能得到的复共轭根对的数量为 $p/2$（设 p 取偶数）。实际的共振峰数少于 $p/2$，因此必须对所得的极点进行标记，以明确哪些极点对应真实的共振峰，而那些对应虚假的共振峰的极点为额外的极点。排除额外极点的主要依据是带宽，因为这些额外极点的带宽通常比典型的语音共振峰带宽要大得多。考虑相邻帧的语音之间有连贯性，也是排除额外极点可利用的重要信息。

例 7.5.2　用线性预测方法估计元音[a]的功率谱和共振峰。

解：我们用程序 7_5_2 实现元音[a]的功率谱估计和共振峰估计，同理，该程序也可用于对其他元音的功率谱估计，只要输入相应的语音波形文件即可。该程序从本书所附电子资源的 wave 目录中读入元音[a]的波形文件，在 n_0=2000 开始截取一段长度为 20ms（当采样频率为 16kHz 时，相当于 320 点）的短时语音段，对该语音段进行预加重，然后用协方差法进行线性预测，最后用式（7.5.5）计算共振峰频率和带宽。

图 7.5.4 为程序 7_5_2 的运行结果，由上到下分别对应于：(a)取自元音[a]的一段长度为 320 点的短时语音段，经预加重后的波形图；(b)用线性预测系数对图(a)所示的语音段进行逆滤波得到的残差信号；(c)图(a)所示语音段的周期图（FFT-PSD）、AR 功率谱，以及共振峰（用圆圈表示）。

程序 7_5_2　用线性预测方法估计语音信号的功率谱和共振峰参数。

```
% 程序 7_5_2 用线性预测方法估计语音信号的功率谱和共振峰参数
clc,clear;
% read speech waveform from a file
[s,fs]=audioread('wave\a.wav');
% set analysis parameters, pre-emphasise and windowing
P=18; N=20*fs/1000;
Nfft=512; n0=2000;
x=s(n0:n0+N-1);
```

```
x1=filter([1 -0.97],1,x);
% Estimate FFT-PSD of the short-time segment
Sxw=fft(x1,Nfft);
Sxdb=20*log10(abs(Sxw(1:Nfft/2+1)))-10*log10(N);

% Estimate AR-PSD  with covariance method
[A3, E3]=arcov(x1,P);
S_cov=20*log10(abs(freqz(1,A3,Nfft/2+1)))+10*log10(E3);
e=filter(A3,1,x1);

% plot wavefrom and PSD
subplot(4,1,1);plot(x1);xlim([0 length(x1)]);ylim([-0.25 0.25]);
ylabel('Amplitude');xlabel('Time  (n)');
subplot(4,1,2);plot(e);xlim([0 length(e)]);ylim([-0.08 0.08]);
ylabel('Amplitude');xlabel('Time  (n)');

% Estimate formants frequency and bandwidth
z=roots(A3);r=abs(z);w=angle(z);
FB=zeros(P/2,2);
k=1;
for i=1:P
    if w(i)> 0
        F=w(i)/(2*pi)*fs/1000;
        B=-log(r(i))/pi*fs/1000;
        if B<1.0
            FB(k,1)=F; FB(k,2)=B;
            k=k+1;
        end
    end
end
disp('Formant Frequency and Bandwidth  (kHz):');
disp(FB(1:k-1,:)); F=FB(1:k-1,1);
K=fix(1000*F/fs*Nfft+0.5);
A=S_cov(K);
f=(0:Nfft/2)*fs/Nfft/1000;
subplot(2,1,2); plot(f,Sxdb, 'b-.',f,S_cov,'r',F,A,'ro');
ylabel('Magnitude  (dB)');  xlabel('Frequency  (kHz)');
legend('FFT-PSD','AR-PSD','Formant'); grid on;

[s,fs]=wavread('wave\a.wav');

% set analysis parameters, pre-emphasise and windowing
P=18;
N=20*fs/1000;
Nfft=512;
```

```
n0=2000;
x=s(n0:n0+N-1);
x1=filter([1 -0.97],1,x);

% Estimate FFT-PSD of the short-time segment
Sxw=fft(x1,Nfft);
Sxdb=20*log10(abs(Sxw(1:Nfft/2+1)))-10*log10(N);
% Estimate AR-PSD  with covariance method
[A3,E3]=arcov(x1,P);
S_cov=20*log10(abs(freqz(1,A3,Nfft/2+1)))+10*log10(E3);
e=filter(A3,1,x1);

% plot wavefrom and PSD
subplot(4,1,1);
plot(x1); xlim([0 length(x1)]); ylim([-0.25 0.25]);
ylabel('Amplitude');  xlabel('Time n');
subplot(4,1,2);
plot(e);  xlim([0 length(e)]); ylim([-0.08 0.08]);
ylabel('Amplitude');  xlabel('Time m');
f=(0:Nfft/2)*fs/Nfft/1000;
subplot(2,1,2);
plot(f,Sxdb,'b',f,S_cov,'r');
ylabel('Magnitude(dB)');  xlabel('Frequency(kHz)');
legend('FFT-PSD','AR-PSD'); grid on;

% Estimate formants frequency and bandwidth
z=roots(A3);r=abs(z);w=angle(z);
FB=zeros(P/2, 2);
k=1;
for i=1 : P
   if w(i)> 0
      F=w(i)/(2*pi)*fs/1000;
      B=-log(r(i))/pi*fs/1000;
      if B<1.0
         FB(k,1)=F;
         FB(k,2)=B;
         k=k+1;
      end
   end
end
disp('Formant Frequency and Bandwidth (kHz):');
disp(FB(1:k-1,:));
```

除图 7.5.4 外，程序 7_5_2 还给出了如下所列的共振峰频率和带宽。

```
Formant Frequency and Bandwidth (kHz):
```

```
1.1820    0.2465
0.8507    0.1611
2.5834    0.1017
3.0441    0.2306
3.9068    0.1777
6.0306    0.3812
6.3143    0.3474
```

如4.5节所述，标准元音[a]的前三个共振峰频率的典型取值为F_1=0.9kHz，F_2=1.2kHz，F_3=2.9kHz。因发音人个体的差异，即使是同一个标准元音，共振峰频率也会与典型取值有所偏离。从图7.5.4容易判断，该共振峰参数估计是有效的。

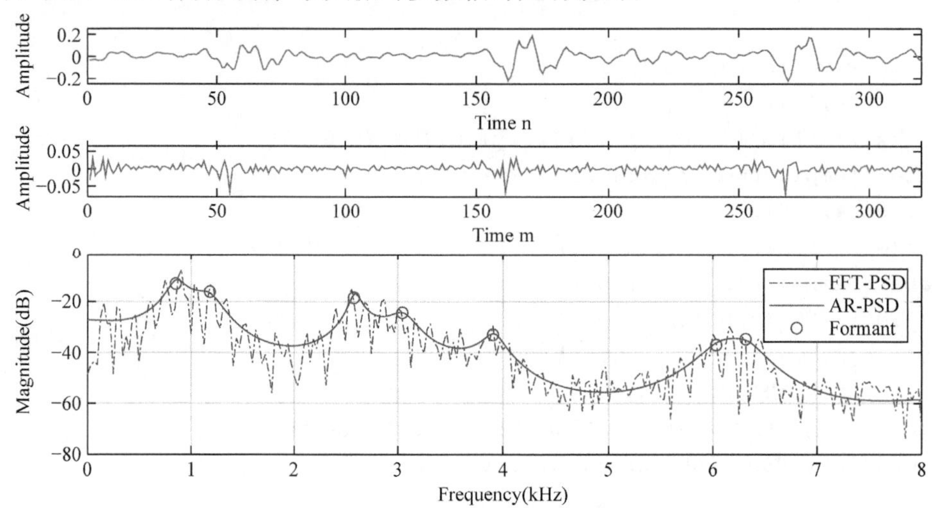

图7.5.4　元音[a]的短时语音段、残差信号，以及功率谱和共振峰

本 章 小 结

本章讨论了信号建模以及基于信号建模的功率谱估计。常用的信号模型是AR模型、MA模型和ARMA模型，其中，AR模型是重点。本章分别介绍了最大熵谱估计的概念、自相关法、协方差法、改进的协方差法以及Burg算法。到目前为止，AR模型最为成熟，容易计算，而为精确估计其他两种模型中的MA参数，需要解非线性方程，因此也常把它转换成等效的AR模型，求完参数后，再转换成自己的模型，本章介绍的MA谱估计属于这类方法。就谱估计而言，精确估计模型参数不是唯一的途径，本章介绍的Kaveh谱估计子，在没有求解MA参数的条件下，也实现了ARMA谱估计，该方法的妙处在于回避了解非线性方程组的问题。

当随机过程为由正弦序列和白噪声序列组成的谐波过程时，特征分解法可以得到比AR模型法更高的分辨率和更准确的频率估计，尤其在信噪比低时此优点更为明显。限于篇幅和降低数学要求的目的，本章没有介绍特征分解法谱估计。

作为应用举例，本章最后介绍了“预白化-后着色”谱估计和语音信号的线性预测分析。如上所述，参数谱估计可以得到比非参数谱估计更“优美”的结果，然而，如果主观设计的模型严重偏离客观存在的数据，这种“优美”的结果将变成一种误导，采用“预白化-后着色”谱估计方法可避免我们被误导。最后，通过学习语音信号的线性预测，希望读者对参数谱估计的应用有一些体验。

习　题

7.1　参数谱估计与非参数谱估计有什么本质区别？

7.2　由信号的有限个取样点估计 AR 模型参数时，采用自相关法、协方差法、改进的协方差法和 Burg 算法各有什么特点？

7.3　AR 谱估计中的虚假谱峰是怎样产生的？怎样避免产生虚假谱峰？

7.4　证明：Burg 算法中的反射系数的绝对值总是不大于 1 的。

7.5　一个零均值 MA(2) 过程的系数满足下列方程组：

$$\begin{cases} b_0^2 + b_1^2 + b_2^2 = 3 \\ b_0 b_1 + b_1 b_2 = 2 \\ b_0 b_2 = 1 \end{cases}$$

试求解 b_0、b_1 和 b_2。

7.6　在实际应用中，用修正 Yule-Walker 方程式(7.4.8)求解 ARMA 模型中的 AR 参数时，模型参数的精度依赖于自相关的估计值。当可获取更多的自相关估计值时，如 $\hat{r}_x(l)$，$l=q,q+1,\cdots,q+p,\cdots,q+L$，这里 $L>p$，我们可以建立 AR 参数满足的超定方程组，试推导最小二乘意义下的超定方程的解。

7.7　(1) 修改程序 7_2_1，以功率谱交叠图的形式给出 4 种 AR 模型谱估计方法(自相关法、协方差法、改进的协方差法和 Burg 算法)的 50 次重复实验结果。

(2) 按不同的方法分别求 50 次实验的平均功率谱，并与真实功率谱进行比较。

7.8　设 $x(n)$ 为一个 MA(4) 过程，其传递函数的零点分别为

$$z_{1,2} = 0.98\mathrm{e}^{\pm \mathrm{j}0.2\pi}, \quad z_{3,4} = 0.98\mathrm{e}^{\pm \mathrm{j}0.5\pi}$$

激励白噪声的方差为 1。针对 $N=128$ 的数据，用 7.3 节所介绍的 Durbin 算法，估计 MA 参数和功率谱。给出当 $q=4$，$L=32$ 时的 50 次重复实验的结果。

7.9　修改程序 7_5_1，以功率谱交叠图的形式给出“预白化-后着色”方法的 50 次重复实验结果，求这 50 次实验的平均功率谱，并与真实功率谱进行比较。

7.10　编写 Kaveh 谱估计算法的 MATLAB 程序，对例 7.5.1 中的 ARMA(4,2) 过程进行功率谱估计，并与“预白化-后着色”方法的结果进行比较。

7.11　随机序列 $x(n)$ 的表达式为

$$x(n) = \cos\left(\frac{\pi n}{3} + \theta_1\right) + \cos\left(\frac{2\pi n}{3} + \theta_2\right) + w(n) - w(n-2)$$

其中，$w(n)\sim\mathrm{WGN}(0,1)$，并且 θ_1 和 θ_2 是均匀分布于 0～2π 的独立同分布随机变量。生成 $N=256$ 的采样序列。

(1) 确定并画出真实功率谱 $S_x(\omega)$。

(2)用改进的协方差法从生成的采样序列估计功率谱，给出当 p=10、20 和 40 时的结果，并与真实的功率谱进行比较。

(3)用 Kaveh 谱估计算法估计 p=4、q=2 时的功率谱，并与真实的谱和问题(2)中的结果进行比较。

7.12　利用本书所附电子资源的波形文件和程序 7_5_2，比较分析元音[a]、[i]和[u]的AR 模型功率谱和共振峰。

第 8 章　自适应滤波器

如第 5 章所述，在均方误差最小的意义下维纳滤波器是最优的线性滤波器，但是维纳滤波器需要输入信号的自相关矩阵以及输入信号与期望响应之间的互相关矢量，这些先验信息在实际系统设计中是难以知道的。用长记录的数据对这些量进行精确的估计，在许多应用中也是不现实的，即使可以先估计这些相关函数的值，然后设计维纳滤波器，但当信号操作环境发生变化以后，所设计的滤波器也将不再满足应用要求。

一种更理想的滤波器应该具有学习功能，它让期望响应作为“导师”，对输入信号进行滤波，用滤波器的输出对期望响应进行估计，逐步更新滤波器系数，也使滤波器的输出与期望响应之间的误差逐渐接近最小，这样的滤波器就是自适应滤波器。自适应滤波器具有学习的能力，因而当滤波器的应用环境发生变化时，即当自适应滤波器应用于非平稳环境时，自适应滤波器能够自适应地跟踪这种非平稳变化，维纳滤波器是做不到这一点的。

自适应是所有智能系统都应具有的能力，我们深信自适应滤波器一定比传统的滤波器有更好的性能。为了使自适应滤波器按我们期望的方式工作，我们应该选择合理的结构、合适的误差准则，并设计可控的系数更新算法。

8.1　自适应滤波原理

传统的滤波器严格区分设计阶段和应用阶段，由设计阶段确定下来的滤波器系数在应用阶段是保持不变的。自适应滤波器也可分为设计阶段和应用阶段，设计阶段的任务是明确滤波器的结构和系数更新算法，在应用阶段，对于每一个采样点除了完成滤波外还要更新滤波器系数以用于下一个采样点。因而自适应滤波器的系数不是一成不变的，这与传统的滤波器有根本的区别。本节将讨论自适应算法分析和性能评估的数学框架，其目的是为自适应算法应用于实际问题导出设计准则。

每个自适应滤波器都涉及一个或多个输入信号，以及一个能或不能接入自适应滤波器的期望响应信号，我们把这些信号统称为自适应滤波器的信号操作环境。自适应滤波器包括如图 8.1.1 所示的三个模块。

(1) 滤波器：该模块用来实现对输入信号的滤波，以产生输出信号。如果滤波器的输出是输入信号的线性组合，那么这个滤波器就是线性的，否则就是非线性的。对于线性滤波器，滤波器可能用直接型、格型或级联型实现。滤波器的结构由设计者选定，而其参数用自适应算法进行调整。

(2) 性能评估：该模块利用滤波器的输出和期望响应评价滤波器的性能是否满足特定应用的需求。大多数自适应滤波器采用误差平方的某种平均，因为这在数学上是容易处理的，也可满足实际系统设计的要求。

(3) 自适应算法：自适应算法确定怎样利用性能准则、输入信号和期望响应调整滤波器系数，以改善滤波器的性能。

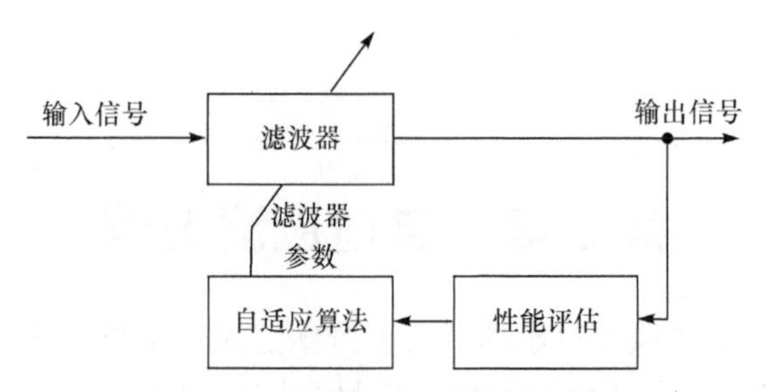

图 8.1.1　自适应滤波器的原理图

在进行自适应滤波器设计时，依据是否可获得期望响应信号，有下列两种实现方式。

(1)有监督（有导师)型自适应：在每一个时刻，滤波器预先知道期望响应，再根据滤波器的输出计算出误差，然后评估性能并用它来调整滤波器的系数，如图 8.1.2 所示。

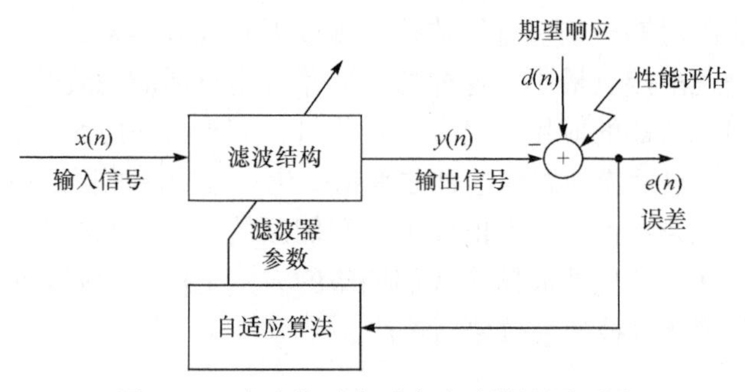

图 8.1.2　有监督型自适应滤波器的原理图

(2)无监督（无导师)型自适应：当期望响应不可知时，自适应滤波器无法准确计算出误差信号，更不可能用它来调整滤波器的系数并改进滤波器的性能。

本书仅讨论有监督型自适应滤波器，即假设可预先获得期望响应信号。

根据输入信号的形式，线性自适应滤波器有两种结构，如图 8.1.3 所示。在本书中重点讨论 FIR 自适应滤波器。在自适应滤波器中，滤波器的系数或线性组合器的系数不再是常数，而是随时间改变的参数。如在每一个时间点都采用类似于求解维纳滤波器的方法，我们将遇到难以建立方程和解方程运算量太大的困难，而递归算法是比较合理的方法。

在每一个采样点，自适应滤波器的所有系数都会被更新，大多数自适应算法有如下的形式：

$$\begin{bmatrix}\text{新系数}\\ \text{矢量}\end{bmatrix}=\begin{bmatrix}\text{老系数}\\ \text{矢量}\end{bmatrix}+\begin{bmatrix}\text{自适应}\\ \text{增益矢量}\end{bmatrix}\cdot\begin{pmatrix}\text{误差}\\ \text{信号}\end{pmatrix} \tag{8.1.1}$$

其中，误差信号是期望响应和滤波器输出之间的差值。各种具体算法之间的主要区别表现在所用的自适应增益矢量以及估计该矢量的计算量上。

如果信号操作环境的特性是固定不变的，如平稳随机信号，自适应滤波器的目的是：找到使滤波器具有最佳性能的参数，然后停止调整参数。从滤波器开始运行到其基本达到最佳性能的初始阶段，称为捕获阶段。当信号操作环境的特性随时间而改变时，如非平稳信号，自适应滤波器应首先发现这个变化，然后调整滤波器的参数以适应这个变化。在这种情形下，滤波器开始于捕获阶段，然后进入跟踪模式，如图 8.1.4 所示。

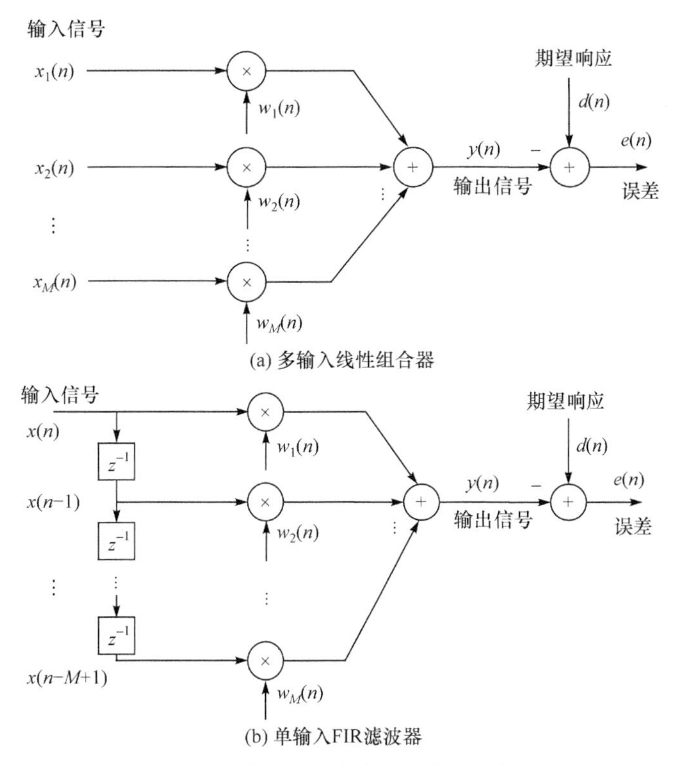

图 8.1.3　线性自适应滤波器的两种结构

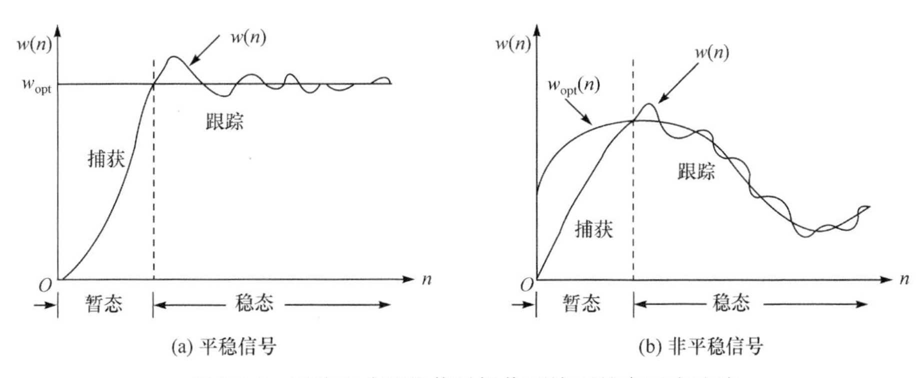

图 8.1.4　平稳和非平稳信号操作环境下的自适应滤波

8.2　最速下降法

由图 8.1.3 得自适应滤波器的误差信号为

$$e(n)=d(n)-y(n)=d(n)-\boldsymbol{w}^{\mathrm{T}}(n)\boldsymbol{x}(n) \tag{8.2.1}$$

其中，$\boldsymbol{x}(n)$ 为输入数据矢量：

$$\boldsymbol{x}(n)=\begin{bmatrix}x(n) & x(n-1) & \cdots & x(n-M+1)\end{bmatrix}^{\mathrm{T}}$$

$\boldsymbol{w}(n)$ 为滤波器或线性组合器的系数矢量：

$$\boldsymbol{w}(n)=\begin{bmatrix}w_1(n) & w_2(n) & \cdots & w_M(n)\end{bmatrix}^{\mathrm{T}}$$

$d(n)$为期望响应信号；$y(n)$为滤波器输出。

均方误差性能曲面定义为

$$J(n)=E[e^2(n)]=E[(d(n)-\boldsymbol{w}^{\mathrm{T}}(n)\boldsymbol{x}(n))(d(n)-\boldsymbol{x}^{\mathrm{T}}(n)\boldsymbol{w}(n))] \tag{8.2.2}$$

将在后续的内容中看到，自适应滤波器的系数是随输入信号和期望响应改变的随机变量。为了便于理论分析，这里先假设$\boldsymbol{w}(n)$是非随机的，则均方误差性能曲面可表示为

$$J(n)=E[e^2(n)]=E[d^2(n)]-2\boldsymbol{r}_{xd}^{\mathrm{T}}(n)\boldsymbol{w}(n)+\boldsymbol{w}^{\mathrm{T}}(n)\boldsymbol{R}_x(n)\boldsymbol{w}(n) \tag{8.2.3}$$

其中，$\boldsymbol{R}_x(n)=E[\boldsymbol{x}(n)\boldsymbol{x}^{\mathrm{T}}(n)]$为输入矢量$\boldsymbol{x}(n)$的自相关矩阵；$\boldsymbol{r}_{xd}(n)=E[\boldsymbol{x}(n)d(n)]$为输入矢量$\boldsymbol{x}(n)$和期望响应$d(n)$的互相关矢量。根据 5.2 节的结论，当滤波器的系数矢量$\boldsymbol{w}(n)$满足下列正则方程时，均方误差$J(n)$取极小值：

$$\boldsymbol{R}_x(n)\boldsymbol{w}(n)=\boldsymbol{r}_{xd}(n) \tag{8.2.4}$$

在上述的推导中，由于没有假设$\boldsymbol{x}(n)$和$d(n)$是联合平稳的，所以方程的解与时间有关。对于非平稳情况，如在每一个时刻n都建立一个方程并求解方程，我们将遇到难以建立方程和解方程运算量太大的困难，因而这种方法在实时自适应滤波中是不可行的。

为了使问题简化并易于理解，我们先假设输入信号和期望响应信号是联合平稳的，尽管大多数自适应滤波器的应用对象是非平稳信号。此时，均方误差性能曲面可表示为

$$J(n)=E[e^2(n)]=r_d(0)-2\boldsymbol{r}_{xd}^{\mathrm{T}}\boldsymbol{w}(n)+\boldsymbol{w}^{\mathrm{T}}(n)\boldsymbol{R}_x\boldsymbol{w}(n) \tag{8.2.5}$$

这样，对于单输入 FIR 滤波器，式(8.2.4)具有下列形式：

$$\boldsymbol{R}_x\boldsymbol{w}(n)=\boldsymbol{r}_{xd} \tag{8.2.6}$$

其中

$$\boldsymbol{R}_x=E\left[\boldsymbol{x}(n)\boldsymbol{x}^{\mathrm{T}}(n)\right]=\begin{bmatrix} r_x(0) & r_x(1) & \cdots & r_x(M-1) \\ r_x(1) & r_x(0) & \cdots & r_x(M-2) \\ \vdots & \vdots & \ddots & \vdots \\ r_x(M-1) & r_x(M-2) & \cdots & r_x(0) \end{bmatrix} \tag{8.2.7}$$

$$\boldsymbol{r}_{xd}=E\left[\boldsymbol{x}(n)d(n)\right]=\left[r_{xd}(0) \quad r_{xd}(1) \quad \cdots \quad r_{xd}(M-1)\right]^{\mathrm{T}} \tag{8.2.8}$$

直接求解式(8.2.5)即可得滤波器的最优系数，即$\boldsymbol{w}_{\mathrm{opt}}=\boldsymbol{R}_x^{-1}\boldsymbol{r}_{xd}$，称$\boldsymbol{w}_{\mathrm{opt}}$为维纳解。在这里，我们不采用解线性方程组的方法，而是采用递推算法求解最优滤波器系数。牛顿法和最速下降法是在性能曲面搜索极值点的两种著名方法，它们不仅适用于二次型性能曲面，也适用于其他形式的性能曲面。牛顿法在数学上有着重要意义，但实现起来却非常困难，因此本书对此不做介绍。最速下降法在工程上比较容易实现，有很大的实用价值，下面进行详细讨论。

顾名思义，最速下降法（steepest-descent algorithm, SDA）就是沿性能曲面最陡方向向下搜索曲面的最低点。曲面的最陡下降方向是曲面的负梯度方向，这是一个递推搜索过程。即首先从曲面上某个初始点（对应于初始系数矢量$\boldsymbol{w}(0)$，$k=0$）出发，沿该点负梯度方向搜索至第 1（$k=1$）点，沿第 1 点的负梯度方向又搜索至第 2（$k=2$）点，以此类推，当搜索点数k取足够大时其解收敛至$\boldsymbol{w}_{\mathrm{opt}}$（对应于曲面最低点）。实际上，这里的递推搜索可以与时间无

关，然而为了便于实现自适应滤波器，我们都假设递推搜索与时间同步，即 $k=n$，因而，最速下降法的系数矢量递推公式为

$$\boldsymbol{w}(n+1)=\boldsymbol{w}(n)+\frac{1}{2}\mu[-\nabla J(n)] \tag{8.2.9}$$

其中，μ 是步长；$\nabla J(n)$ 是梯度矢量，即

$$\nabla J(n)=\left[\frac{\partial J(n)}{\partial w_1(n)} \quad \frac{\partial J(n)}{\partial w_2(n)} \quad \cdots \quad \frac{\partial J(n)}{\partial w_M(n)}\right]^{\mathrm{T}} \tag{8.2.10}$$

把式(8.2.5)代入式(8.2.10)，得

$$\nabla J(n)=-2\boldsymbol{r}_{xd}+2\boldsymbol{R}_x\boldsymbol{w}(n) \tag{8.2.11}$$

将式(8.2.11)代入式(8.2.9)，得

$$\boldsymbol{w}(n+1)=\boldsymbol{w}(n)+\mu[\boldsymbol{r}_{xd}-\boldsymbol{R}_x\boldsymbol{w}(n)] \tag{8.2.12}$$

注意到式(8.2.12)可以写成 $\boldsymbol{w}(n+1)=\boldsymbol{w}(n)+\Delta\boldsymbol{w}(n)$，在每一个新时刻，滤波器的权系数在上一个时刻权系数的基础上进行调整，调整量为

$$\begin{aligned}\Delta\boldsymbol{w}(n)&=\mu[\boldsymbol{r}_{xd}-\boldsymbol{R}_x\boldsymbol{w}(n)]\\&=\mu\{E[\boldsymbol{x}(n)d(n)]-E[\boldsymbol{x}(n)\boldsymbol{x}^{\mathrm{T}}(n)]\boldsymbol{w}(n)\}\\&=\mu E[\boldsymbol{x}(n)(d(n)-\boldsymbol{x}^{\mathrm{T}}(n)\boldsymbol{w}(n))]=\mu E[\boldsymbol{x}(n)e(n)]\end{aligned} \tag{8.2.13}$$

最速下降法的关键是，在什么条件下式(8.2.12)是收敛的。所谓收敛，就是对于任意给定的初始值，经过递推，滤波器权系数矢量逐渐趋于一个固定的矢量，这个固定矢量就是最优滤波器系数 $\boldsymbol{w}_{\mathrm{opt}}$。在以下的内容中，我们将推导分析最速下降法的收敛条件。

式(8.2.12)两边同时减去 $\boldsymbol{w}_{\mathrm{opt}}$，并把 $\boldsymbol{r}_{xd}=\boldsymbol{R}_x\boldsymbol{w}_{\mathrm{opt}}$ 代入该式，得

$$\boldsymbol{w}(n+1)-\boldsymbol{w}_{\mathrm{opt}}=\boldsymbol{w}(n)-\boldsymbol{w}_{\mathrm{opt}}+\mu[\boldsymbol{R}_x\boldsymbol{w}_{\mathrm{opt}}-\boldsymbol{R}_x\boldsymbol{w}(n)] \tag{8.2.14}$$

引入中间变量 $\boldsymbol{c}(n)=\boldsymbol{w}(n)-\boldsymbol{w}_{\mathrm{opt}}$，并代入式(8.2.14)得

$$\boldsymbol{c}(n+1)=(\boldsymbol{I}-\mu\boldsymbol{R}_x)\boldsymbol{c}(n) \tag{8.2.15}$$

式(8.2.15)说明，经坐标平移以后，滤波器权系数可表示为齐次差分方程。式(8.2.15)也说明，除非 $\boldsymbol{R}_x$ 是对角阵，否则滤波器权系数各分量间存在耦合。为方便分析，应该去掉耦合的影响。由于 $\boldsymbol{R}_x$ 是非负定的共轭对称矩阵，因而可表示为

$$\boldsymbol{R}_x=\boldsymbol{Q}\boldsymbol{\Lambda}\boldsymbol{Q}^{\mathrm{H}} \tag{8.2.16}$$

其中，特征矩阵 $\boldsymbol{\Lambda}=\mathrm{diag}\{\lambda_1,\lambda_2,\cdots,\lambda_M\}$，$\lambda_k\geqslant 0$，$k=1,2,\cdots,M$，而由特征矢量构成的矩阵 $\boldsymbol{Q}=[\boldsymbol{q}_1 \quad \cdots \quad \boldsymbol{q}_M]$，满足 $\boldsymbol{Q}\boldsymbol{Q}^{\mathrm{H}}=\boldsymbol{I}$，$\boldsymbol{Q}^{\mathrm{H}}=\boldsymbol{Q}^{-1}$，即 $\boldsymbol{Q}$ 是酉矩阵。把式(8.2.16)代入式(8.2.15)，得

$$\boldsymbol{c}(n+1)=(\boldsymbol{I}-\mu\boldsymbol{Q}\boldsymbol{\Lambda}\boldsymbol{Q}^{\mathrm{H}})\boldsymbol{c}(n) \tag{8.2.17}$$

式(8.2.17)两边同时乘以 $\boldsymbol{Q}^{\mathrm{H}}$，并注意到 $\boldsymbol{Q}^{\mathrm{H}}=\boldsymbol{Q}^{-1}$，有

$$\boldsymbol{Q}^{\mathrm{H}}\boldsymbol{c}(n+1)=(\boldsymbol{I}-\mu\boldsymbol{\Lambda})\boldsymbol{Q}^{\mathrm{H}}\boldsymbol{c}(n) \tag{8.2.18}$$

为了得到解耦的形式，引入另外一个中间变量：

$$\boldsymbol{v}(n)=\boldsymbol{Q}^{\mathrm{H}}\boldsymbol{c}(n)=\boldsymbol{Q}^{\mathrm{H}}(\boldsymbol{w}(n)-\boldsymbol{w}_{\mathrm{opt}}) \tag{8.2.19}$$

则式(8.2.19)变为

$$\boldsymbol{v}(n+1)=(\boldsymbol{I}-\mu\boldsymbol{\Lambda})\boldsymbol{v}(n) \tag{8.2.20}$$

在线性空间中，矩阵乘向量对应于向量旋转。图 8.2.1 以 M=2 为例，给出了系数矢量 $\boldsymbol{w}$、$\boldsymbol{c}$ 和 $\boldsymbol{v}$ 之间的关系。经过坐标旋转后，v_1 与等均方误差椭圆的短轴重合，而 v_2 与长轴重合。由于长轴对应于小的特征值，而短轴对应于大的特征值，因而在该图例中，$\lambda_1>\lambda_2$。

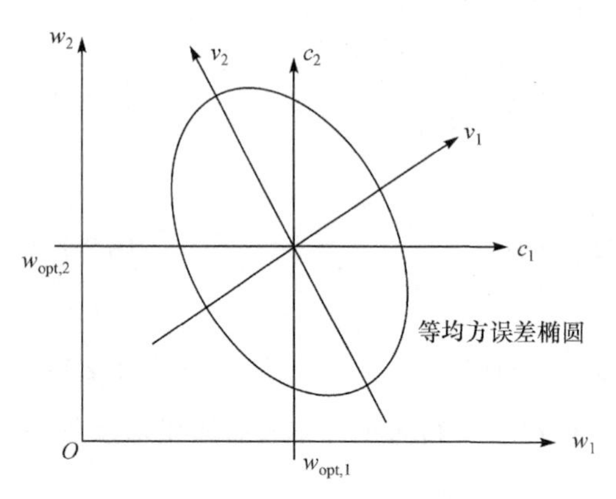

图 8.2.1 系数矢量 $\boldsymbol{w}$、$\boldsymbol{c}$ 和 $\boldsymbol{v}$ 之间的关系

从 $\boldsymbol{v}(0)$ 开始递推，利用式(8.2.20)的齐次性，得到 $\boldsymbol{v}(n)=(1-\mu\boldsymbol{\Lambda})^n\boldsymbol{v}(0)$，再利用该式的解耦性质，得每个分量的表达式为

$$v_k(n)=(1-\mu\lambda_k)^n v_k(0),\quad k=1,2,\cdots,M \tag{8.2.21}$$

由式(8.2.19)可以看出，当 $\boldsymbol{w}(n)\to\boldsymbol{w}_{\mathrm{opt}}$ 时，$\boldsymbol{v}(n)$ 收敛到零，因此只需要找到使 $\boldsymbol{v}(n)$ 收敛到零的条件，就相当于 $\boldsymbol{w}(n)$ 收敛到 $\boldsymbol{w}_{\mathrm{opt}}$。由式(8.2.21)可看出，如果对所有 k，都有 $|1-\mu\lambda_k|<1$，则式(8.2.12)收敛。由此得出结论：对于联合平稳输入信号和期望响应，如果最速下降法中的步长满足

$$0<\mu<\frac{2}{\lambda_{\max}} \tag{8.2.22}$$

其中，$\lambda_{\max}$ 是自相关矩阵 $\boldsymbol{R}_x$ 的最大特征值，则 $\boldsymbol{w}(n)$ 将收敛到维纳解 $\boldsymbol{w}_{\mathrm{opt}}$。

由式(8.2.19)得

$$\boldsymbol{w}(n)=\boldsymbol{w}_{\mathrm{opt}}+\boldsymbol{c}(n)=\boldsymbol{w}_{\mathrm{opt}}+\boldsymbol{Q}\boldsymbol{v}(n)=\boldsymbol{w}_{\mathrm{opt}}+[\boldsymbol{q}_1\quad \boldsymbol{q}_1\quad \cdots\quad \boldsymbol{q}_M]\begin{bmatrix} v_1(n)\\ v_2(n)\\ \vdots\\ v_M(n)\end{bmatrix} \tag{8.2.23}$$

把式(8.2.21)代入式(8.2.23)，得

$$w_i(n)=w_{\mathrm{opt},i}+\sum_{k=1}^{M}q_{k,i}v_k(0)(1-\mu\lambda_k)^n,\quad i=1,2,\cdots,M \tag{8.2.24}$$

其中，$q_{k,i}$ 是第 k 个特征矢量 $\boldsymbol{q}_k$ 的第 i 个元素。可以看出 $\boldsymbol{w}(n)$ 是 M 个指数衰减项的线性组合。显然，$\boldsymbol{w}(n)$ 的收敛速度由最慢的衰减项决定。与第 k 个特征值相对应，可定义时间常数 τ_k 为式(8.2.24)中的第 k 个指数项到达其初值的 1/e（e 为自然对数函数的底数）时所需的时间，则

$$(1-\mu\lambda_k)^{\tau_k}=\mathrm{e}^{-1},\quad k=1,2,\cdots,M \tag{8.2.25}$$

由式(8.2.25)，得

$$\tau_k = -\frac{1}{\ln(1-\mu\lambda_k)}, \quad k=1,2,\cdots,M \tag{8.2.26}$$

若 μ 足够小，使 $\mu\lambda_k \ll 1$，则时间常数近似为

$$\tau_k \approx \frac{1}{\mu\lambda_k}, \quad k=1,2,\cdots,M \tag{8.2.27}$$

总体的时间常数应该是最大时间常数和最小时间常数之间的折中，为了留有充分的余地，采用最大时间常数来刻画算法的收敛时间，则有

$$\tau = \max\{\tau_k\} \approx \frac{1}{\mu\lambda_{\min}} \tag{8.2.28}$$

另外，根据收敛条件即式(8.2.22)，取 $\mu = \dfrac{2a}{\lambda_{\max}}$，$0<a<1$，则得总体时间常数为

$$\tau \approx \frac{1}{2a}\frac{\lambda_{\max}}{\lambda_{\min}} \tag{8.2.29}$$

由式(8.2.29)可见，当输入信号自相关矩阵的特征值分布很分散时，最大特征值和最小特征值相差很大，算法的收敛速度很慢；反之，当输入信号的自相关矩阵的特征值比较接近时，收敛速度较快。

另一个很重要的性能测度是均方误差随时间的变化情况。根据 5.2 节的结论，对于联合平稳的随机过程，当滤波器系数取维纳最优解 $\boldsymbol{w}_{\text{opt}}$ 时，均方误差取最小值，并且：

$$J_{\min} = r_d(0) - \boldsymbol{r}_{xd}^{\mathrm{T}}\boldsymbol{w} \tag{8.2.30}$$

从均方误差表达式出发，通过必要的推导，可得均方误差随时间变化的函数为

$$J(n) = J_{\min} + \sum_{k=1}^{M}\lambda_k v_k^2(n) = J_{\min} + \sum_{k=1}^{M}\lambda_k(1-\mu\lambda_k)^{2n}v_k^2(0) \tag{8.2.31}$$

因此，若满足收敛条件式(8.2.22)，则 $J(n)\to J_{\min}$。同时观察到，均方误差的每一项的时间常数是相应权系数时间常数的一半，因此输入信号自相关矩阵特征值的分布对均方误差衰减速度的影响与权系数是一致的。均方误差 $J(n)$ 与时间 n 的关系图称为 (均方误差)学习曲线，说明自适应滤波器以何种速度学习到维纳最优解。

由于最速下降法的迭代公式中存在自相关矩阵 $\boldsymbol{R}_x$ 和互相关向量 $\boldsymbol{r}_{xd}$，因此该算法还不是真正意义上的自适应滤波算法，但是讨论最速下降法是有意义的。我们将在 8.3 节中看到，由最速下降法可以很直观地导出一类简单实用的 LMS 自适应滤波算法，另外最速下降法中关于算法收敛的简洁和完整的结果，对讨论更复杂算法的收敛性有重要参考意义。

8.3　LMS 自适应滤波器

Bernard Widrow 在 20 世纪 50 年代就开始了神经网络的研究工作。1960 年，Widrow 和他的研究生 Marcian Edward (Ted) Hoff 发明了自适应线性神经元 (adaptive linear neuron，ADALINE) 网络和最小均方 (least mean square，LMS) 学习算法。随后，LMS 算法在信号处

理应用中取得了巨大成功，而其应用于多层神经网络却不成功，所以在 20 世纪 60 年代早期，Widrow 停止了他在神经网络方面的工作，开始全身心研究自适应信号处理。另外，Hoff 加盟 Intel 公司后，于 1971 年研制成功了世界上第一块 4 位微处理器芯片 Intel 4004。

LMS 自适应滤波算法简单，计算效率高，能满足许多实际应用的需求，但也存在收敛速度慢、有额外均方误差等缺点。

8.3.1 基本的 LMS 算法

最速下降法尽管可以收敛到最优滤波器，但其迭代过程需要预先知道自相关矩阵和互相关矢量，这在实际应用中是难以得到的，为了构造真正的自适应算法，需要对相关的参量进行估计。为了用式(8.2.11)计算梯度，需由输入信号矢量和期望响应值实时地估计 $\boldsymbol{R}_x$ 和 $\boldsymbol{r}_{xd}$，一种最简单的估计方法是用瞬时值代替集平均，即令

$$\left.\begin{aligned}\hat{\boldsymbol{R}}_x(n) &= \boldsymbol{x}(n)\boldsymbol{x}^{\mathrm{T}}(n)\\ \hat{\boldsymbol{r}}_{xd}(n) &= \boldsymbol{x}(n)d(n)\end{aligned}\right\} \tag{8.3.1}$$

并将其代入式(8.2.11)，得梯度的估计值为

$$\begin{aligned}\nabla\hat{J}(n) &= -2\boldsymbol{x}(n)d(n) + 2\boldsymbol{x}(n)\boldsymbol{x}^{\mathrm{T}}(n)\boldsymbol{w}(n)\\ &= -2\boldsymbol{x}(n)\{d(n) - \boldsymbol{x}^{\mathrm{T}}(n)\boldsymbol{w}(n)\} = -2\boldsymbol{x}(n)e(n)\end{aligned} \tag{8.3.2}$$

将式(8.3.2)代入最速下降法的递推公式(8.2.9)，得

$$\boldsymbol{w}(n+1) = \boldsymbol{w}(n) + \mu\boldsymbol{x}(n)e(n) \tag{8.3.3}$$

这就是 LMS 算法的权系数更新公式。结合 FIR 滤波器结构，将 LMS 自适应滤波算法总结为如下三个步骤。

(1) 计算滤波器输出 $y(n) = \boldsymbol{w}^{\mathrm{T}}(n)\boldsymbol{x}(n)$。

(2) 估计误差 $e(n) = d(n) - y(n)$。

(3) 更新滤波器系数 $\boldsymbol{w}(n+1) = \boldsymbol{w}(n) + \mu\boldsymbol{x}(n)e(n)$。

在 LMS 算法的每个时刻，由被步长限定后的输入矢量和估计误差的乘积作为权系数的调整量。在上述三个步骤中，只使用了输入数据矢量和期望响应，以及当前权系数进行运算，然后更新权系数，从而为下一个时刻做准备，这个过程是完全自适应的。对于每次迭代，LMS 算法的运算复杂度为 $O(M)$，这是非常理想的，LMS 算法具有运算量小的优点。

此外，LMS 算法也可以由另一种方法推导出，令 $\hat{J}(n) = e^2(n)$ 作为代价函数，在每一个时刻 n，使 $\hat{J}(n)$ 最小，则可以得到与式(8.3.3)相同的递推公式。因此，LMS 算法相当于即时地令每个时刻的误差最小而得出最优解。

LMS 算法也称为随机梯度算法，这是由于用式(8.3.2)估计的梯度是一个随机量而得名。随机梯度能否使算法收敛？如果收敛，能否收敛到最优滤波器的解？这是 LMS 算法收敛性分析所要回答的问题。

8.3.2 LMS 算法的收敛性分析

对 LMS 算法进行完备的收敛性分析是困难、复杂的。许多教材(Manolakis et al., 2003；皇甫堪等，2003；杨绿溪，2007)在假设输入信号与期望响应联合平稳、输入信号矢量与滤

波器权系数统计独立等条件下，给出了 LMS 算法收敛性分析的推论。本书以性质的形式，直接给出这些结论。

性质 8.3.1 对于 LMS 算法，若

$$0<\mu<\frac{2}{\lambda_{\max}} \tag{8.3.4}$$

则算法在均方意义下收敛。

虽然式(8.3.4)对算法按均值收敛的步长规定了上限，但其利用价值有限。原因有两点：第一，尽管该上限能保证 $E[\boldsymbol{w}(n)]$ 收敛，但它没有对 $\boldsymbol{w}(n)$ 的方差做任何约束，因而，它不足以保证对所有的 n，系数矢量都保持有界。一般都认为该上限对保持 LMS 算法的稳定性而言太大了。第二，该上限是用 $\boldsymbol{R}_x$ 的最大特征值来表达的，若要利用该上限就要求已知 $\boldsymbol{R}_x$。在实际应用中，$\boldsymbol{R}_x$ 是未知的，因而必须估计 $\lambda_{\max}$。一般的处理方法是用矩阵的迹代替最大特征值，因为 $\lambda_{\max}\leqslant\sum_{k=1}^{M}\lambda_k=\operatorname{tr}(\boldsymbol{R}_x)$。若 $x(n)$ 是平稳的，则 $\boldsymbol{R}_x$ 为 Toeplitz 矩阵，其迹为

$$\operatorname{tr}(\boldsymbol{R}_x)=Mr_x(0)=ME[x^2(n)]=MP_x \tag{8.3.5}$$

因此，式(8.3.4)可以用如下的更实用的形式来取代：

$$0<\mu<\frac{2}{MP_x} \tag{8.3.6}$$

其中，用到的信号功率 P_x 是比较容易估计的，例如，可采用在时刻 n 附近取 L 点求均方的方法，即

$$\hat{P}_x(n)=\frac{1}{L}\sum_{k=0}^{L-1}x^2(n-k) \tag{8.3.7}$$

定义自适应滤波器权系数的偏差矢量 $\boldsymbol{c}(n)$ 为：在每个迭代时刻，滤波器权系数矢量 $\boldsymbol{w}(n)$ 与最优权系数矢量 $\boldsymbol{w}_{\text{opt}}$ 之间的偏差，即 $\boldsymbol{c}(n)=\boldsymbol{w}(n)-\boldsymbol{w}_{\text{opt}}$。由前面的定义可知，在 LMS 算法中，权系数 $\boldsymbol{w}(n)$ 是一个随机矢量，即使在稳态时，$E[\boldsymbol{w}(n)]$ 趋于 $\boldsymbol{w}_{\text{opt}}$ 后，仍围绕 $\boldsymbol{w}_{\text{opt}}$ 有一个小的起伏，由此导致了稳态均方误差 $J(\infty)=E[e^2(\infty)]$ 的值要大于维纳最小均方误差 $J_{\min}$。定义该差值为超量均方误差，即

$$J_{\text{ex}}(\infty)=E[e^2(\infty)]-J_{\min}=J(\infty)-J_{\min} \tag{8.3.8}$$

性质 8.3.2 在 LMS 自适应算法中，均方误差由下列三部分组成：

$$J(n)=E[e^2(n)]=J_{\min}+J_{\text{tr}}(n)+J_{\text{ex}}(\infty) \tag{8.3.9}$$

其中，$J_{\text{tr}}(n)$ 为暂态均方误差。若算法收敛，则 $J_{\text{tr}}(\infty)=0$。

性质 8.3.3 暂态均方误差衰减的速度与下列平均时间常数成正比：

$$\tau_{\text{lms,av}}=\frac{1}{\mu\lambda_{\text{av}}} \tag{8.3.10}$$

其中，$\lambda_{\text{av}}=(\sum_{k=1}^{M}\lambda_k)/M$，$\lambda_k$ 为 $\boldsymbol{R}_x$ 的特征值。

该性质说明，增大步长有利于提高 LMS 算法的收敛速度，然而，步长不能太大，否则算法将不收敛，式(8.3.4)规定了步长的上限。对于 LMS 算法也可以得出类似于最速下降法

的结论，即当输入信号自相关矩阵 $\boldsymbol{R}_x$ 的特征值分布很分散时，最大特征值和最小特征值相差很大，算法的收敛速度很慢；反之，当输入信号的自相关矩阵的特征值比较接近时，收敛速度较快。

性质 8.3.4　当 LMS 算法收敛时，稳态超量均方误差(steady-state excess mean square error，SSEMSE)由式(8.3.11)确定：

$$J_{\text{ex}}(\infty)=J_{\min}\frac{C(\mu)}{1-C(\mu)} \tag{8.3.11}$$

其中，$C(\mu)\triangleq\sum_{k=1}^{M}\frac{\mu\lambda_k}{1+\mu\lambda_k}$，$\lambda_k$ 为 $\boldsymbol{R}_x$ 的特征值。

性质 8.3.5　当 $\mu\lambda_k \ll 1$ 时，可以证明下列近似式成立：

$$J_{\text{ex}}(\infty)\approx\frac{1}{2}\mu J_{\min}\operatorname{tr}(\boldsymbol{R}_x) \tag{8.3.12}$$

为了衡量超量均方误差的相对大小，定义 $J_{\text{ex}}(\infty)$ 与 $J_{\min}$ 的比值为失调量，即

$$\eta=\frac{J_{\text{ex}}(\infty)}{J_{\min}} \tag{8.3.13}$$

失调量刻画了 LMS 算法的最终收敛性能，失调量越小，LMS 算法的性能越接近于维纳最优滤波器。利用式(8.3.5)和式(8.3.11)，可以证明 $\eta\approx 0.5\mu MP_x$，说明失调量与步长、滤波器阶数和信号功率均成正比。

例 8.3.1　考虑由二阶自回归模型产生的信号，即 AR(2)过程：

$$x(n)+a_1x(n-1)+a_2x(n-2)=v(n) \tag{8.3.14}$$

其中，$v(n)\sim\text{WGN}(0,\sigma_v^2)$ 是均值为零的高斯白噪声；a_1 和 a_2 为模型参数，满足最小相位条件。试用 2 阶 LMS 自适应滤波器对该信号进行线性预测。

解： 一个 2 阶的自适应线性预测器具有如图 8.3.1 所示的结构。

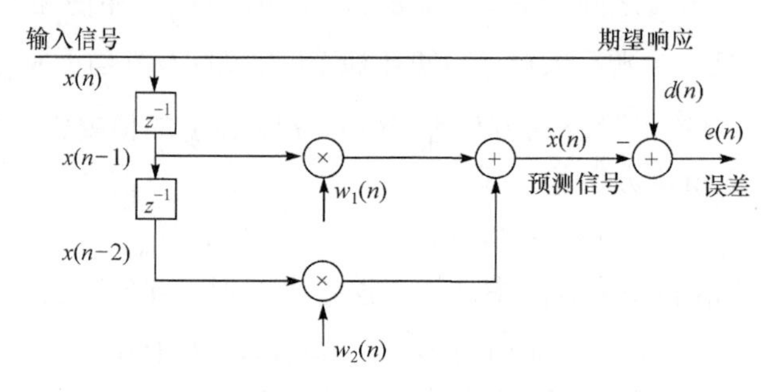

图 8.3.1　自适应线性预测器

根据 5.4 节的结论，该线性预测器的维纳最优解为 $w_{\text{opt},k}=-a_k,\ k=1,2$，此时 $J_{\min}=\sigma_v^2$。在本例题中，我们采用 LMS 算法逼近该最优解。

由图 8.3.1 得输入数据的自相关矩阵为

$$\boldsymbol{R}_x=E\left[\begin{bmatrix}x(n-1) & x(n-2)\end{bmatrix}\begin{bmatrix}x(n-1)\\ x(n-2)\end{bmatrix}\right]=\begin{bmatrix}r_x(0) & r_x(1)\\ r_x(1) & r_x(0)\end{bmatrix} \tag{8.3.15}$$

利用 Yule-Walker 方程，可进一步给出自相关与模型系数之间的关系。如教材(Manolakis et al., 2003)所述，AR 模型输入白噪声方差与输出信号方差之间有下列关系：

$$\sigma_x^2 = r_x(0) = \frac{1+a_2}{1-a_2}\frac{\sigma_v^2}{(1+a_2)^2 - a_1^2} \tag{8.3.16}$$

自相关矩阵 $\boldsymbol{R}_x$ 的特征值为

$$\lambda_{1,2} = \left(1 \mp \frac{a_1}{1+a_2}\right)\sigma_x^2 \tag{8.3.17}$$

由此可得特征值分布：

$$\chi(\boldsymbol{R}_x) = \frac{\lambda_1}{\lambda_2} = \frac{1-a_1+a_2}{1+a_1+a_2} \tag{8.3.18}$$

如果 $a_2 > 0$ 且 $a_1 < 0$，则 $\chi(\boldsymbol{R}_x)$ 大于 1。

现在我们通过改变特征值分布 $\chi(\boldsymbol{R}_x)$ 和步长参数 μ 来进行 MATLAB 仿真实验。在这些实验中，我们选择 σ_v^2，使 $\sigma_x^2 = 1$。选择 a_1 和 a_2 两组不同的值，一组是小的特征值分布，另一组用大的特征值分布。这些值及相应的特征值分布 $\chi(\boldsymbol{R}_x)$ 和 MMSE σ_v^2 都在表 8.3.1 中列出。

表 8.3.1　二阶线性预测仿真实验所用的参数值

特征值分布	a_1	a_2	λ_1	λ_2	$\chi(\boldsymbol{R}_x)$	σ_v^2
小	−0.1950	0.95	1.1	0.9	1.22	0.0965
大	−1.5955	0.95	1.818	0.182	9.99	0.0322

我们用程序 8_3_1 实现该 LMS 自适应预测器。图 8.3.2 为当 AR 模型参数取第一组值，步长取 0.08 时的单次实验结果。

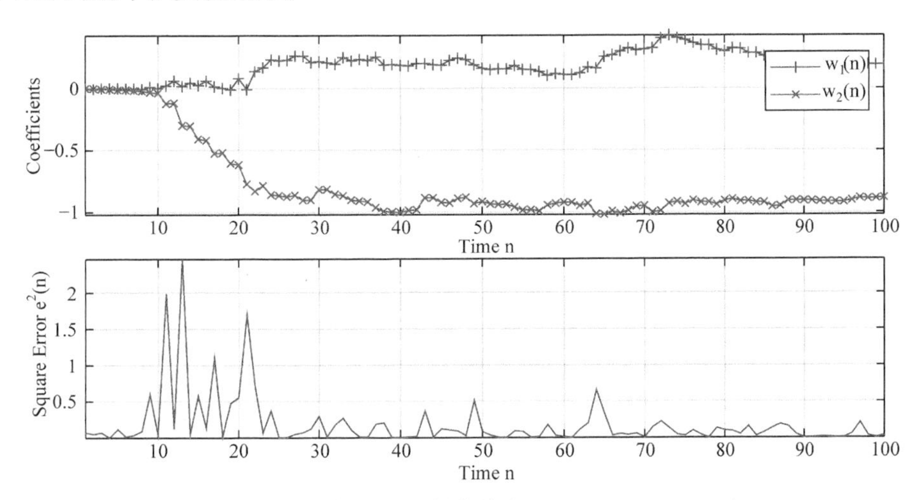

图 8.3.2　LMS 算法的性能曲线（$\mu = 0.08, \chi(\boldsymbol{R}_x) = 1.22$）

程序 8_3_1 LMS 自适应预测器。

```
% 程序 8_3_1  LMS 自适应预测器
clc, clear;
% Setting parameters
N=100;
Mu=0.08;
A=[1 -0.195 0.95];
Var=0.0965;

% Generating a signal
v=sqrt(Var)*randn(N, 1);
x=filter(1, A, v);

% Initialization
y=zeros(N,1);
w1=zeros(N,1);
w2=zeros(N,1);
e=zeros(N,1);
t=1 : N;

% LMS adaptive filter
w1(1)=0;
w2(1)=0;
y(1)=0;
e(1)=x(1)-y(1);
y(2)=[w1(1) w2(1)]*[x(1) 0]';
e(2)=x(2)-y(2);
w1(2)=w1(1)+Mu*e(2)*x(1);
w2(2)=w2(1)+Mu*e(2)*0;
for n=3 : N
    y(n)=[w1(n-1) w2(n-1)]*[x(n-1) x(n-2)]';
    e(n)=x(n)-y(n);
    w1(n)=w1(n-1)+Mu*e(n)*x(n-1);
    w2(n)=w2(n-1)+Mu*e(n)*x(n-2);
end

subplot(211); plot(t,w1,'b+-',t, w2,'rx-');
legend('w_1(n)', 'w_2(n)'); axis tight; grid on;
ylabel('Coefficients'); xlabel('Time n');

J=e.* e;
subplot(212); plot(t,J,'b');
axis tight; grid on;
ylabel('Square Error e^2(n)'); xlabel('Time n');
```

为了分析 LMS 算法的收敛情况，对每一组参数，分别取两个不同的步长，并进行 1000 次重复实验，在图 8.3.3 和图 8.3.4 中分别给出了滤波器权系数的平均收敛轨迹和均方误差的平均学习曲线。分析上述的实验结果，我们可以得出以下结论。

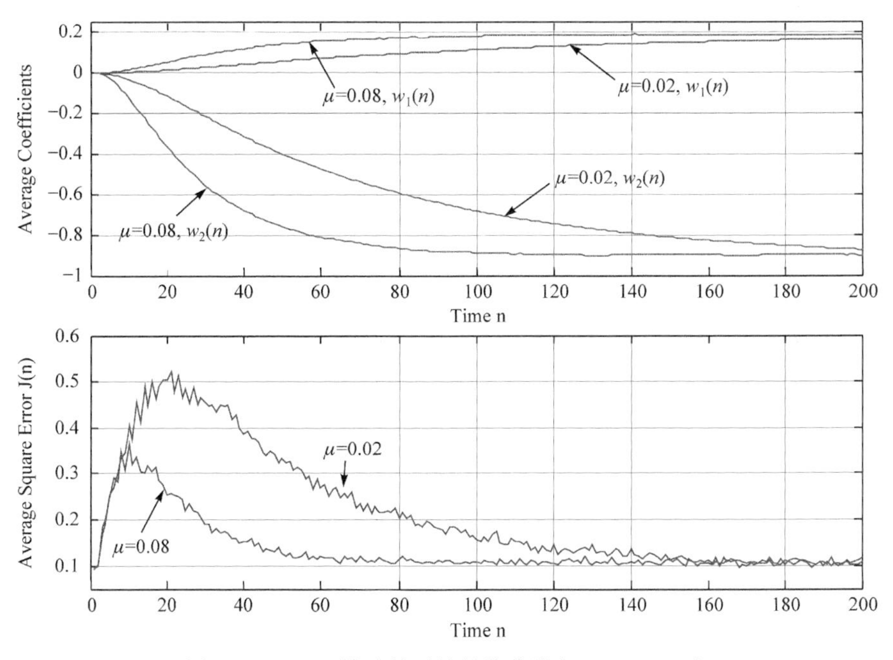

图 8.3.3　LMS 算法的平均性能曲线（$\chi(\boldsymbol{R}_x)=1.22$）

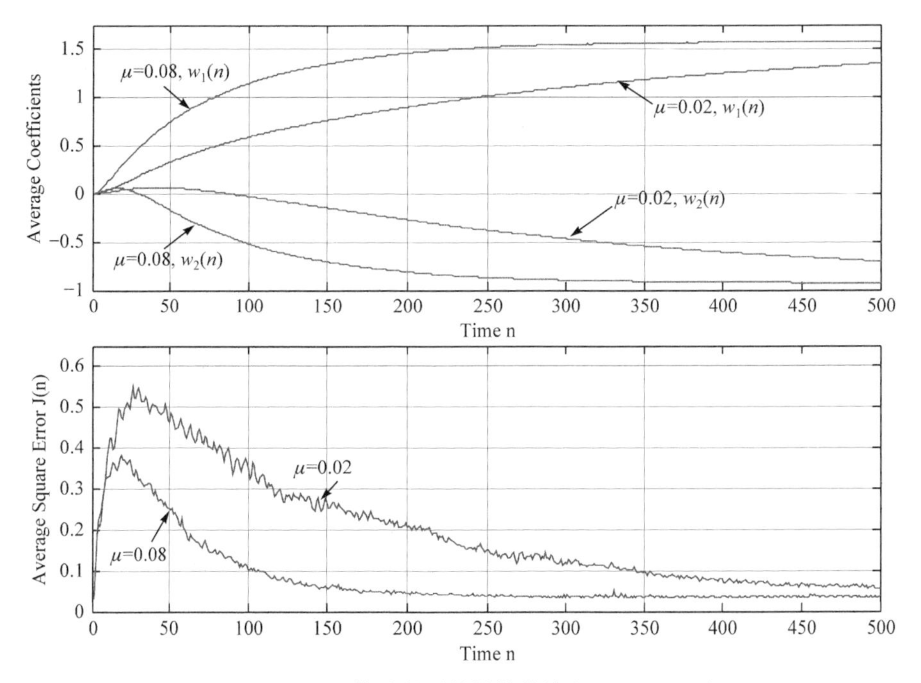

图 8.3.4　LMS 算法的平均性能曲线（$\chi(\boldsymbol{R}_x)=9.99$）

(1)单次实验的系数轨迹和均方误差学习曲线明显是随机的或是“有噪声的”，而总体平均有一个平滑的作用。

(2)系数和均方误差的平均值收敛于真实值，其收敛速度与理论值相符。

(3)LMS 算法的收敛速度依赖于步长 μ 。步长越小，收敛速度就越慢。

(4)收敛速度也依赖于输入数据自相关矩阵的特征值分布。分布越大，收敛速度就越慢。

此外，以第二组参数为例，如果令 $\mu=0.5$ ，根据式(8.3.4)和式(8.3.6)，LMS 算法应收敛，然而 1000 次重复仿真实验的结果表明，该步长未能保证算法收敛。由此说明由式(8.3.4)和式(8.3.6)规定的上限对于保持 LMS 算法的稳定性而言太大了。

8.3.3　LMS 算法的改进

针对 LMS 算法收敛速度慢、步长难以确定等问题，或以进一步提高运算效率、拓宽应用范围为目的，学者提出了许多改进的 LMS 算法，本节介绍三种有代表性的算法。

1. 正则 LMS 算法

正则 LMS(normalized LMS，NLMS)算法采用下列权系数更新公式：

$$\boldsymbol{w}(n+1)=\boldsymbol{w}(n)+\frac{\tilde{\mu}}{P_x(n)}\boldsymbol{x}(n)e(n) \tag{8.3.19}$$

其中， $P_x(n)=\sum_{k=0}^{M-1}x^2(n-k)$ 。式(8.3.19)相当于 $\mu(n)=\dfrac{\tilde{\mu}}{P_x(n)}$ 的时变步长 LMS 算法，或对输入信号能量进行归一化的 LMS 算法。可以验证，为使 NLMS 算法收敛，必须满足：

$$0<\tilde{\mu}<2 \tag{8.3.20}$$

因此，NLMS 算法的步长 $\tilde{\mu}$ 可以预先确定。为了避免在 $P_x(n)$ 较小时， $\mu(n)$ 太大，进一步限制和改进 NLMS 算法如下：

$$\boldsymbol{w}(n+1)=\boldsymbol{w}(n)+\frac{\tilde{\mu}}{\alpha+P_x(n)}\boldsymbol{x}(n)e(n) \tag{8.3.21}$$

其中， α 为一个预先设定的矫正量。

为了降低 NLMS 算法的运算复杂性，可以利用以下公式对 $P_x(n)$ 进行递推：

$$P_x(n)=\sum_{k=0}^{M-1}x^2(n-k)=x^2(n)-x^2(n-M)+P_x(n-1) \tag{8.3.22}$$

2. 符号 LMS 算法

尽管 LMS 算法已经是一种运算量很低的算法，但在高速实时应用中，仍希望有运算效率更高的算法，符号 LMS(sign LMS)算法就是一种运算量更低的算法。

常用的符号 LMS 算法是误差-符号 LMS(S-E LMS)算法。在 LMS 算法的权更新公式中，只将估计误差的符号用于更新滤波器的权矢量，则得到误差-符号 LMS 算法的权系数更新公式为

$$\boldsymbol{w}(n+1)=\boldsymbol{w}(n)+\frac{1}{2}\mu\,\mathrm{sgn}\{e(n)\}\boldsymbol{x}(n) \tag{8.3.23}$$

其中

$$\mathrm{sgn}(x)=\begin{cases}1, & x>0\\ 0, & x=0\\ -1, & x<0\end{cases} \tag{8.3.24}$$

为符号函数。在 S-E LMS 算法中，如果取迭代步长 $\mu=2^{-m}$，其中，m 为整数，则式(8.3.22)仅由加法运算和移位运算组成，非常适合硬件实现。尽管式(8.3.22)的运算量小，但其收敛速度与 LMS 算法相当。一种更加简单的双符号 LMS 算法为

$$\boldsymbol{w}(n+1)=\boldsymbol{w}(n)+\mu\,\mathrm{sgn}\{e(n)\}\,\mathrm{sgn}\{\boldsymbol{x}(n)\} \tag{8.3.25}$$

一个可靠收敛的双符号 LMS 算法是引入了泄漏技术的算法，即

$$\boldsymbol{w}(n+1)=(1-\mu\gamma)\boldsymbol{w}(n)+\mu\,\mathrm{sgn}\{e(n)\}\,\mathrm{sgn}\{\boldsymbol{x}(n)\} \tag{8.3.26}$$

其中，γ 是泄漏系数。因为 γ 和 μ 是非常小的正常数，所以 $1-\mu\gamma$ 比 1 略小。

一般地，双符号 LMS 算法收敛速度明显慢于 LMS 算法，并且超量均方误差也明显大于 LMS 算法，但由于其简单，还是得到了一些应用，例如，CCITT 的语音编码标准 G.721（32Kbit/s 自适应脉冲编码器(ADPCM)）中的线性预测部分就是采用了双符号 LMS 算法。

3. 变换域解相关 LMS 算法

改进 LMS 算法性能的早期工作是对输入数据矢量 $\boldsymbol{x}(n)$ 使用酉变换（正交变换）。对某些类型的输入信号，使用酉变换的算法可以提高收敛速率，而计算复杂度却与 LMS 算法类似。这些算法以及它们的变形统称为变换域自适应滤波算法（Beufays，1995；Dentino et al., 1978；张贤达和保铮，2002）。

酉变换可以使用离散傅里叶变换、离散余弦变换（DCT）和离散 Hartley 变换（DHT），它们都可以有效地提高 LMS 算法的收敛速率。

令 $\boldsymbol{D}$ 是一个 $M\times M$ 的酉变换矩阵，即

$$\boldsymbol{D}\boldsymbol{D}^{\mathrm{H}}=\beta\boldsymbol{I} \tag{8.3.27}$$

其中，$\beta>0$，为一个固定的标量。用酉矩阵 $\boldsymbol{D}$ 对输入数据矢量 $\boldsymbol{x}(n)$ 进行酉变换，得变换后的输入数据矢量：

$$\boldsymbol{u}(n)=\boldsymbol{D}\boldsymbol{x}(n) \tag{8.3.28}$$

与之对应，酉变换的权矢量 $\boldsymbol{w}(n)$ 也变为

$$\tilde{\boldsymbol{w}}(n)=\frac{1}{\beta}\boldsymbol{D}\boldsymbol{w}(n) \tag{8.3.29}$$

它就是我们需要更新估计的变换域自适应滤波器的权矢量。

原预测误差 $e(n)=d(n)-\boldsymbol{w}^{\mathrm{H}}(n)\boldsymbol{x}(n)$ 可改用变换后的输入数据矢量 $\boldsymbol{u}(n)$ 和滤波器权矢量 $\tilde{\boldsymbol{w}}(n)$ 表示，即

$$e(n)=d(n)-\tilde{\boldsymbol{w}}^{\mathrm{H}}(n)\boldsymbol{u}(n) \tag{8.3.30}$$

变换前，原数据矢量为 $\boldsymbol{x}(n)=[x(n)\quad x(n-1)\quad\cdots\quad x(n-M+1)]^{\mathrm{T}}$，各元素之间的相关性较强，而变换后的数据矢量为 $\boldsymbol{u}(n)=[u_1(n)\quad u_2(n)\quad\cdots\quad u_M(n)]^{\mathrm{T}}$，每个元素对应于 M 个信道中的一个输出。可以期望，变换后矢量具有比原信号更弱的相关性。换言之，通过酉变换，在变换域实现了某种程度的解相关。从滤波器的角度讲，原来的单信道 M 阶 FIR 横向滤波

器变成了等价的多信道滤波器，而原输入信号 $\boldsymbol{x}(n)$ 则等价于通过一个含有 M 个滤波器的滤波器组。

总结以上的分析，容易得到如下所示的变换域 LMS 算法。

(1) 给定一个酉变换矩阵 $\boldsymbol{D}$。

(2) 初始化：$\tilde{\boldsymbol{w}}(0)=0$。

(3) 对于 $n=0, 1, 2,\cdots$，计算：

$$\begin{cases}\boldsymbol{u}(n)=\boldsymbol{D}\boldsymbol{x}(n)\\ y(n)=\tilde{\boldsymbol{w}}^{\mathrm{H}}(n)\boldsymbol{u}(n)\\ e(n)=d(n)-y(n)\\ \tilde{\boldsymbol{w}}(n+1)=\tilde{\boldsymbol{w}}(n)+\mu\boldsymbol{u}(n)e(n)\end{cases} \tag{8.3.31}$$

特别地，若酉变换采用 DFT，则 $\boldsymbol{u}(n)$ 变成输入数据矢量 $\boldsymbol{x}(n)$ 的滑动傅里叶变换。这表明，被估计的权向量 $\tilde{\boldsymbol{w}}(n)$ 是时域滤波器 $\boldsymbol{w}(n)$ 的频率响应。因此，可以说，自适应发生在频域，即此时的滤波为频域自适应滤波。

8.4 最小二乘自适应滤波器

8.4.1 RLS 算法

据考证，RLS (recursive least squares) 方法是由高斯发现的，但一直被闲置或忽略，直到 1950 年 R. L. Plackett 重新发现了高斯于 1821 年的原始工作。

如第 6 章所述，LS 滤波器是令代价函数：

$$J_e=J_e(\boldsymbol{w})=\sum_{n=N_i}^{N_f}e^2(n) \tag{8.4.1}$$

为最小而设计的滤波器。由第 6 章可以看到，为了求 LS 滤波器的解，只需要输入数据矩阵和期望响应矢量，它是务实并可实现的。基于 LS 原理的自适应滤波器应该是 LMS 算法和最速下降法的折中，它不像 LMS 算法那样，只是用输入数据矢量和期望响应的瞬时值来调整滤波器权系数。由于 LMS 算法等价于仅令误差平方的瞬时值最小，由此得到的梯度估计是具有随机性的，其代价是收敛速度慢，且存在明显的失调现象。另外，LS 算法也不像最速下降法那样，用误差平方的集平均作为代价函数，并用输入数据的自相关矩阵和输入数据与期望响应的互相关矢量定义梯度，由此导致算法无法实际应用。当 LS 应用于自适应滤波时，可以固定起始时刻 N_i，并令代价函数的时间上限为当前时刻 n。在每个固定的时刻 n，等价于令从起始时刻 N_i 至当前时刻 n 的误差平方和最小来确定滤波器权系数，每增加一个输入数据和期望响应的新值，就产生一个新的误差项，并由此更新滤波器的权系数。可以预计，在平稳并且遍历的前提下，当 $n\to\infty$ 时，LS 滤波器的性能将趋于维纳最优滤波器。在 LS 滤波器中具有的平均作用等价于减少梯度估计的随机性，使 LS 算法性能好于 LMS 算法。

根据 LS 算法原理，一种相当直观的算法是，对每一个新时刻 n，将新得到的数据增加到数据矩阵中，然后解新的 LS 方程，得到该时刻的权系数矢量 $\boldsymbol{w}(n)$。显然，这种方法太耗费运算资源。为了满足实际应用的需求，我们应寻求与最速下降法和 LMS 算法类似的 LS 自适应滤波器的递推算法。这相当于已知 $n-1$ 时刻的系数矢量：

$$\boldsymbol{w}(n-1)=[w_1(n-1) \quad w_2(n-1) \quad \cdots \quad w_M(n-1)]^{\mathrm{T}} \tag{8.4.2}$$

在 n 时刻，递推更新 $\boldsymbol{w}(n)$，使之满足最小二乘解，这就是递推 LS 算法，这类算法统称为 RLS 算法。

与一般的最小二乘方法不同，这里考虑一种指数加权的最小二乘方法。顾名思义，在这种方法中，使用指数加权的误差平方和作为代价函数，即

$$\hat{J}(n)=\sum_{i=0}^{n}\lambda^{n-i}\alpha^2(i) \tag{8.4.3}$$

其中，加权因子 λ $(0<\lambda<1)$ 称作遗忘因子，其作用是对离时刻 n 越近的误差 $\alpha(i)$ 加越大的权重，而对离时刻 n 越远的误差 $\alpha(i)$ 加越小的权重。换句话说，λ 对各个时刻的误差具有一定的遗忘作用，故称为遗忘因子。从这个意义上讲，$\lambda=1$ 相当于对各时刻的误差“一视同仁”，即无任何遗忘功能，或具有无穷记忆功能。此时，指数加权的最小二乘方法退化为一般的最小二乘方法。反之，若 $\lambda=0$，则只有当前时刻的误差起作用，而过去时刻的误差完全被遗忘，不起任何作用。在非平稳环境中，为了跟踪信号的参数变化，这两个极端的遗忘因子值是不合适的。

设式(8.4.3)中的估计误差为

$$\alpha(i)=d(i)-\boldsymbol{w}^{\mathrm{T}}(n)\boldsymbol{x}(i) \tag{8.4.4}$$

其中，$d(i)$ 代表 i 时刻的期望响应。注意，式(8.4.4)中的滤波器权系数为 n 时刻的矢量 $\boldsymbol{w}(n)$ 而不是 i 时刻的权矢量 $\boldsymbol{w}(i)$。如果总是用 i 时刻的权系数 $\boldsymbol{w}(i)$ 计算 i 时刻的误差，则可得另一种误差：

$$\beta(i)=d(i)-\boldsymbol{w}^{\mathrm{T}}(i)\boldsymbol{x}(i) \tag{8.4.5}$$

在自适应更新过程中，滤波器总是越来越好，这意味着，对于任何时刻 $i\leqslant n$ 而言，$|\alpha(i)|\leqslant|\beta(i)|$。显然，对于任意时刻 n，$\tilde{J}(n)\geqslant\hat{J}(n)$ 成立，其中，$\tilde{J}(n)$ 为用 $\beta(i)$ $(i=0,1,\cdots,n)$ 构造的代价函数。因此，代价函数 $\hat{J}(n)$ 比 $\tilde{J}(n)$ 更合理。把式(8.4.4)代入式(8.4.3)，得

$$\hat{J}(n)=\sum_{i=0}^{n}\lambda^{n-i}[d(i)-\boldsymbol{w}^{\mathrm{T}}(n)\boldsymbol{x}(i)]^2 \tag{8.4.6}$$

它是 $\boldsymbol{w}(n)$ 的函数，令 $\dfrac{\partial\hat{J}(n)}{\partial\boldsymbol{w}(n)}=0$，得

$$\hat{\boldsymbol{R}}_x(n)\boldsymbol{w}(n)=\hat{\boldsymbol{r}}_{xd}(n) \tag{8.4.7}$$

其解为

$$\boldsymbol{w}(n)=\hat{\boldsymbol{R}}_x^{-1}(n)\hat{\boldsymbol{r}}_{xd}(n) \tag{8.4.8}$$

其中

$$\hat{\boldsymbol{R}}_x(n)=\sum_{i=0}^{n}\lambda^{n-i}\boldsymbol{x}(n)\boldsymbol{x}^{\mathrm{T}}(n) \tag{8.4.9}$$

$$\hat{\boldsymbol{r}}_{xd}(n)=\sum_{i=0}^{n}\lambda^{n-i}\boldsymbol{x}(n)d(n) \tag{8.4.10}$$

式(8.4.8)表明，指数加权最小二乘问题的解类似于维纳滤波器的解。以下推导它们的自适应更新公式。

根据定义式(8.4.9)和式(8.4.10)，容易推出下列递推公式：

$$\hat{\boldsymbol{R}}_x(n)=\lambda\hat{\boldsymbol{R}}_x(n-1)+\boldsymbol{x}(n)\boldsymbol{x}^{\mathrm{T}}(n) \tag{8.4.11}$$

$$\hat{\boldsymbol{r}}_{xd}(n)=\lambda\hat{\boldsymbol{r}}_{xd}(n-1)+\boldsymbol{x}(n)d(n) \tag{8.4.12}$$

为了把矩阵 $\hat{\boldsymbol{R}}_x(n)$ 的更新公式转换为其逆矩阵的更新公式，需利用下列矩阵求逆引理(Sherman-Morrison 公式)：

$$(\boldsymbol{A}+\boldsymbol{b}\boldsymbol{c}^{\mathrm{T}})^{-1}=\boldsymbol{A}^{-1}-\frac{\boldsymbol{A}^{-1}\boldsymbol{b}\boldsymbol{c}^{\mathrm{T}}\boldsymbol{A}^{-1}}{1+\boldsymbol{c}^{\mathrm{T}}\boldsymbol{A}^{-1}\boldsymbol{b}} \tag{8.4.13}$$

其中，$\boldsymbol{A}$ 为 $M\times M$ 的矩阵；$\boldsymbol{b}$、$\boldsymbol{c}$ 为 $M\times 1$ 的向量，并设 $\boldsymbol{A}+\boldsymbol{b}\boldsymbol{c}^{\mathrm{T}}$ 可逆。

将式(8.4.11)代入 Sherman - Morrison 公式，并令 $\boldsymbol{P}(n)=\hat{\boldsymbol{R}}_x^{-1}(n)$，得

$$\begin{aligned}\boldsymbol{P}(n)&=[\lambda\hat{\boldsymbol{R}}_x(n-1)+\boldsymbol{x}(n)\boldsymbol{x}^{\mathrm{T}}(n)]^{-1}\\&=\frac{1}{\lambda}\left[\boldsymbol{P}(n-1)-\frac{\boldsymbol{P}(n-1)\boldsymbol{x}(n)\boldsymbol{x}^{\mathrm{T}}(n)\boldsymbol{P}(n-1)}{\lambda+\boldsymbol{x}^{\mathrm{T}}(n)\boldsymbol{P}(n-1)\boldsymbol{x}(n)}\right]\\&=\frac{1}{\lambda}[\boldsymbol{P}(n-1)-\boldsymbol{g}(n)\boldsymbol{x}^{\mathrm{T}}(n)\boldsymbol{P}(n-1)]\end{aligned} \tag{8.4.14}$$

其中，$\boldsymbol{g}(n)$ 称为增益向量，定义为

$$\boldsymbol{g}(n)=\frac{\boldsymbol{P}(n-1)\boldsymbol{x}(n)}{\lambda+\boldsymbol{x}^{\mathrm{T}}(n)\boldsymbol{P}(n-1)\boldsymbol{x}(n)} \tag{8.4.15}$$

式(8.4.14)最后一个等式两边同时右乘矢量 $\boldsymbol{x}(n)$，得

$$\boldsymbol{P}(n)\boldsymbol{x}(n)=\frac{1}{\lambda}[\boldsymbol{P}(n-1)\boldsymbol{x}(n)-\boldsymbol{g}(n)\boldsymbol{x}^{\mathrm{T}}(n)\boldsymbol{P}(n-1)\boldsymbol{x}(n)] \tag{8.4.16}$$

由式(8.4.15)，可得

$$\boldsymbol{P}(n-1)\boldsymbol{x}(n)=\boldsymbol{g}(n)[\lambda+\boldsymbol{x}^{\mathrm{T}}(n)\boldsymbol{P}(n-1)\boldsymbol{x}(n)] \tag{8.4.17}$$

将式(8.4.17)代入式(8.4.16)，得

$$\begin{aligned}\boldsymbol{P}(n)\boldsymbol{x}(n)&=\frac{1}{\lambda}\{\boldsymbol{g}(n)[\lambda+\boldsymbol{x}^{\mathrm{T}}(n)\boldsymbol{P}(n-1)\boldsymbol{x}(n)]-\boldsymbol{g}(n)\boldsymbol{x}^{\mathrm{T}}(n)\boldsymbol{P}(n-1)\boldsymbol{x}(n)\}\\&=\boldsymbol{g}(n)\end{aligned} \tag{8.4.18}$$

因此，增益向量满足下列方程：

$$\hat{\boldsymbol{R}}_x(n)\boldsymbol{g}(n)=\boldsymbol{x}(n) \tag{8.4.19}$$

下面推导滤波器系数矢量的更新公式。将式(8.4.12)代入式(8.4.7)，得

$$\hat{\boldsymbol{R}}_x(n)\boldsymbol{w}(n)=\hat{\boldsymbol{r}}_{xd}(n)=\lambda\hat{\boldsymbol{r}}_{xd}(n-1)+\boldsymbol{x}(n)d(n) \tag{8.4.20}$$

由式(8.4.7)和式(8.4.11)，分别得

$$\hat{\boldsymbol{r}}_{xd}(n-1)=\hat{\boldsymbol{R}}_x(n-1)\boldsymbol{w}(n-1) \tag{8.4.21}$$

$$\hat{\boldsymbol{R}}_x(n-1)=\frac{1}{\lambda}[\hat{\boldsymbol{R}}_x(n)-\boldsymbol{x}(n)\boldsymbol{x}^{\mathrm{T}}(n)] \tag{8.4.22}$$

将式(8.4.21)和式(8.4.22)依次代入式(8.4.20)，得

$$\begin{aligned}\hat{\boldsymbol{R}}_x(n)\boldsymbol{w}(n)&=\lambda\hat{\boldsymbol{R}}_x(n-1)\boldsymbol{w}(n-1)+\boldsymbol{x}(n)d(n)\\&=\lambda\frac{1}{\lambda}[\hat{\boldsymbol{R}}_x(n)-\boldsymbol{x}(n)\boldsymbol{x}^{\mathrm{T}}(n)]\boldsymbol{w}(n-1)+\boldsymbol{x}(n)d(n)\\&=\hat{\boldsymbol{R}}_x(n)\boldsymbol{w}(n-1)+\boldsymbol{x}(n)[d(n)-\boldsymbol{x}^{\mathrm{T}}(n)\boldsymbol{w}(n-1)]\end{aligned} \tag{8.4.23}$$

令

$$e(n)=d(n)-\boldsymbol{x}^{\mathrm{T}}(n)\boldsymbol{w}(n-1)=d(n)-\boldsymbol{w}^{\mathrm{T}}(n-1)\boldsymbol{x}(n) \tag{8.4.24}$$

即为先验估计误差。将式(8.4.24)代入式(8.4.23)最后一个等式，然后两边同时左乘矩阵 $\boldsymbol{P}(n)$（即 $\hat{\boldsymbol{R}}_x^{-1}(n)$），得

$$\boldsymbol{w}(n)=\boldsymbol{w}(n-1)+\boldsymbol{P}(n)\boldsymbol{x}(n)e(n) \tag{8.4.25}$$

将式(8.4.18)代入式(8.4.25)，则可推导出滤波器系数矢量的更新公式：

$$\boldsymbol{w}(n)=\boldsymbol{w}(n-1)+\boldsymbol{g}(n)e(n) \tag{8.4.26}$$

综上所述，可以得到如下所示的 RLS 算法。

步骤 1：初始化 $\boldsymbol{w}(0)=0, \boldsymbol{P}(0)=\delta^{-1}\boldsymbol{I}$，其中，$\delta$ 是一个很小的值。

步骤 2：对于 $n=1, 2, 3, \cdots$，计算以下各步。

(1) “滤波后的信息矢量”：$\boldsymbol{z}(n)=\boldsymbol{P}(n-1)\boldsymbol{x}(n)$。

(2) 增益矢量：$\boldsymbol{g}(n)=\dfrac{\boldsymbol{z}(n)}{\lambda+\boldsymbol{x}^{\mathrm{T}}(n)\boldsymbol{z}(n)}$。

(3) 先验估计误差：$e(n)=d(n)-\boldsymbol{w}^{\mathrm{T}}(n-1)\boldsymbol{x}(n)$。

(4) 权系数矢量：$\boldsymbol{w}(n)=\boldsymbol{w}(n-1)+\boldsymbol{g}(n)e(n)$。

(5) 逆自相关矩阵：$\boldsymbol{P}(n)=\dfrac{1}{\lambda}[\boldsymbol{P}(n-1)-\boldsymbol{g}(n)\boldsymbol{z}^{\mathrm{T}}(n)]$。

(6) 滤波器输出：$y(n)=\boldsymbol{w}^{\mathrm{T}}(n)\boldsymbol{x}(n)$。

(7) 后验估计误差(并不是必要的)：$\varepsilon(n)=d(n)-\boldsymbol{w}^{\mathrm{T}}(n)\boldsymbol{x}(n)$。

在该算法中，利用先验估计误差更新权系数，因而称为先验 LS 自适应滤波。应用 RLS 算法需要设定初始值 $\boldsymbol{P}(0)=\hat{\boldsymbol{R}}_x^{-1}(0)$。我们可以用一个很小的单位矩阵来近似自相关矩阵的初值，即 $\hat{\boldsymbol{R}}_x(0)=\delta\boldsymbol{I}, \boldsymbol{P}(0)=\delta^{-1}\boldsymbol{I}$。$\delta$ 的值越小，自相关矩阵初值 $\hat{\boldsymbol{R}}_x(0)$ 在 $\hat{\boldsymbol{R}}_x(n)$ 的计算中所占的比例越小，这是我们所希望的；反之，$\hat{\boldsymbol{R}}_x(0)$ 的作用就会凸显出来，这是应该避免的。δ 的典型取值为 $\delta=0.01$ 或更小。一般情况下，取 $\delta=0.01$ 与 $\delta=0.0001$ 时，RLS 算法给出的结果并没有明显的区别，但是取 $\delta=1$ 将严重影响 RLS 算法的收敛速度及收敛结果，这一点是在应用 RLS 算法时必须注意的。

此外，RLS 算法和 LMS 算法计算量不同。LMS 算法的运算复杂程度为 $O(M)$，而 RLS 算法的运算复杂程度为 $O(M^2)$。具体来说，计算 $\boldsymbol{z}(n)$ 约需要 M^2 次乘加运算，计算增益矢量 $\boldsymbol{g}(n)$ 需要 $2M$ 次乘加，先验误差需 M 次乘加，更新自相关逆矩阵 $\boldsymbol{P}(n)$ 约需 $2M^2$ 次乘加，

对于每个采样点，总的运算量是$3M^2+3M$。计算量的增加换来的是性能的提高，RLS 算法明显比 LMS 算法收敛得快。

8.4.2 RLS 算法的收敛性分析

对 RLS 算法进行完备的收敛性分析是困难、复杂的。许多教材，如文献(Haykin, 1998；Manolakis et al., 2003；张贤达, 2002)，在假设输入信号与期望响应联合平稳、输入信号矢量与滤波器权系数统计独立等条件下，对先验 RLS 算法进行了收敛性分析。其主要结论包括以下几方面。

(1) 当$\lambda=1$时，若$n>M$，则权系数在集平均意义下收敛(无偏估计)，即

$$E[\boldsymbol{w}(n)]=\boldsymbol{w}_{\text{opt}},\quad n>M \tag{8.4.27}$$

其中，$\boldsymbol{w}_{\text{opt}}$为维纳最优解。

此外，用先验估计误差定义的 RLS 算法的学习曲线为

$$J(n)=E[e^2(n)]=J_{\min}+\tilde{J}_{\text{ex}}(n) \tag{8.4.28}$$

这里，可证明超量均方误差满足：

$$J_{\text{ex}}(n)=\frac{M}{n-M-1}\sigma_o^2,\quad n>M \tag{8.4.29}$$

其中，σ_o^2为维纳滤波器的均方误差，即$\sigma_o^2=E[e_{\text{opt}}^2(n)]=J_{\min}$。显然，当$n\to\infty$时，$J_{\text{ex}}(n)$趋于零。

(2) 当$0<\lambda<1$时，可证明权系数在集平均意义下渐近收敛于维纳最优解，为渐近无偏估计。在这种条件下，还可证明稳态超量均方误差近似于一个常数，即

$$J_{\text{ex}}(\infty)\simeq\frac{1-\lambda}{1+\lambda}M\sigma_o^2 \tag{8.4.30}$$

因而，当遗忘因子趋近于 1 时，稳态超量均方误差将趋近于零。

例 8.4.1 用 RLS 算法对例 8.3.1 的 AR(2)过程进行自适应线性预测。

解： 我们用程序 8_4_1 实现该 RLS 自适应预测器，为了便于与 LMS 算法的结果进行比较，仿真实验的参数值也取自表 8.3.1。在 RLS 算法中，$\boldsymbol{P}(n)$必须满足共轭对称性和正定性，否则可能出现不稳定的情形。考虑到数值计算过程中的有限字长问题，可采用仅计算$\boldsymbol{P}(n)$的上（下）三角部分的方法或按$\boldsymbol{P}(n)\leftarrow[\boldsymbol{P}(n)+\boldsymbol{P}^{\text{H}}(n)]/2$更新该矩阵的方法。程序 8_4_1 采用了后者。图 8.4.1 为当 AR 模型参数取第一组值，$\lambda=0.98$, $\delta=0.001$时的单次实验结果。

程序 8_4_1 RLS 自适应预测器。

```
% 程序 8_4_1  RLS 自适应预测器
clc, clear;
% Setting parameters
Lambda=0.98;
Derta=0.001;
N=50;
```

```
A=[1  -0.1950  0.95];
Var=0.0965;

% Generating a signal
v=sqrt(Var)*randn(1,N);
x=filter(1,A,v);

% RLS adaptive filter for M=2

% Initialization
w=zeros(2,N);
e=zeros(1,N);
z=zeros(2,1);
g=zeros(2,1);
xn=zeros(2,1);
P=eye(2,2)/Derta;

% n=1
xn=[0;0];   % xn(1)=[x(0); x(-1)]
e(1)=x(1);
w(:,1)=[0;0];
P=(1/Lambda)*P;

% n=2
n=2;
xn=[x(n-1); 0];  % xn(2)=[x(1); x(0)]
z=P*xn;
g=z/(Lambda + xn'*z);
e(n)=x(n)-w(:,n-1)'*xn;
w(:,n)=w(:,n-1) + e(n)*g;
P=(1/Lambda)*(P - g*z');


% Steady-state
for n=3 : N
    xn=[x(n-1); x(n-2)];
    z=P*xn;
    g=z/(Lambda + xn'*z);
    e(n)=x(n)-w(:,n-1)' * xn;
    w(:, n)=w(:,n-1) + e(n)*g;
    P=(1/Lambda) * (P-g*z');
    P=(P + P')/2;
end

t=1 : N;
```

```
subplot(211); plot(t,w(1,:),'b+-',t, w(2,:),'rx-');
legend('w_1(n)','w_2(n)'); axis tight; grid on;
ylabel('Coefficients'); xlabel('Time n');
J=e.*e;
subplot(212); plot(t,J,'bx-');
axis tight; grid on;
ylabel('Square Error e^2(n)'); xlabel('Time n');
```

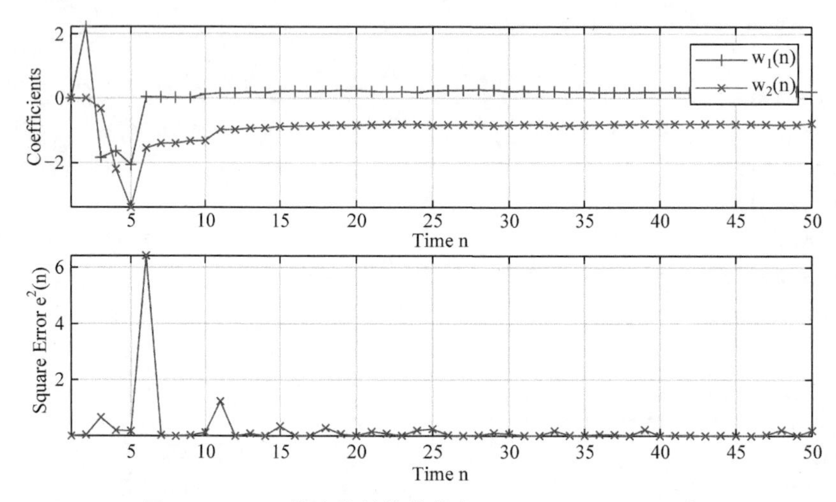

图 8.4.1　RLS 算法的性能曲线（$\chi(\boldsymbol{R}_x)=1.22,\ \lambda=0.98$）

为了分析 RLS 算法的收敛情况，对每一组参数，分别取两个不同的遗忘因子，并进行 1000 次重复实验，在图 8.4.2 和图 8.4.3 中分别给出了均方误差的平均学习曲线。分析这些实验结果，我们可以得出如下结论。

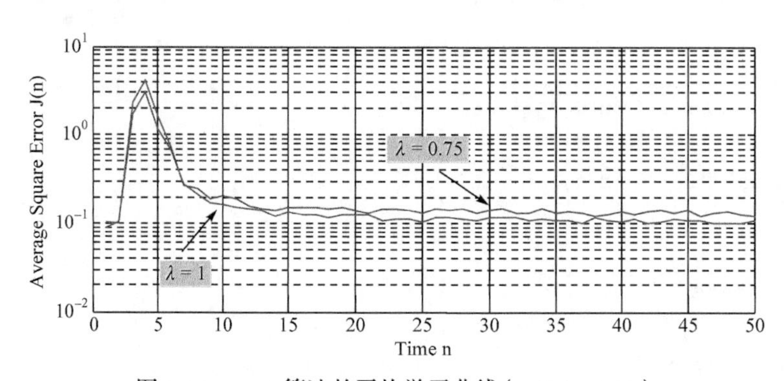

图 8.4.2　RLS 算法的平均学习曲线（$\chi(\boldsymbol{R}_x)=1.22$）

(1) RLS 算法的收敛速度明显比 LMS 算法快，以上述实验数据为例，前者用十几步就可以收敛，而后者要用几十乃至几百步才能收敛。

(2) RLS 算法的收敛性能几乎独立于输入数据自相关矩阵的特征值分布。

(3) 对于 $\lambda=1$，当 RLS 算法收敛后，不存在超量均方误差，随 n 的增大，线性预测的均方误差收敛于用来驱动 AR 模型的白噪声信号 $v(n)$ 的方差 σ_v^2；而对于 $0<\lambda<1$，RLS 算法也存在超量均方误差。

为了使 RLS 自适应滤波器对非平稳信号具有快速跟踪能力，应取$0<\lambda<1$，然而也会由此引入超量均方误差。

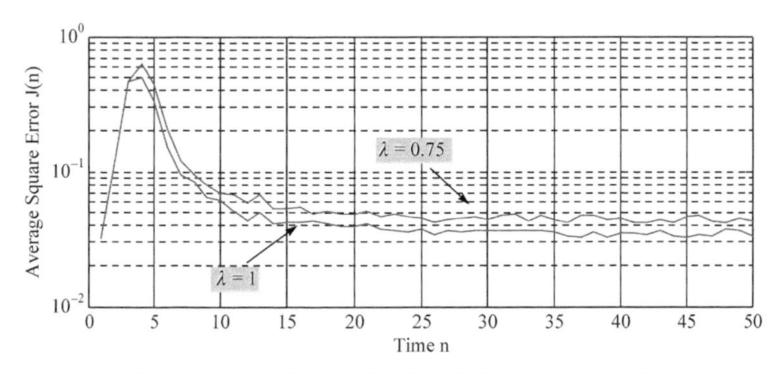

图 8.4.3　RLS 算法的平均学习曲线（$\chi(\boldsymbol{R}_x)=9.99$）

8.5 应 用 举 例

自适应滤波器在通信、控制、雷达、声呐，以及生物医学信号处理等诸多学科领域都有着广泛的应用，正是这些应用推动了自适应滤波理论和技术的发展。

作为应用举例，本节讨论自适应干扰对消和自适应信道均衡的原理以及仿真实验，使读者对自适应滤波器有更进一步的认识。

8.5.1 自适应干扰对消

自适应噪声对消原理框图如图 8.5.1 所示（Widrow and Stearns, 2008）。信号沿信道传输到接收该信号的传感器，除收到信号外，传感器还收到一个不相关的噪声 $v_0(n)$。信号 $s(n)$ 与噪声 $v_0(n)$ 的和 $s(n)+v_0(n)$ 构成对消器的“原始输入”。第二个传感器用来接收与信号不相关的但以某种未知的方式与噪声 $v_0(n)$ 相关的噪声 $v_1(n)$，这个传感器给对消器提供“参考输入”。将噪声 $v_1(n)$ 加以过滤，使其产生近似为 $v_0(n)$ 的复制输出 $y(n)$。将该输出从原始输入 $s(n)+v_0(n)$ 中减去，就产生了系统的输出 $s(n)+v_0(n)-y(n)$。

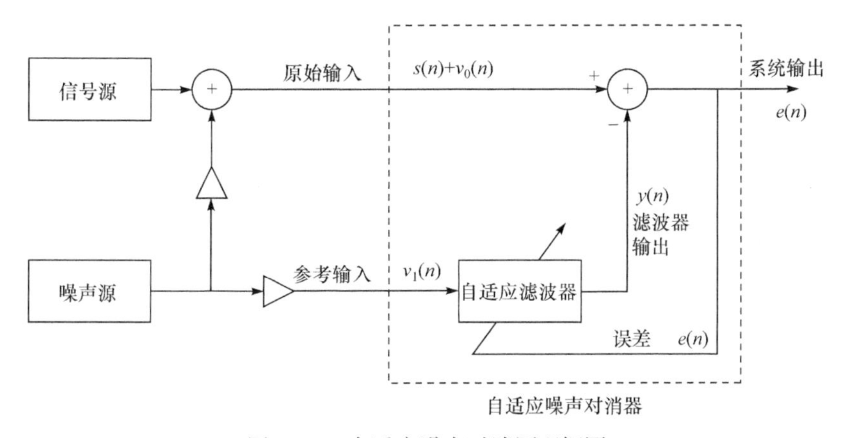

图 8.5.1　自适应噪声对消原理框图

若知道噪声传输到原始支路传感器和参考支路传感器的传输特性，则一般而言，就可以设计能够将 $v_1(n)$ 变成 $y(n)=v_0(n)$ 的固定滤波器。然后，从原始输入中减去滤波器的输出，则系统输出就应当只有信号。然而，由于假定了传输通道是未知的，只是近似地知道，且没有固定不变的性质，使用固定参数滤波器就不可行了。进而，即便可用固定的滤波器，也必须将其特性调节到难以到达的精度，否则，哪怕是轻微的误差，也会导致相减后输出噪声功率的增加。

在图 8.5.1 的系统中，采用一个自适应滤波器来处理参考输入信号。该自适应滤波器通过一种自适应滤波算法，如 LMS 算法，自动地调节自身的系统参数。所以，采用恰当的算法，滤波器可以在传输通道变化的条件下进行工作，并可以不断地调节自身，使误差信号最小。

在自适应过程中所使用的误差信号，取决于具体的应用系统。在噪声对消系统中，实际目标是在最小均方意义下，产生对信号 $s(n)$ 的最佳拟合的输出信号 $s(n)+v_0(n)-y(n)$。将系统输出反馈回自适应滤波器，并由一种自适应算法调节此滤波器，使系统输出的总功率达到极小，即可实现这一目标。换言之，在自适应噪声对消系统中，系统的输出用作自适应过程的误差信号。

或许有人以为，在设计这种滤波器之前，或者在其能自适应调整以产生对消信号 $y(n)$ 之前，信号 $s(n)$ 和 $v_0(n)$ 及 $v_1(n)$ 的一些先验知识应当是必需的。然而，简单的推证可以证明，在这里只要求极少或者根本不要求关于 $s(n)$、$v_0(n)$ 和 $v_1(n)$ 或者关于它们之间统计特性的先验知识。

假定 $s(n)$、$v_0(n)$、$v_1(n)$ 和 $y(n)$ 都是平稳的，并具有零均值。假定 $s(n)$ 与 $v_0(n)$ 和 $v_1(n)$ 均不相关，但是，假定 $v_0(n)$ 和 $v_1(n)$ 相关。由图 8.5.1 可知，系统输出为

$$e(n)=s(n)+v_0(n)-y(n) \tag{8.5.1}$$

平方后得到

$$e^2(n)=s^2(n)+(v_0(n)-y(n))^2+2s(n)(v_0(n)-y(n)) \tag{8.5.2}$$

将式(8.5.2)两边取期望值，并考虑到 $s(n)$ 与 $v_0(n)$ 和 $v_1(n)$ 不相关，得到

$$\begin{aligned}E[e^2(n)]&=E[s^2(n)]+E[(v_0(n)-y(n))^2]+2E[s(n)(v_0(n)-y(n))]\\&=E[s^2(n)]+E[(v_0(n)-y(n))^2]\end{aligned} \tag{8.5.3}$$

当调节滤波器使 $E[e^2(n)]$ 最小时，信号功率 $E[s^2(n)]$ 将不受影响，因而，最小输出功率为

$$J_{\min}=E[e^2(n)]_{\min}=E[s^2(n)]+E[(v_0(n)-y(n))^2]_{\min} \tag{8.5.4}$$

当调节滤波器使 $E[e^2(n)]$ 最小时，$E[(v_0(n)-y(n))^2]$ 也达到最小。所以，滤波器的输出 $y(n)$ 即为原始噪声的最佳均方估计。进而，当 $E[(v_0(n)-y(n))^2]$ 最小时，也使 $E[(e(n)-s(n))^2]$ 达到最小，因为由式(8.5.1)，有

$$e(n)-s(n)=v_0(n)-y(n) \tag{8.5.5}$$

调节或修正滤波器，使系统输出的总功率达到最小，等同于对于给定的自适应滤波器结构和参考输入而言，$e(n)$ 为信号 $s(n)$ 的最小均方估计。

一般而言，输出 $e(n)$ 将包含信号和一些噪声。由式(8.5.1)可知，输出噪声由 $v_0(n)-y(n)$

给出。因为，使 $E[e^2(n)]$最小，也使 $E[(v_0(n)-y(n))^2]$达到最小，而使输出总功率最小，就是使输出噪声功率最小。并且，由于输出中的信号维持不变，故输出总功率最小，将使输出信噪比达到最大。

从式(8.5.3)可以看出，可能的最小输出功率为 $J_{\min}=E[e^2(n)]_{\min}=E[s^2(n)]$。在达到此值时，$E[(v_0(n)-y(n))^2]=0$。所以 $y(n)=v_0(n)$，且 $e(n)=s(n)$。在这种情况下，使输出功率达到最小，将使输出信号成为完全无噪声的信号。

另外，当参考输入与原始输入完全不相关时，滤波器将“自行关闭”，因而并不增加输出噪声。在这种情况下，滤波器的输出 $y(n)$将与原始输入不相关，系统输出信号的功率将为

$$
\begin{aligned}
E[e^2(n)]&=E[\{(s(n)+v_0(n))-y(n)\}^2]\\
&=E[(s(n)+v_0(n))^2]+2E[-y(n)(s(n)+v_0(n))]+E[y^2(n)]\\
&=E[(s(n)+v_0(n))^2]+E[y^2(n)]
\end{aligned}
\tag{8.5.6}
$$

为了使输出信号的功率最小，要求 $E[y^2(n)]$最小，这由令所有权系数为零来完成，结果使 $E[y^2(n)]$为零。

例 8.5.1　用 NLMS 算法实现语音信号的自适应噪声对消。

解：图 8.5.2 为语音信号自适应噪声对消仿真实验的原理框图，其中，$H_0(z)$、$H_1(z)$分别为白噪声传输到原始输入传感器和参考输入传感器的传递函数，在实际应用中这两个传递函数是未知的（也没有必要知道），在本实验中分别令

$$H_0(z)=\frac{2(1-0.7z^{-1})(1+0.6z^{-1})}{1-0.8z^{-1}}=\frac{2-0.2z^{-1}-0.84z^{-2}}{1-0.8z^{-1}}$$

$$H_1(z)=\frac{1-0.5z^{-1}}{1-0.9z^{-1}}$$

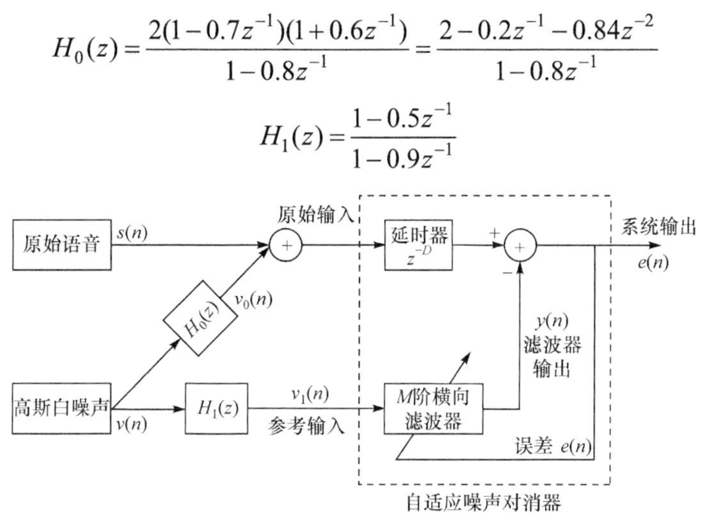

图 8.5.2　语音信号自适应噪声对消仿真实验的原理框图

考虑到横向滤波器为因果系统，输入与输出信号之间有时延，为了用 $y(n)$很好地对消噪声 $v_0(n)$，对原始输入信号引入 D 个采样点的延时。典型地，让延时量 D 等于滤波器阶数 M 的一半，将产生最低的最小输出噪声功率（Widrow and Stearns, 2008）。为此，在本实验中，令 $D=M/2$。

用程序 8_5_1 实现该自适应噪声对消仿真实验。在程序中，采用式(8.3.21)进行 NLMS 权系数更新，并用式(8.3.22)计算数据矢量的瞬时功率。采用 NLMS 算法的优点在于容易选

取合适的步长，程序中设 $\tilde{\mu}=0.01$， $\alpha=0.0001M$ 。

图 8.5.3 和图 8.5.4 分别为当 M=20、40 时，程序 8_5_1 读入本书所附电子资源的波形文件 sentence1.wav 后的运行结果。图中上半部分为经过噪声对消后的语音波形图，下半部分为自适应滤波前后的短时噪声功率。从程序可看出，计算短时噪声功率时，每一帧的长度取 20ms，当采样频率为 16kHz 时，帧长为 320 点，此外，相邻帧之间没有重复的数据点。为了主观听辨噪声对消的效果，程序 8_5_1 还产生了叠加噪声后的语音波形文件 sentance_noise.wav（对应于图 8.5.2 中的原始输入 $s(n)+v_0(n)$），以及噪声对消后的语音波形文件 sentance_filtered.wav（对应于图 8.5.2 中的误差信号 $e(n)$）。

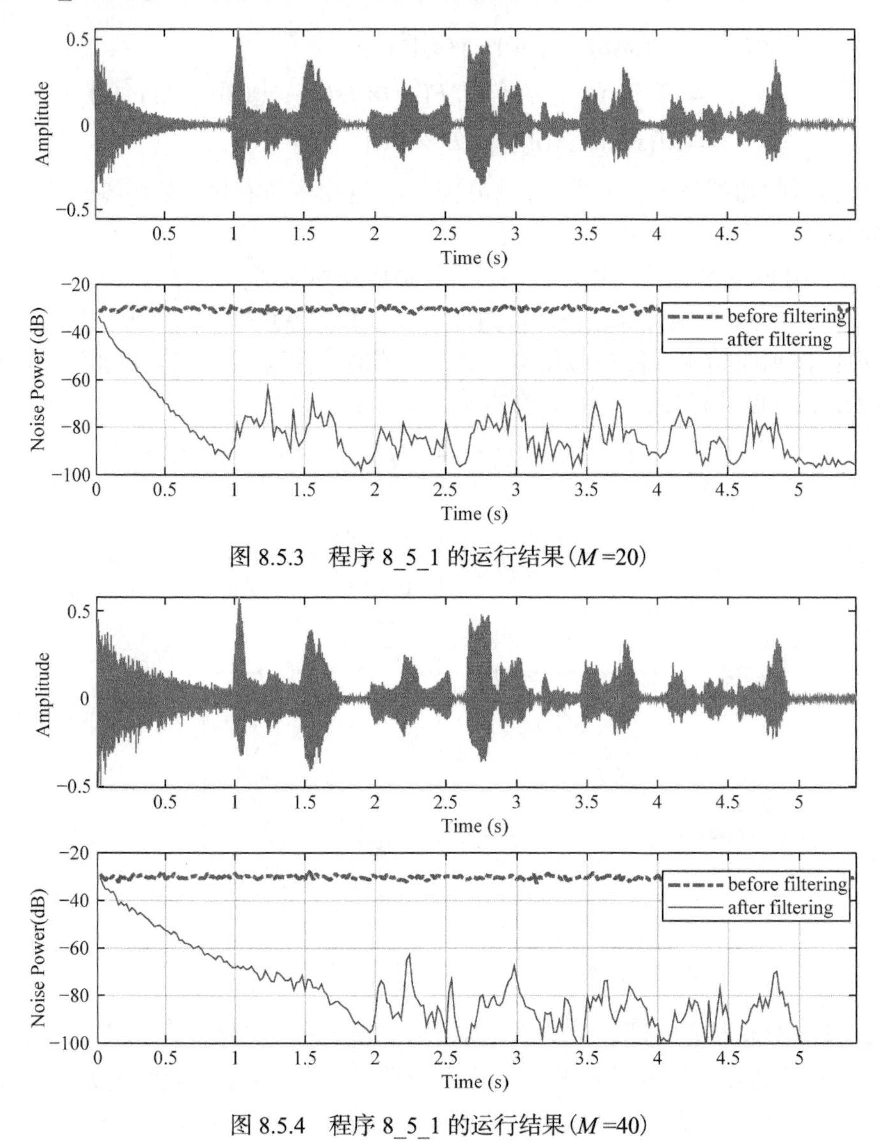

图 8.5.3　程序 8_5_1 的运行结果（M =20）

图 8.5.4　程序 8_5_1 的运行结果（M =40）

程序 8_5_1　用 NLMS 算法实现语音信号的自适应噪声对消。

```
% 程序 8_5_1  用 NLMS 算法实现语音信号的自适应噪声对消
clc, clear;
```

```
% read speech waveform from a file
[s, fs]=audioread('wave\sentence1.wav');

% setting parameters
N=length(s);
M=20;
D=M/2;
Mu=0.01;
Arf=0.0001*M;
B0=[2 -0.2 -0.84]; A0=[1 -0.8];
B1=[1 -0.5]; A1=[1 -0.9];
Var=0.005;

% generating signals
v=sqrt(Var)*randn(N,1);
v0=filter(B0,A0,v);
v1=filter(B1,A1,v);
x=s+v0;
x=[zeros(D,1); x(1:N-D)];
x_w=x(D+1:N);
x_w_max=max(abs(x_w));
x_w=x_w/x_w_max*0.95;
audiowrite( 'sentance_noise.wav',x_w,fs);

% initialization
y=zeros(N,1);
w=zeros(M,1);
e=zeros(N,1);
Pxn=0;

% NLMS adaptive filter
for n=1:M
    dv=[v1(n:-1:1); zeros(M-n,1)];
    y(n)=w'*dv;
    e(n)=x(n)-y(n);
    Pxn=Pxn+v1(n)*v1(n);
    w=w+Mu/(Arf+Pxn)*e(n)*dv;
end
for n=M+1:N
    dv=v1(n:-1:n-M+1);
    y(n)=w'*dv;
    e(n)=x(n)-y(n);
    Pxn=Pxn + v1(n)*v1(n)-v1(n-M)*v1(n-M) ;
    w=w + Mu/(Arf + Pxn)*e(n)*dv;
end
```

```
e_w=e(D+1:N);
e_w_max=max(abs(e_w));
e_w=e_w/e_w_max*0.95;
audiowrite('sentance_filtered.wav',e_w,fs);

% compute short-time noise power for input signal and output signal
L=20*fs/1000;
K=fix(N/L);
Jin=zeros(K,1);
Jout=zeros(K,1);
res=e-[zeros(D,1); s(1:N-D)];
for k=1:K
    Jin(k)=v0((k-1)*L+1:k*L)'*v0((k-1)*L+1:k*L)/L;
    Jout(k)=res((k-1)*L+1:k*L)'*res((k-1)*L+1:k*L)/L;
end
k=(1:K)*L/fs;
Jin=20*log10(Jin);
Jout=20*log10(Jout);

% plot
t=(1:N)/fs;
subplot(211); plot(t,e);
axis tight;
ylabel('Amplitude'); xlabel('Time (s)');
subplot(212); plot(k, Jin, 'r-.', k, Jout, 'b-', 'LineWidth', 2);
legend('before filtering', 'after filtering'); axis tight;
grid on; xlim([0 N/fs]); ylim([-100 -20])
ylabel('Noise Power (dB)'); xlabel('Time (s'));
```

比较图 8.5.3 和图 8.5.4 可看出，当横向滤波器的阶数 M 由 20 增加到 40 后，NLMS 算法的收敛时间由 1s（迭代 16000 次）左右增大到 2s 左右。噪声对消前，语音波形中所包含的噪声短时功率基本恒定为–30dB 左右，由于所引入的噪声具有平稳性，因而理论上该噪声的短时功率应不随时间而改变。噪声对消后，输出 $e(n)$ 中除包含语音信号外还包含一些残余噪声。当 M=20 时，自适应滤波器收敛后，残余噪声的短时功率在大多数时段内都下降到了–70dB 以下，而当 M=40 时，在大多数时段内都下降到了–80dB 以下。也就是说，自适应噪声对消器收敛后，在大多数时段内信号的信噪比分别提高了 40dB 和 50dB。

通过重复播放该程序所产生的语音波形，进行主观听辨，结果表明：①噪声对消前，在语音信号中叠加了很强的噪声，几乎听不清楚语音的内容；②噪声对消后，除在起始段还有很强的噪声外，其他语音段的噪声对消效果明显，可以清晰地听清楚语音的内容；③就收敛后的语音段而言，当 M=20 时还可以听到较明显的噪声干扰，而当 M=40 时几乎听不到噪声干扰。

8.5.2　自适应信道均衡器

本节首先介绍数字通信系统的基本原理，然后简要介绍自适应信道均衡方法，最后给出一个信道均衡的仿真实验。

在数字通信系统中，通常采用两种波形（如 $s_1(t)=s(t)$，$s_2(t)=-s(t)$），传送二进制序列。如果数据位为 1，则将信号波形 $s(t)$（它在 $0\leqslant t\leqslant T$ 区间不为零）传送到接收机，如果数据位为 0，则传送信号波形 $-s(t)$（$0\leqslant t\leqslant T$），时间间隔 T 决定二进制序列在信道上传输的码率，即 $R=1/T$(bit/s)。最典型的方法是采用矩形脉冲为信号波形 $s(t)$，即 $s(t)=A,\ 0\leqslant t\leqslant T$。设 $a(n)$ 是要在信道中传输的二进制数字序列，则该序列将输入到一个矩形脉冲产生器，若 $a(n)=1$，则产生一个幅度为 A 的矩形脉冲；若 $a(n)=0$，则产生幅度为 $-A$ 的矩形脉冲。设 $d(n)$ 为矩形脉冲的采样值，则

$$d(n)=\begin{cases}A, & a(n)=1\\ -A, & a(n)=0\end{cases} \tag{8.5.7}$$

为了用模拟信道（如无线信道）有效传输脉冲序列，通常还要采用调制-解调技术。对于这类系统，经矩形脉冲调制（以调幅为例）的载波信号，通过信道传送到接收机。接收机对载波信号进行解调，并对接收到的信号进行采样（采样周期取 T，并与发射端同步），获得离散时间序列 $x(n)$。此外，对于失真和干扰都相对较小的模拟信道（如电话线），可采用直接传输矩形脉冲的方法。对于这类系统，直接对接收到的信号进行采样，也可获得一个离散时间序列 $x(n)$。理想的情况是 $x(n)$ 等于 $d(n)$，但在实际系统中几乎不可能实现。首先是因为信道总是非理想的，它会带来失真，通常的失真是由于信道的非线性相位和非理想的幅度响应导致的信道色散（dispersion），它使脉冲波形失真，因此使相邻的脉冲间互相干扰，即所谓的码间干扰效应；其次是接收波形都不可避免地含有噪声，噪声可能来自信道或者来自接收机和发射机。

如上所述，尽管码间干扰是由模拟信道失真和模拟信号噪声引起的，但为了采用数字信号处理技术，最方便的方法是直接建立信道的离散时间传输模型。设色散信道为线性系统，则接收序列 $x(n)$ 可表示为

$$x(n)=\sum_{k=-\infty}^{n}d(k)h(n-k)+v(n) \tag{8.5.8}$$

其中，$h(n)$ 是信道的单位脉冲响应；$v(n)$ 是加性噪声。给定接收序列 $x(n)$，接收机要判决每个脉冲对应于 1 还是 0，通常采用如下的简单阈值判决方法：

$$\hat{a}(n)=\begin{cases}1, & x(n)\geqslant 0\\ 0, & x(n)<0\end{cases} \tag{8.5.9}$$

如果出现 $\hat{a}(n)\neq a(n)$ 的点，则说明数字通信系统产生了传输错误。我们一般用平均误差概率（常称为误差率）来度量系统的性能。实际应用结果表明，当数字通信系统的码率低于 2.4Kbit/s 时，码间干扰相对比较小，不会对判决造成困难。然而，当码率大于 2.4Kbit/s 时，必须引入均衡器，以补偿信道失真。由于信道的精确特性是未知的，且可能是时变的，所以均衡器一般是一个自适应滤波器。图 8.5.5 为带自适应信道均衡的数字通信系统的简单框图。

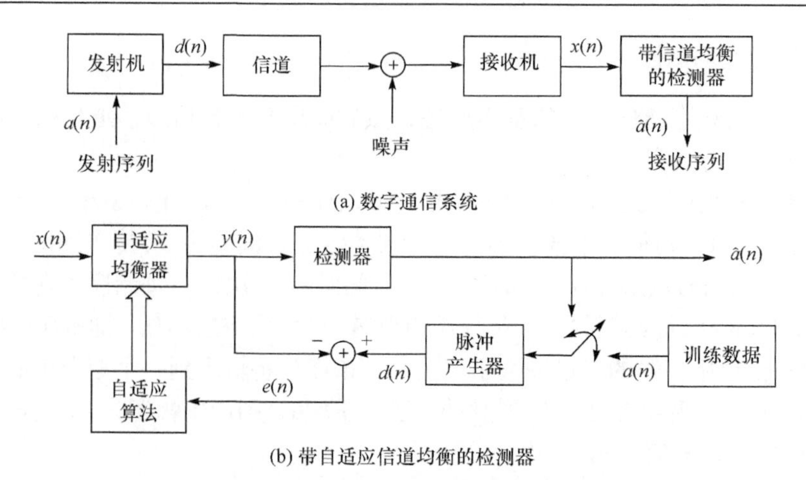

(a) 数字通信系统

(b) 带自适应信道均衡的检测器

图 8.5.5　带自适应信道均衡的数字通信系统的简单框图

设计有监督自适应滤波器的关键是获得期望响应 $d(n)$，以便计算误差信号 $e(n)$。若没有误差信号，本章介绍过的自适应滤波算法就不能工作。自适应信道均衡器有下列两种获得误差信号的方法。

(1) 训练方法。该方法用于初始训练阶段，这时发射机和接收机刚刚建立起连接。在该阶段中，发射机发送一个与接收机事先预定好的伪随机二进制序列，接收机也产生相同的该序列，因而在该阶段可以直接获得期望响应 $d(n)$。通过训练，均衡器的权系数由设定的初始值收敛到最优解，以尽可能补偿信道色散。

(2) 判决-引导方法。一旦训练结束，发射机发送的就是实际数据，接收机没有该数据的先验信息，因而不可能直接获得期望响应 $d(n)$。贝尔实验室的 R. W. Lucky 于 1965 年提出了一个巧妙的处理方法，在该方法中，根据检测器的实际输出序列 $\hat{a}(n)$ 产生期望响应 $d(n)$，如图 8.5.5(b) 所示。该方法被称为“判决-引导”学习，因为它是根据接收机的判决结果确定期望响应的。显然，如果对于所有的时间点检测结果都正确，即 $\hat{a}(n)=a(n)$，则自适应滤波器的工作方式与上述的训练方法相当。当信道相对来说是无噪的，且其色散不太严重时，Lucky 的方法可以很好地工作。J. C. Kennedy 于 1971 年证实了，即使初始状态有 25% 的检测错误，自适应滤波器也将收敛于最优解。当噪声水平和信道色散超过一定限度时，误差信号就不准确，进而使均衡器远离正确解，反过来又引起误差水平进一步提高，最后导致不能正常通信。解决此问题的有效方法是，正常通信一段时间后，重新发送一段训练序列，以使均衡器适应信道特性的慢变化。

例 8.5.2　用 LMS 算法实现自适应信道均衡。

解：图 8.5.6 为自适应信道均衡仿真实验的原理框图。其中，数据发生器产生均匀分布的 ±1 序列（相当于矩形脉冲的幅度 A=1）。信道特性用下列升余弦脉冲响应来模拟：

$$h(n)=\begin{cases}0.5\left\{1+\cos\left[\dfrac{2\pi}{W}(n-2)\right]\right\}, & n=1,2,3\\ 0, & \text{其他}\end{cases} \tag{8.5.10}$$

其中，参数 W 用来控制信道失真量，W 越大，信道失真也越大。设 $v(n)$ 为零均值、方差为 σ_v^2 的高斯白噪声，则均衡器的输入信号为

$$x(n)=\sum_{k=1}^{3}h(k)s(n-k)+v(n)$$

考虑到数据序列 $s(n)$ 通过信道和均衡器都会产生延时，因而期望响应 $d(n)$ 应为 $s(n)$ 的延迟序列，即 $d(n)=s(n-D)$。设均衡器采用阶数为 M 的 FIR 滤波器，并考虑由式(8.5.10)给定的信道单位脉冲响应是关于 n=2 对称的，因此，比较合理的延迟量为 $D=(M-1)/2+2$。

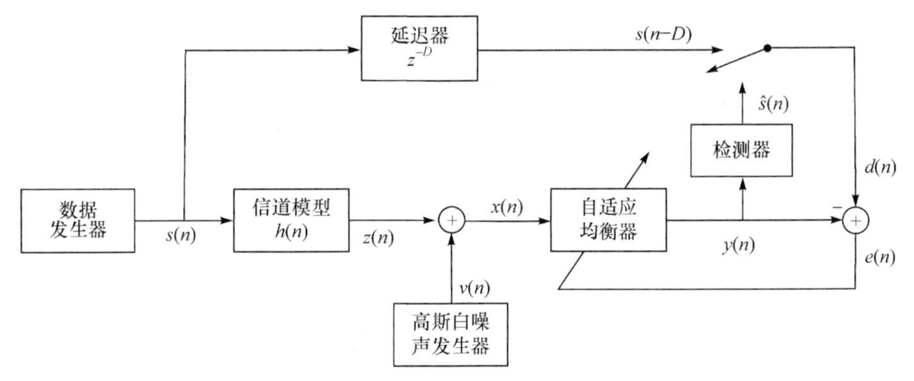

图 8.5.6　自适应信道均衡仿真实验的原理框图

我们用程序 8_5_2 实现该自适应信道均衡仿真实验。该程序先用 500 点数据训练均衡器，以使 LMS 算法收敛，然后用 100 点数据测试信道均衡的效果。

程序 8_5_2　用 LMS 算法实现自适应信道均衡。

```
% 程序 8_5_2　用 LMS 算法实现自适应信道均衡
clc, clear;
% setting parameters
N_trn=500; N_tst=100;
N=N_trn+N_tst;
M=11;
D=(M-1)/2+2;
Mu=0.01;
W=2.9;
h=0.5*(1+cos(2*pi/W*([1 2 3])-2));
b=[0 h];
Var=0.001;

% generating signals
s=rand(N,1);
for n=1:N
    if s(n)>=0.5
        s(n)=1;
    else
        s(n)=-1;
    end
end
```

```
d= [zeros(D,1); s(1:N-D)];
v=sqrt(Var)*randn(N,1);
x=filter(b,1,s)+v;

% initialization for training
y=zeros(N,1);
w=zeros(M,1);
e=zeros(N,1);

% LMS adaptive filter
for n=1:M
    dx=[x(n:-1:1); zeros(M-n,1)];
    y(n)=w'*dx;
    e(n)=d(n)-y(n);
    w=w+Mu*e(n)*dx;
end
for n=M+1:N_trn
    dx=x(n:-1:n-M+1);
    y(n)=w'*dx;
    e(n)=d(n)-y(n);
    w=w+Mu*e(n)*dx;
end

% plot the training results
figure(1);
t=1:N_trn;
J=e(t).* e(t);
subplot(211); plot(t,J,'b');
axis tight; grid on;
ylabel('Square Error e^2(n)'); xlabel('Time n');
h_eq=conv(b,w);
t_max=length(h_eq) - 1;
subplot(212); stem([0:t_max], h_eq,'b');
grid on; xlim([0 t_max]);
ylabel('Conv h(n) with w(n)'); xlabel('Time n');

% test
no_error=0;
for n=N_trn+1:N
    dx=x(n:-1:n-M+1);
    y(n)=w'*dx;
    if y(n)>=0
        d1=1;
    else
        d1=-1;
```

```
        end
        if d1~=d(n)
            no_error=no_error + 1;
        end
        e(n)=d1-y(n);
        w=w+Mu*e(n)*dx;
    end

    % plot the test results
    figure(2);
    t=1:N_tst;
    subplot(311); stem(t, d(N_trn+1:N), 'b');
    ylabel('d(n)'); xlabel('Time n'); ylim([-2 2]);
    subplot(312); stem(t, x(N_trn+1:N), 'b');
    ylabel('x(n)'); xlabel('Time n'); ylim([-2 2]);
    subplot(313); stem(t, y(N_trn+1:N), 'b');
    ylabel('y(n)'); xlabel('Time n'); ylim([-2 2]);
    text=sprintf('%s %d','The number of error bit =',no_error);
    disp(text);
```

图 8.5.7 和图 8.5.8 为当 M=11，W=2.9，$\mu=0.01$，$\sigma_v^2=0.001$时的运行结果。图 8.5.7 给出了 LMS 算法的均方误差学习曲线，以及训练结束时信道的脉冲响应序列 $h(n)$ 与均衡器权系数序列 w_k 的线性卷积结果。从图中可看出：①LMS 算法迭代到 250 步以后收敛；②该卷积结果只在 n=7 时有接近于 1 的输出，而其他点的输出接近于零，说明除产生延时外，均衡器能很好地补偿信道失真。

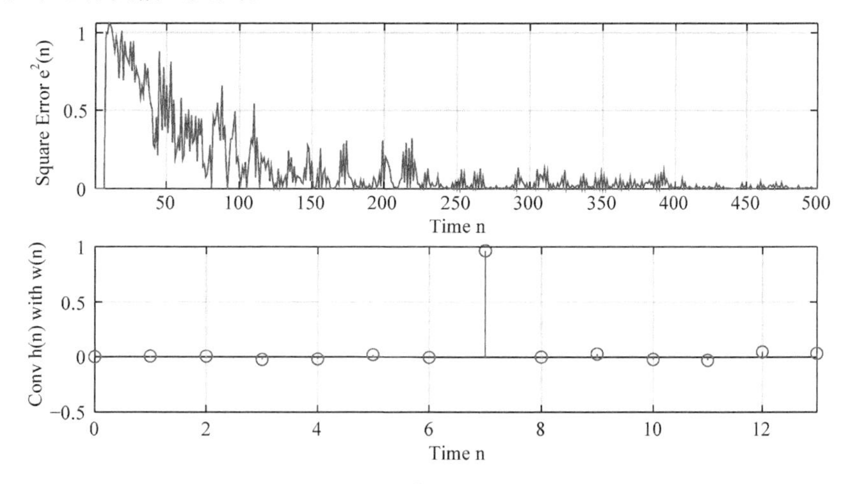

图 8.5.7　自适应信道均衡的训练曲线

在测试阶段，不允许把信号 $s(n)$ 的延时作为期望响应 $d(n)$，因而在该程序中我们采用了以上介绍的“判决-引导”方法产生期望响应。在图 8.5.8 中，由上到下分别为测试阶段的发送序列 $s(n)$、接收序列 $x(n)$ 以及均衡器的输出序列 $y(n)$。显然，采用自适应信道均衡器可以有效解决由信道色散和误差带来的码间干扰问题。此外，程序 8_5_2 还统计了发生传输错误的比特数。对于以上所列的参数，多次运行的结果都没有出现传输错误。然而当高斯白噪声 $v(n)$ 的方差增大为 0.1 时，可以观测到 1%的传输错误；如果方差进一步增大为 1 时，可以观测到传输错误率会变为 20%以上。

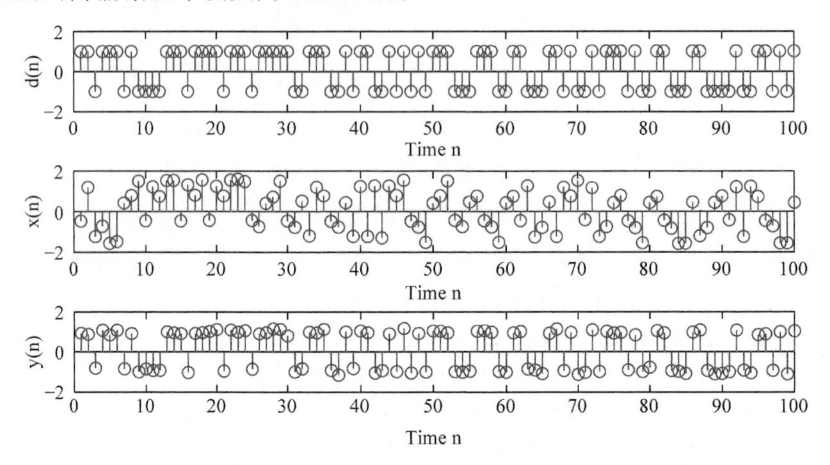

图 8.5.8　自适应信道均衡的测试曲线

信道均衡是自适应滤波的应用热点之一，限于篇幅，本节仅简要介绍了自适应信道均衡的基本原理以及仿真实验。若读者对深入讨论信道均衡的内容感兴趣，可参阅相关文献（Widrow and Stearns, 2008；张贤达和保铮，2000）。

8.5.3　自适应系统辨识

系统建模是研究系统的重要手段和前提。无论是科学技术领域、工程领域还是社会领域都离不开系统建模。对系统进行建模时，可以把问题分为三类。

（1）“白箱”系统问题：系统内部机理、特性和参数已知。

（2）“灰箱”系统问题：系统内部机理、特性还不完全清楚，或机理、特性清楚，但参数未知。我们在实际应用中遇到的大量工程系统和工业系统都属于这类问题。

（3）“黑箱”系统问题：没有先验知识，对系统的机理、特性都完全不了解。

系统建模有两种方法。一种是理论建模方法，即从系统的内部机理、特性和参数出发，利用已有的定理和公式，用数学推导方法得出系统的数学模型，这种方法也称为解析方法。另一种方法是系统辨识方法，即利用系统的输入和输出数据，尝试建立系统的数学模型，而不涉及系统内部实际发生的机理和过程（物理、化学或其他形式）。

显然，除了“白箱”系统以外，不可能采用理论建模方法。即使对于“白箱”系统，由于许多实际系统的复杂性，也难以在合理的时间内采用合适的解析方法推导出有效的数学模型。因此，系统辨识方法成为被广泛采用的系统建模方法。

实现系统辨识的具体方法有多种，如最小二乘辨识、卡尔曼滤波方法、最大似然辨识以及自适应滤波方法等。本节首先介绍利用自适应滤波器实现系统辨识的原理，然后讨论一个实例及其仿真实验。

利用自适应滤波器实现系统辨识的典型结构如图 8.5.9 所示。其中，$x(n)$ 为公共信号，将同时作为未知系统和自适应滤波器的输入，为了使自适应滤波器收敛时能够得到未知系统的最好模型，输入信号通常采用宽带信号。自适应滤波器一般采用均方误差最小准则调整参数，其目的是得到一个与未知系统的输出相匹配的输出。自适应滤波器收敛之后，它的结构和参数可能是、也可能不是未知系统的结构和参数，但它们的输入输出关系是相匹配的。从而，自适应滤波器可以看成未知系统的一个等效数学模型。在许多实际情况下，待辨识系统的输出信号中是包含噪声的，噪声有可能是系统内部随机扰动因素的反映，也有可能是测量噪声。通常假设这些噪声为加性噪声，并且与系统输出不相关。

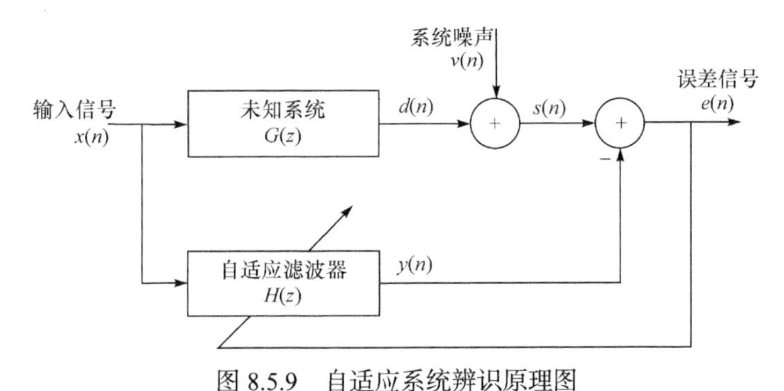

图 8.5.9　自适应系统辨识原理图

假设未知系统 $G(z)$ 为因果的线性时不变系统，其冲激响应为 $g(n),\ n=0,\ 1,\ 2,\cdots$，自适应滤波器采用长度为 M 的横向滤波器，权系数为 $w_k(n),\ k=1,\ 2,\ 3,\cdots,M$，则误差信号可表示为

$$
\begin{aligned}
e(n) &= d(n)+v(n)-y(n)\\
&= \sum_{k=0}^{\infty} g(k)x(n-k)+v(n)-\sum_{k=1}^{M} w_k(n)x(n-k-1)
\end{aligned}
\tag{8.5.11}
$$

设输入信号 $x(n),\ n=0,\ 1,\ 2,\cdots$，以及系统噪声（测量噪声）$v(n),\ n=0,\ 1,\ 2,\cdots$，均为零均值高斯白噪声，方差分别为 σ_x^2、σ_v^2。当 $n\to\infty$，自适应滤波器收敛时，为了简化推导，假设自适应滤波器的权系数不再随时间变化，即 $w_k(n)=w_k$，此时，自适应滤波器的冲激响应为 $h(n)=w_{n+1}$，$n=0,\ 1,\cdots,M-1$。将这些条件代入误差信号表达式(8.5.11)，得

$$
\begin{aligned}
e(n) &= \sum_{k=0}^{n} g(k)x(n-k)+v(n)-\sum_{k=0}^{M-1} h(k)x(n-k)\\
&= \boldsymbol{g}^{\mathrm{T}}(n)\boldsymbol{x}(n)+v(n)-\boldsymbol{h}^{\mathrm{T}}(n)\boldsymbol{x}(n)\\
&= (\boldsymbol{g}(n)-\boldsymbol{h}(n))^{\mathrm{T}}\boldsymbol{x}(n)+v(n)
\end{aligned}
\tag{8.5.12}
$$

其中

$$
\left.
\begin{aligned}
\boldsymbol{x}(n) &= \begin{bmatrix} x(n) & x(n-1) & \cdots & x(1) & x(0)\end{bmatrix}^{\mathrm{T}}\\
\boldsymbol{g}(n) &= \begin{bmatrix} g(0) & g(1) & \cdots & g(n-1) & g(n)\end{bmatrix}^{\mathrm{T}}\\
\boldsymbol{h}(n) &= \begin{bmatrix} h(0) & \cdots & h(M-1) & 0 & \cdots & 0\end{bmatrix}^{\mathrm{T}}
\end{aligned}
\right\}
\tag{8.5.13}
$$

均为 $n\times 1$ 的矢量。

自适应滤波器收敛以后的均方误差为

$$
\begin{aligned}
J(n) &= E[e^2(n)] \\
&= E[((\boldsymbol{g}(n)-\boldsymbol{h}(n))^{\mathrm{T}}\boldsymbol{x}(n)+v(n))((\boldsymbol{g}(n)-\boldsymbol{h}(n))^{\mathrm{T}}\boldsymbol{x}(n)+v(n))^{\mathrm{T}}]
\end{aligned} \tag{8.5.14}
$$

考虑到输入信号和系统噪声为互不相关的零均值高斯白噪声，由式(8.5.14)得

$$
\begin{aligned}
J(n) &= (\boldsymbol{g}(n)-\boldsymbol{h}(n))^{\mathrm{T}}\sigma_x^2\boldsymbol{I}(\boldsymbol{g}(n)-\boldsymbol{h}(n))+\sigma_v^2 \\
&= \sigma_x^2\sum_{k=0}^{n}(g(k)-h(k))^2+\sigma_v^2 \\
&= \sigma_x^2\sum_{k=0}^{M-1}(g(k)-h(k))^2+\sigma_x^2\sum_{k=M}^{n}g^2(k)+\sigma_v^2
\end{aligned} \tag{8.5.15}
$$

显然，当且仅当：

$$
g(n)=h(n),\quad k=0,1,2,\cdots,M-1 \tag{8.5.16}
$$

时，$J(n)$取极小值：

$$
J_{\min}(n)=\sigma_x^2\sum_{k=M}^{n}g^2(k)+\sigma_v^2 \tag{8.5.17}
$$

其中，$n \gg M$。以上推导结果说明，如果未知系统为 IIR 系统，则当横向自适应滤波器的系数等于未知系统冲激响应的前M个值时，在均方误差最小的意义下建立了未知系统的等效模型。式(8.5.17)还表明，在这种情况下，即使没有系统噪声，均方误差也不等于零。如果未知系统为 FIR 系统，则当横向自适应滤波器的冲激响应等于未知系统的冲激响应时，误差信号等于系统噪声，$J_{\min}(n)=\sigma_v^2$。

例 8.5.3　用 RLS 算法实现自适应系统辨识。

解：按图 8.5.9 设计并实现自适应系统辨识仿真实验。在本实例中，假设未知系统$G(z)$有一对极点和一对零点，即

$$
G(z)=K\frac{(1-r_2\mathrm{e}^{\mathrm{j}\omega_2}z^{-1})(1-r_2\mathrm{e}^{-\mathrm{j}\omega_2}z^{-1})}{(1-r_1\mathrm{e}^{\mathrm{j}\omega_1}z^{-1})(1-r_1\mathrm{e}^{-\mathrm{j}\omega_1}z^{-1})}=\frac{K(1-2r_2\cos\omega_2\cdot z^{-1}+r_2^2z^{-2})}{1-2r_1\cos\omega_1\cdot z^{-1}+r_1^2z^{-2}}
$$

并设输入信号$x(n)$和系统噪声$v(n)$均为零均值高斯白噪声，方差分别为σ_x^2、σ_v^2。如在 3.4 节所讨论的，理论上我们可以用 MA(∞)模型表示 ARMA(p,q)，本仿真实例拟在均方误差最小准则下用 MA(M)模型等效 ARMA(p,q)模型，并且用数据驱动的自适应滤波算法替代解析求解法。

用程序 8_5_3 实现该自适应系统辨识仿真实验。

程序 8_5_3　用 RLS 算法实现自适应系统辨识。

```
% 程序 8_5_3  用 RLS 算法实现自适应系统辨识
clc;clear;
% Setting parameters
Lambda=0.98;
Derta=0.001;
N=200;
M=50;
r1=0.95; w1=0.25*pi;
```

```
r2=0.9; w2=0.5*pi;
B=2*[1  -2*r2*cos(w2)  r2*r2];
A=[1  -2*r1*cos(w1)  r1*r1];
Var_x=1.0;
Var_v=0.1;

% Generating input,output,and system noise signal
v=sqrt(Var_v)*randn(1,N);
x=sqrt(Var_x)*randn(1,N);
d=filter(B,A,x);
s=d+v;

% RLS adaptive filter
% Initialization
w=zeros(M,N);
e=zeros(1,N);
z=zeros(M,1);
g=zeros(M,1);
w_0=zeros(M,1);
P=eye(M,M)/Derta;

% if n==1
xn=[x(1); zeros(M-1,1)];
z=P*xn;
g=z/(Lambda+xn'*z);
e(1)=s(1)-w_0'*xn;
w(:, 1)=w_0 + e(1)*g;
P=(1/Lambda)*(P-g*z');

% Steady-state
x_L=[zeros(1,M) x];
for n=2 : N
    xn=x_L(n+M:-1:n+1)';
    z=P*xn;
    g=z/(Lambda+xn' * z);
    e(n)=s(n)-w(:,n-1)'*xn;
    w(:,n)=w(:,n-1) + e(n)*g;
    P=(1/Lambda)*(P-g*z');
    P=(P+P')/2;
end

t=1:N;
J=e.* e;

subplot(221); plot(t,J,'bx-');
```

```
legend('e^2(n)');
axis tight; grid on;
ylabel('Square Error e^2(n)'); xlabel('Time n');

m=1:fix(N/5);
 subplot(222); plot(m, w(1,m), 'bx-', m, w(2,m), 'ro-', m,w(3,m),' k*-');
legend('w_1(n)','w_2(n)','w_3(n)');
axis tight; grid on;
ylabel('Coefficient w_k(n)'); xlabel('Time n');

L=fix(M*3/2);
g=filter(B, A,[1,zeros(1,L-1)]);
h=[w(:,N)',zeros(1,L-M)];
k=0 : L-1;
subplot(223); plot(k,g,'bo-',k,h,'r*-');
legend('g(n)','h(n)');
axis tight; grid on;
ylabel('Impulse Response'); xlabel('Time n');

N_freq=256;
G=freqz(B,A,N_freq);
Gabs=20*log10(abs(G));
H=freqz(h,1,N_freq);
Habs=20*log10(abs(H));
f=[0:255]/255;
subplot(224); plot(f, Gabs,'b-',f,Habs,'r-.','LineWidth',2);
legend('|G(.)|','|H(.)|');
axis tight; grid on;
ylabel('Magnitude (dB)'); xlabel('\omega/\pi');
```

如果在程序 8_5_3 中按下列值设置参数，则可得如图 8.5.10 所示的运行结果。

$$r_1=0.95,\quad \omega_1=0.25\pi,\quad r_2=0.9,\quad \omega_2=0.5\pi,\quad K=2$$

$$\sigma_x^2=1.0,\quad \sigma_v^2=0.1,\quad \lambda=0.98,\quad M=50$$

由图 8.5.10 可看出，均方误差学习曲线（图 8.5.10(a)）以及自适应滤波器系数的学习曲线(图 8.5.10(b))都反映了 RLS 算法收敛快的特点。自适应滤波器 $H(z)$ 为长度等于 50 的 FIR 滤波器，而未知系统 $G(z)$ 为 IIR 滤波器，从图 8.5.10(c)可看出，当 $0<n\leqslant M-1$ 时，两个滤波器的冲激响应非常接近，而当 $n>M$ 时，$h(n)=0$，而 $g(n)\neq 0$。从图 8.5.10(d)可进一步看出，未知系统和自适应滤波器的幅度响应在极点角频率（$\omega_1=0.25\pi$）附近非常接近，但在零点角频率（$\omega_2=0.5\pi$）附近拟合效果最差，这体现了均方误差最小准则会迁就信号幅度大的点而疏忽信号幅度小的点的特性。

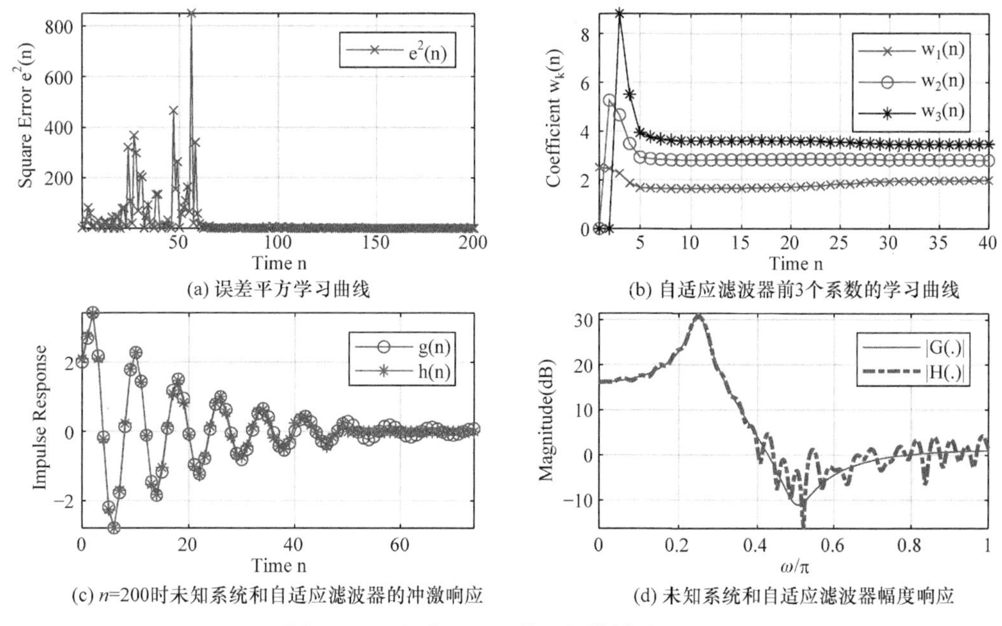

(a) 误差平方学习曲线　　(b) 自适应滤波器前3个系数的学习曲线

(c) n=200时未知系统和自适应滤波器的冲激响应　　(d) 未知系统和自适应滤波器幅度响应

图 8.5.10　程序 8_5_3 的运行结果（M=50）

本 章 小 结

本章介绍了自适应滤波器的原理、典型算法，以及应用实例。区别于传统的滤波器，自适应滤波器在工作时，除了完成滤波外还更新滤波器系数以不断改进滤波器的性能。自适应滤波器是处理非平稳随机信号的有效技术，已广泛应用于系统辨识、干扰对消、信道均衡等问题中，这些旺盛的应用需求已成为推动自适应滤波技术发展的动力。

本章讨论了三种典型的自适应滤波算法。尽管大多数自适应滤波器的应用对象是非平稳信号，但为了使问题简化并易于理解，本章在假设输入信号和期望响应信号是联合平稳的条件下，引入了最速下降法。区别于前面讨论的求解正则方程方法，最速下降法采用递归算法求解最优滤波器系数。实现最速下降法的前提是已知输入信号自相关矩阵和互相关向量，因而该算法还不是真正意义上的自适应滤波算法，但是理解最速下降法是掌握自适应滤波原理的基础，最速下降法中关于算法收敛的简洁和完整的结果，对讨论更复杂算法的收敛性有重要参考意义。

LMS 算法是一类简单实用的自适应滤波算法。在最速下降法中，分别用各自的瞬时值代替输入信号自相关矩阵和互相关向量，即可推导出 LMS 算法。采用该方法，本章推导出了基本的 LMS 算法。对 LMS 算法进行完备的收敛性分析是困难、复杂的，为了简化，本章直接给出了收敛性分析的结论。为了便于读者理解这些结论，本章介绍了一个采用 LMS 算法的自适应线性预测器的仿真实验。为了提高算法的性能并拓宽应用范围，学者先后提出了许多改进的 LMS 算法，作为三种典型的改进算法，本章介绍了正则 LMS 算法、符号 LMS 算法以及变换域解相关 LMS 算法。

RLS 算法是较早提出的一种最小二乘自适应滤波算法。本章利用最小二乘代价函数和矩阵求逆引理推导了 RLS 算法。对 RLS 算法进行完备的收敛性分析也是困难、复杂的，本章直接给出了相关结论。为了便于读者体会 RLS 算法与 LMS 算法的异同，本章采用 RLS 算法也实现了自适应线性预测器的仿真实验。RLS 算法的收敛速度明显比 LMS 算法快，但 RLS 算法的单步运算量较大，学者研究了各种快速 RLS 算法，限于篇幅，本章仅讨论了基于横向滤波器的基本 RLS 算法。

作为应用举例，本章最后介绍了自适应干扰对消、自适应信道均衡器和自适应系统辨识，以期读者对自适应滤波器的应用有一些体验，进而加深理解其原理。

习　　题

8.1　在一个自适应滤波问题中，已知 $\boldsymbol{R}_x=\begin{bmatrix}2 & 1\\ 1 & 2\end{bmatrix}$, $\boldsymbol{r}_{xd}=\begin{bmatrix}7\\ 8\end{bmatrix}$, $E[d^2(n)]=24$。

(1) 写出性能曲面公式。

(2) 求最优权系数矢量。

(3) 求最小均方误差。

8.2　设一阶自适应滤波器的性能曲面为

$$J(n)=0.4w^2(n)+4w(n)+11$$

用最速下降法求解滤波器系数。

(1) 求步长 μ 的取值范围，以保证权系数调节曲线过阻尼。

(2) 若初始权值 $w(0)=0$，步长 $\mu=1.5$，写出学习曲线的表达式。

8.3　一个随机信号 $x(n)$，它的自相关序列值 $r_x(0)=1$；$r_x(1)=a$；$x(n)$ 中混入了方差为 0.5 的白噪声，设计一个 2 阶的 FIR 滤波器，以使输出噪声功率最小。

(1) 求出滤波器系数。

(2) 求输出残余噪声功率。

(3) 求输入信号自相关矩阵的特征值。

(4) 如果用最速下降法求解滤波器系数，分析 a 取值变化对递推算法收敛性的影响。

8.4　一个信号 $x(n)$，它满足一个 AR(1) 模型，模型参数 $a_1=-0.8$，驱动白噪声方差为 1，该信号中混入了一个具有随机初始相位的正弦噪声 $v(n)=A\cos(0.25\pi+\varphi)$，$\varphi$ 是在 $[0,2\pi]$ 间均匀分布的随机相位，A=2。

(1) 求 $x(n)$ 的自相关序列值 $r_x(0), r_x(1)$。

(2) 求 $v(n)$ 的自相关序列值 $r_v(0), r_v(1)$。

(3) 设计一个具有两个系数的 FIR 型维纳滤波器，以使输出噪声功率最小，求残余噪声功率。

(4) 设计一个自适应滤波器，用一个具有两个系数的 FIR 自适应滤波器尽可能消除信号中的噪声。设滤波器采用 LMS 算法，画出自适应滤波器原理框图，写出自适应滤波器的递推公式，求最大允许的步长。

8.5　在许多信号处理中，使滤波器具有线性相位是很重要的。我们希望设计具有线性相位的自适应滤波器，对任意时刻 n，其权值均满足对称约束：$w_k(n)=w_{M-k}(n), k=0,1,\cdots,M$。考虑如题 8.5 图所示的两个系数的线性相位自适应滤波器，可看成一个 3 阶的 FIR 自适应滤波器并约束其第一个系数等于第二个系数。可以定义权系数矢量 $\boldsymbol{w}(n)=[w_0(n),w_1(n)]^{\mathrm{T}}$，误差序列为 $e(n)=d(n)-y(n)$。

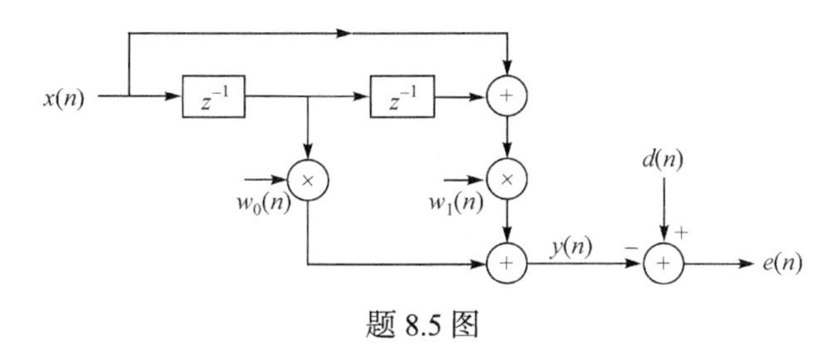

题 8.5 图

(1) 试推导使均方误差 $J(n)=E[e^2(n)]$ 最小化的滤波器正则方程。

(2) 试推导该约束横向滤波器的 LMS 系数递推公式。

8.6　有一个黑盒子，内装一个 5 阶 FIR 滤波器，但滤波器的权系数被遗忘。用横向结构的 LMS 算法设计一个自适应滤波器以辨识黑盒子中的滤波器系数。

(1) 画出系统结构图，标出各输入输出点的信号名称，写出递推公式。

(2) 任取一组 FIR 滤波器的系数，用 MATLAB 实现该系统辨识的仿真实验。

8.7　标准 LMS 自适应滤波器的系数递推公式是在每一个时刻 n 对权向量 $\boldsymbol{w}(n)$ 做一次修正，即

$$\boldsymbol{w}(n+1)=\boldsymbol{w}(n)+\mu\boldsymbol{x}(n)e(n)$$

而分块 LMS 算法是从时刻 n 开始的 L 个样本输入期间保持 $\boldsymbol{w}(n)$ 不变，并累计各个样本所对应的修正量，然后在快结束的 $n+L$ 时刻进行一次修正，即

$$\boldsymbol{w}(n+1)=\boldsymbol{w}(n)+\mu\sum_{l=0}^{L-1}\boldsymbol{x}(n+l)e(n+l)$$

其中，$e(n+l)=d(n+l)-\boldsymbol{w}^{\mathrm{T}}(n)\boldsymbol{x}(n+l),\ l=0,1,\cdots,L-1$。

(1) 用分块 LMS 算法实现例 8.3.1。

(2) 基于仿真实验结果，讨论分块 LMS 算法和标准 LMS 算法的各自优缺点。

8.8　改写程序 8_3_1，用正则 LMS 算法求解例 8.3.1 (AR(2) 过程的自适应线性预测)，并与基本 LMS 算法的结果进行比较。

8.9　改写程序 8_3_1，用符号 LMS 算法求解例 8.3.1，并与基本 LMS 算法的结果进行比较。

8.10　用变换域解相关 LMS 算法求解例 8.3.1，其中酉变换采用离散余弦变换。

8.11　修改程序 8_5_2，用 RLS 算法实现如图 8.5.6 所示的自适应信道均衡。

8.12　在例 8.5.3 中，如果未知系统 $G(z)$ 为 FIR 系统，设其冲激响应长度为 L，试分别讨论当 $M>L$、$M=L$ 以及 $M<L$ 时，$h(n)$ 与 $g(n)$ 之间的关系，并给出仿真验证结果。

参 考 文 献

陈炳和, 1996. 随机信号处理. 北京: 国防工业出版社.

陈永彬, 王仁华, 1990. 语言信号处理. 合肥: 中国科技大学出版社.

丁玉美, 阔永红, 高新波, 2002. 数字信号处理——时域离散随机信号处理. 西安: 西安电子科技大学出版社.

DINIZ P S R, 2014. 自适应滤波算法与实现. 4 版. 刘郁林, 万群, 王锐华, 等译. 北京: 电子工业出版社.

GREWAL M S, ANDREWS A P, 2017. 卡尔曼滤波理论与实践(MATLAB 版). 4 版. 刘郁林, 陈绍荣, 徐舜, 译. 北京: 电子工业出版社.

韩纪庆, 张磊, 郑铁然, 2004. 语音信号处理. 北京: 清华大学出版社.

HORN R A, JOHNSON C R, 2017. 矩阵分析. 2 版. 张明尧, 张凡, 译. 北京: 机械工业出版社.

胡广书, 2003. 数字信号处理——理论、算法与实现. 北京: 清华大学出版社.

皇甫堪, 陈建文, 楼生强, 2003. 现代数字信号处理. 北京: 电子工业出版社.

INGLE V K, PROAKIS J G, 1998. 数字信号处理及其 MATLAB 实现. 陈怀琛, 王朝英, 高西全, 等译. 北京: 电子工业出版社.

李正周, 2008. MATLAB 数字信号处理与应用. 北京: 清华大学出版社.

PAPOULIS A, 1986. 概率、随机变量与随机过程. 保铮, 章潜五, 吕胜尚, 等译. 西安: 西北电讯工程学院出版社.

RABINER L R, SCHAFER R W, 1983. 语音信号数字处理. 朱雪龙, 等译. 北京: 科学出版社.

沈凤麟, 叶中付, 钱玉美, 2001. 信号统计分析与处理. 合肥: 中国科学技术大学出版社.

WIDROW B, STEARNS S D, 2008. 自适应信号处理. 王永得, 龙宪惠, 译. 北京: 机械工业出版社.

吴镇扬, 2004. 数字信号处理. 北京: 高等教育出版社.

杨绿溪, 2007. 现代数字信号处理. 北京: 科学出版社.

姚天任, 孙洪, 1999. 现代数字信号处理. 武汉: 华中科技大学出版社.

张贤达, 2002. 现代信号处理. 2 版. 北京: 清华大学出版社.

张贤达, 2003. 现代信号处理习题与解答. 北京: 清华大学出版社.

张贤达, 保铮, 2000. 通信信号处理. 北京: 国防工业出版社.

张旭东, 陆明泉, 2005. 离散随机信号处理. 北京: 清华大学出版社.

BECKER A, 2020. Kalman filter tutorial. [2020-02-10]. https://www.kalmanfilter.net/default.aspx.

BEUFAYS F, 1995. Transform-domain adaptive filters: An analytical approach. IEEE Transactions on Signal Processing, 42: 422-431.

DENTINO M, MCCOOL J, WIDROW B, 1978. Adaptive filtering in the frequency domain. Proceedings of IEEE, 66: 1658-1659.

HAYKIN S, 1998. 自适应滤波器原理(影印版). 3 版. 北京: 电子工业出版社.

MANOLAKIS D G, INGLE V K, KOGON S M, 2003. 统计与自适应信号处理(影印版). 北京: 清华大学出版社.

MITRA S K, 2006. 数字信号处理——基于计算机的方法(影印版). 3 版. 北京: 清华大学出版社.

PETERSEN K B, PEDERSEN M S, 2012. The Matrix cookbook. [2012-11-15]. http://www2.imm.dtu.dk/pubdb/pubs/3274-full.html.